高校化学实验室安全教育手册

Safety Education Manual of Chemical Laboratory in Colleges and Universities

乔亏　汪家军　付荣　编著

中国海洋大学出版社
·青岛·

图书在版编目(CIP)数据

高校化学实验室安全教育手册/乔亏,汪家军,付荣编著. —青岛:中国海洋大学出版社,2018.5(2020.8重印)

ISBN 978-7-5670-1772-6

Ⅰ.①高… Ⅱ.①乔… ②汪… ③付… Ⅲ.①高等学校—化学实验—实验室管理—安全管理—手册 Ⅳ.①06-37

中国版本图书馆 CIP 数据核字(2018)第 091736 号

出版发行 中国海洋大学出版社
社　　址 青岛市香港东路 23 号　　邮政编码 266071
出 版 人 杨立敏
网　　址 http://www.ouc-press.com
电子信箱 flyleap@126.com
订购电话 0532-82032573(传真)
责任编辑 张跃飞　　电　　话 0532-85901984
装帧设计 青岛汇英栋梁文化传媒有限公司
印　　制 日照报业印刷有限公司
版　　次 2018 年 6 月第 1 版
印　　次 2020 年 8 月第 2 次印刷
成品尺寸 185 mm × 260 mm
印　　张 13.75
字　　数 298 千
印　　数 2 001～2 500
定　　价 33.00 元

发现印装质量问题,请致电 0633-8221365,由印刷厂负责调换。

实验室安全教育的重要性

（代序言）

进入实验室的你，是否知道哪些实验操作可能带来潜在的安全隐患？是否接受过实验室安全操作专业培训？是否因误操作浪费过昂贵的试剂？是否损坏过实验室仪器设备？是否受到过伤害？受到伤害的时候，你是否会马上实施自我救治？

久在实验室的你，是否已经习惯了一边听着音乐、嚼着口香糖，一边向面前的试管中添加样品？是否已经习惯不带口罩沉浸于各种令人不快的味道当中？

这些“无知”和“麻木”的行为，将给我们自身的健康或者环境带来长远的影响，甚至造成重大实验室事故。此外，由于实验室内人员集中、仪器设备相对密集、实验操作频繁，加之室内存放有种类繁多的化学药品、易燃易爆品、剧毒物品，增加了实验室事故发生的概率，如火灾、爆炸、中毒、触电和环境污染事故等，易造成人员伤亡、财产损失和环境污染。

实验室安全问题的提出由来已久。然而实际上，很多科研一线人员往往对技术环节比较精通，但对实验室的规范管理和应当承担的安全责任意识淡漠。因此，为确保化学实验室内全体人员的安全及实验室的正常运转，为教学科研提供安全保障，学校始终坚持将实验室的安全管理工作放在首位，对每一位进入实验室的人员都进行“实验室安全教育”，使实验室安全理念深入人心。

Contents

目录

第一章 实验室事故案例

2017 年 3 月 27 日 21 时许，上海某高校一实验室发生爆炸事故，现场一名学生的手被炸伤。事故现场由有专门防化处置危险品经验的消防特勤队处置。

2016 年 9 月 21 日，上海某高校化学化工与生物工程学院一实验室发生爆炸（图 1-1），两名学生受重伤。两人均为男性，一人 23 岁，一人 24 岁，因实验爆燃致化学试剂（高锰酸钾等）灼伤头、面部和眼睛。

2015 年 12 月 18 日 10 时许，北京某高校化学系实验室发生一起爆炸事故（图 1-2），学生孟某某（男，32 岁，安徽人）在化学系二层实验室内使用氢气做化学实验时发生爆炸，999 急救人员现场确认孟某某死亡。

图 1-1　上海某高校实验室爆炸现场

图 1-2　北京某高校实验室爆炸现场

2015 年 4 月 5 日，江苏徐州某高校化工学院实验室发生爆燃事故（图 1-3），造成 1 人死亡，4 人受伤。伤者中，1 人被截肢，3 人耳膜穿孔。

（a）

（b）

图 1-3　徐州某高校爆炸现场

2015年2月2日，江苏南京某高校新化楼5楼实验室失火（图1-4），过火面积约20 m^2，燃烧物质为5楼实验室的反应装置（含导热油）和楼顶的排烟设备。警方表示，初步调查结果是做实验的配比出现错误导致的失火。

2013年4月30日，依旧是该所高校，一处废弃化工试验场发生爆炸事故（图1-5），引发房屋坍塌，造成1人死亡，3人受伤。经初步调查，此次爆炸系因外来施工人员私自撬开实验室大门，用明火切割的方式盗拆金属构件引起的。

图1-4　南京某高校新化楼实验室失火

（a）

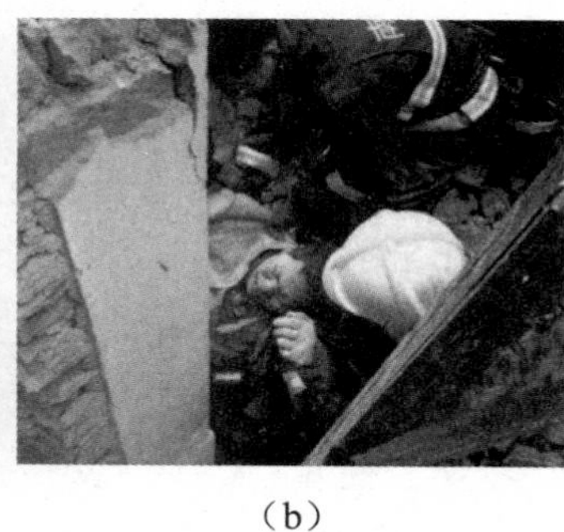

（b）

图1-5　南京某高校爆炸现场

2012年3月17日上午9时许，广东广州某高校一名学生在生物催化实验室做实验引起火灾，实验室仪器突然发生爆炸，瞬间冒出巨大的浓烟，所幸未造成人员伤亡。整栋楼弥漫着一股刺鼻的焦味，该气体有毒。实验室窗上的玻璃完全破碎，门口、窗口的墙壁多处被烧黑，损害的程度比较严重。起火原因初步判断为天气潮湿引起。

2012年2月15日，南京某高校实验室发生甲醛泄漏。事故中，不少学生喉咙痛、流眼泪，感觉不适。实验室飘出白色气体，学生捂鼻，眯眼，一路小跑，师生紧急疏散。事故原因是老师做实验时违规离开。

2011年12月7日上午11点左右，天津某高校一名女生在做化学实验时发生了意外，手部严重受伤。实验台上一片狼藉，阳台、地面散落着被爆炸震碎的玻璃。受伤女生是该校化学学院无机化学专业的一名博士研究生。从爆炸的程度来看，初步推断当时可能正在做高压化学实验。这名女生被送往武警医院。医生透露，除了面部和颈部有大面积擦伤外，这名女生手部严重受伤。

2011年11月17日凌晨4时许，广东广州某高校实验楼一楼有机化学室突然起火，大火蔓延至实验楼2、3楼，顶楼发电机也被波及。实验室内大量化学用品被点燃，散发大量有毒气体。发现火势后，值班保安和老师紧急报警，随后约8辆消防车到场将大火扑灭。据悉，着火实验室过火面积达30多平方米。所幸事故未造成人员伤亡。起火原因初步怀疑为化学药品反应或电线短路。

2011年6月21日下午，山东济南某高校一实验教学楼内发生玻璃仪器爆炸事故，实验室内一名女研究生面部被炸伤。所幸女生被及时送往医院，眼睛内的碎玻璃片也被及时取出。

2011年4月14日15时45分左右，四川某高校化工学院一实验室3名学生在做常压流化床包衣实验过程中，实验物料意外发生爆炸，3名学生全部受伤。

2011 年 3 月 31 日，青岛四方区郑州路某高校内的化学实验楼 1 楼的一间实验室突然着火。大火很快将里面的仪器烧毁，熊熊火焰从破损的门窗处喷出，蔓延到楼上房间，5 辆消防车扑救半小时才将大火扑灭。在该实验室的学生怀疑，可能是实验仪器夜间未断电导致起火。

2010 年 6 月 21 日，浙江宁波某高校应用海洋生物技术教育部重点实验室和种质资源保护与良种选育实验室发生大火。原因是两个粗心的学生正在该实验室做实验，用电磁炉熔化石蜡。后来暂时离开了一会，没想到就发生了火灾。

2010 年 6 月 9 日，由于做实验时发生差错，中国科学院某研究所一实验室发生爆炸，部分居民家玻璃被震碎，所幸没有造成人员伤亡。爆炸化学物品为过氧化氢。

2010 年 6 月 8 日上午 8 时 40 分左右，天津某高校化学实验室发生爆炸，有 3 名学生受伤，2 名被送往天津医院，1 名送往一中心医院。

2009 年 12 月 28 日，北京某高校实验室电阻坩埚熔化炉内的金属液体意外飞溅，引燃可燃物，导致 4 人不同程度地被烫伤。

2009 年 12 月 5 日，中国科学院某研究所气瓶室爆炸，一名女研究生受伤。

2009 年 11 月 18 日凌晨，中国科学院某研究所一实验室发生火灾。火灾原因可能是实验员白天做完实验后未及时关闭实验仪器，实验材料持续反应所致。

2009 年 10 月 24 日，北京某高校实验室发生爆炸事故，造成 5 人受伤。据当事人介绍，爆炸的厌氧培养箱为新购设备，调试中可能因压力不稳引发事故。

2009 年 7 月 3 日，浙江某高校理学院化学系研究生于某（27 岁，博士）因一氧化碳中毒死亡。据查该事故是由于教师莫某、徐某实验操作中，错误连接一氧化碳输气管导致。

2009 年 4 月 7 日晚，兰州某高校化学实验室发生氨气泄漏。事故主要原因为学生做完实验后，未将氨气气瓶阀门关紧。

2008 年 7 月 11 日上午，云南省某研究所一实验室发生爆炸。实验中的博士生刘某被严重炸伤，左手手掌被炸断，仅留下拇指，面部及肺部遭到严重损伤。

2007 年 8 月，英国英格兰南部萨里郡出现两起口蹄疫事件。英国环境、食品和农村事务部经调查发现，暴发的口蹄疫疫情源自疫情发生地附近动物卫生研究所和梅里亚尔动物保健公司的实验室，而人类活动可能是病毒得以传播的途径。

2006 年 9 月 25 日晨，广东汕头某高校一实验室失火。事故原因系该室一吸湿机因长时间负载运行，使用不当，燃烧起火。事故发生后，幸好该楼消防自动报警系统启动，发出信号，消防人员第一时间赶到扑灭火情，未造成人员伤亡。

2004 年 10 月 16 日，湖南长沙某高校的实验室发生火灾。该实验室里的化学物品全部被烧毁，所幸隔壁其他实验室没有受到影响。

2004 年 8 月 24 日，安徽某高校的一间实验室突发大火（图 1-6），殃及楼上另一间实验室。两间实验室中存放的全是实验用的器材及化学试剂和液氯气罐等易爆品。大火烧掉了两间实验室。

2003 年 6 月 12 日，北京某高校一实验室突然发生猛烈爆炸，爆炸事故中共造成 3 名教师受伤。

（a）

（b）

图 1-6　安徽某高校起火实验室

2003 年 5 月 31 日，浙江某高校实验楼发生火灾，随后发生轻微爆炸，实验室内堆放着乙醇、丙酮、食用醇等化学危险物品，周围其他实验室也有不少化学危险品，食用醇就有 250 kg 左右，要是大火引爆这些化学危险品，后果相当严重。

2003 年 1 月 19 日，广东广州某高校一实验室发生化学原料爆炸，该实验室堆放着很多研究用的化学原料，爆炸可能是因电线短路引起的。

2002 年 9 月 24 日，南京某高校一栋理化实验室，由于一实验室在实验过程中操作不当引起火灾，造成整栋大楼烧毁，所幸没有造成人员伤亡。

2001 年 11 月 4 日，广东广州某高校一实验室 3 名教职工在做实验时发生意外，引起爆炸并起火（图 1-7）。

图 1-7　广东某高校起火实验室

2001 年，在英国波布特莱尔实验室东北方向 50 km 的布伦特伍德地区首先发生了口蹄疫。据分析，口蹄疫病毒很可能就是从波布特莱尔实验室里泄漏出来，经过空气传播到布特伍德地区，从而导致大规模的口蹄疫爆发。

1979 年，苏联乌拉尔南部的大工业城市斯维尔德洛夫斯克的生物武器实验室发生爆炸，约 10 kg 的炭疽芽孢粉剂泄露，爆炸释放出大量的细菌毒雾，造成附近 1 000 多人发病，数百人死亡。

这里仅仅收集了一小部分案例，且大多是国内的。这些案例足以使大家认识到，实验室是学校里一个高度危险的场所，每一位进入实验室的人，都应该把安全放在第一位。

这些案例所呈现的安全隐患我们不是不知道，只是在长久的实验当中逐渐放松了警惕，放弃了严格要求，抱着侥幸心理，从而导致了悲剧。

实验室安全不容忽视！安全重于泰山，必须防患于未然！

第二章

学校实验室各项规章制度

学习实验室规章制度的重要性：学习实验室规章制度，在于防止实验室事故的发生、实验室人员的伤亡、设备的损毁以及防止家庭、社会和国家蒙受重大损失。

学习实验室规章制度的目的：为了保障学习、研究、实验的顺利进行；为了保护大家共同的学习、工作环境；为了减少灾害，保护实验室内全体人员的身体健康和生命安全。

第一节　江苏师范大学实验室安全管理办法(2016年修订)

第一章　总则

第一条　实验室是教学、科研的重要场所。实验室安全工作是实验室管理工作的一项重要内容。为了加强实验室安全管理，保障实验者的人身安全和国家财产不受损失，保证实验教学和科学研究的顺利进行，特制定本办法。

第二条　实验室安全管理工作必须贯彻“安全第一，预防为主，综合治理”的方针，坚持“谁主管谁负责”和“谁使用谁负责”的原则。

第三条　凡进入实验室进行实验的师生，要主动学习实验室安全知识，熟悉各项实验室安全事故的防范措施，自觉遵守实验室各项安全规章制度，做到安全实验、文明实验。

第四条　本办法适用于我校各级各类实验室及其附属用房。各单位应根据本办法结合实验室实际情况，制定针对性和操作性更强的实验室安全管理实施细则。

第五条　各单位分管实验室工作的领导应对本单位实验室安全工作实施全面监督管理，负领导责任。实验室主任是本实验室安全管理第一责任人，对本实验室的安全工作负责。各单位必须与学校主管部门签订安全责任书，同时切实将安全责任落实到实验室具体负责人，并签订安全责任书。

第六条　实验室各类人员应遵守安全管理规章制度和安全操作规程，负责本实验室的日常安全管理与检查工作，对自己所在岗位的实验行为负直接责任。

第七条　实验室在承揽本实验室教学、科研任务外的校内(外)教学、科研任务时，应明确各自的安全责任。

第二章　消防安全

第八条　各实验室必须把防火作为实验室安全工作的重点，将消防器材置于醒目、方便取用的位置。实验室人员要爱护消防器材，熟悉使用方法。

第九条　实验室内的电路、水路、气路等必须按规定安装。有接地要求的设备，必须接地。要加强安全用电管理，禁止乱接乱拉超负荷用电。使用高压动力电时，应穿戴绝缘胶鞋和手套或用安全杆操作。

第十条　实验室内存放的一切易燃、易爆物品必须与火源、电源保持一定距离，不得随意放置。使用和储存易燃、易爆物品的实验室，严禁烟火。

第十一条　实验进行或设备运行期间必须有人值守。实验结束时，必须切断电源，关闭水源和气源，并关窗锁门。避免一切安全责任事故的发生。

第三章　环境安全

第十二条　实验室严格遵守国家环保工作的有关规定，不得随意排放废气、废液、废渣，对“三废”要妥善处理。必须将产生的有毒有害废液分类收集后存放到指定的废液室，废渣及生物样品收集后存放到指定地点，集中处置。

第十三条　实验室在使用放射性物质时应避免放射性物质的污染，尽量减少人体接受辐射的剂量，避免放射性物质扩散造成的危害。放射性废弃物要储存在专用器皿中，并定期按规定处理。

第十四条　实验室使用剧毒物品须经实验室负责人批准并按有关规定执行，严格控制用量和领量。使用过程应予监督，使用剩余部分及时归还仓库，要妥善处理好废弃物。

第十五条　实验用的动物、植物，要有专人负责，落实实验动植物管理措施。妥善处理实验动植物的尸体、器官和组织，定期统一销毁，严禁随意丢弃。

第十六条　实验用的细菌、病毒疫苗，要有专人负责，建立领取、储存、发放登记制度，领用时必须经实验室负责人批准。对实验剩余的细菌、病毒疫苗，要妥善保管，并做好详细记录，严禁乱扔乱放、随意倾倒或自行销毁。

第四章　设备安全

第十七条　实验室应认真制定仪器设备安全操作规程。对使用仪器设备尤其是大型仪器设备的人员，必须经过培训，考核合格后方可上岗操作。实验室工作人员应定期做好仪器设备的维护和校验工作。

第十八条　实验室要根据仪器设备的性能要求，提供安装使用仪器设备的条件，保证水、电供应，并根据仪器设备的不同情况，采取防火、防雷电、防潮、防热、防冻、防尘、防震、防腐蚀、防辐射等技术措施。

第十九条　精密贵重及大型仪器应有专人操作和管理，未经批准不得擅自操作和拆卸。要注意精密贵重及大型仪器的停水停电保护，防止因电压波动、气压波动或突然停电、停水造成仪器设备损坏。

第二十条　对精密贵重及大型仪器的图纸、使用说明书等各种随机资料，要按规定存放，妥善保管，不得携出或外借。如有特殊需要，须经实验室主任批准，履行出借手续，并按时归还。

第二十一条　仪器设备发生故障要及时组织维修，并做好维修记录。本单位无法修复的，应上报实验室与设备管理处（简称实验室处，下同）组织维修。

第五章　信息安全

第二十二条　实验室应定期清查本实验室承担的科研项目，会同有关单位合理划定密级，按照密级采取相应保密措施。

第二十三条　实验室承担的涉密科研项目的测试数据、分析结论、阶段性成果和各种技术文件，均要按科技档案管理制度进行保管和使用，任何人不得擅自对外提供相关信息。如发现泄密事故，应立即采取补救措施，并对泄密人员进行严肃处理。

第二十四条　各单位应经常对实验室工作人员进行保密教育，定期对保密工作的执行情况进行认真检查，杜绝泄密事故。与实验无关人员，不得进入实验室。

第六章　奖惩

第二十五条　对于工作责任心强，在安全管理、规范操作等方面有突出贡献者；发现重大事故隐患，及时采取措施、排除险情、转危为安者；避免伤亡事故发生或使国家财产免遭重大损失者；事故发生时，不顾个人安危，奋力抢救生命和国家财产者：应给予表彰和奖励。

第二十六条　实验室一旦发生安全事故，应立即启动“应急预案”。管理人员要采取积极有效的应急措施，防止事故扩大蔓延，同时立即上报单位领导。对出现以下现象的行为将予以处理。

（1）对因违章操作、玩忽职守、忽视安全而造成的各类事故，要查明原因，分清责任，做出严肃处理。

（2）对发现事故隐患不报、不采取补救措施；事故发生时，不报告，不排险，甚至逃离现场；事故后，隐瞒真相、避重就轻、推诿责任或对调查不配合等情况者：要从严处理。

（3）对造成严重安全事故的，追究肇事者和主管领导责任；触犯法律的交由司法机关依法处理。

（4）对不执行国家有关规定或违反本办法，自行其是的单位和个人，学校保卫部门、实验室管理部门有权停止其实验资格，并做出限期整改的决定。凡被勒令整改的实验室，在采取相应整改措施并经主管部门组织鉴定、验收合格后，方可重新运行。

第七章　附则

第二十七条　本办法自公布之日起执行，原《徐州师范大学实验室安全管理办法》（徐师大设〔2010〕4号）同时废止。此前学校相关办法与本办法不符的，以本办法为准。

第二十八条　本办法由实验室与设备管理处负责解释。

第二节 江苏师范大学实验室安全操作规程(2016年修订)

为了有效预防、及时控制实验室各类安全事故的发生，进一步规范各类仪器设备、试剂药品和安全设施的使用操作，切实维护师生员工生命和学校财产安全，确保教学和科研工作的正常开展，结合我校实验室的实际情况，特制定本规程。

一、用电设备安全操作

(1)使用动力电源时，应先检查电源开关、电机和设备各部分是否良好，供电电压与电气设备额定电压是否相同，绝缘导线是否有破损，是否有裸露的电线等。如有故障，应先排除后方可接通电源。

(2)启动或关闭用电设备电源时，必须将电源开关迅速推至闭合或断开位置，防止因刀口接触不良而产生电弧火花。

(3)用电设备启动后，应检查各种电气仪表工作状态，待电表指针稳定和正常后，方可开始操作。操作过程中，不要用手触及电机、变压器、控制板等可能带电的设备部分。

(4)使用电子仪器设备时，应先了解其性能，按作业规程操作。若电器设备出现过热现象或产生焦煳味时，应立即切断电源。电气设备严禁超负荷运行，对接头出现氧化或产生焦痕的电线应及时更换。

(5)实验过程中出现跳闸必须查明原因，严禁强行送电。出现保险丝熔断，应先关掉设备电源，排除故障后按原负荷选用适宜的保险丝进行更换，不得随意加大或用其他金属导线代替。

(6)要警惕和防止实验室内产生电火花或静电，在使用可能形成爆炸混合物的可燃性气体时，尤其要注意避免产生电火花。

(7)注意保持电线和用电设备的干燥，防止线路和设备受潮漏电。对应该连接接地线的设备，要妥善接地。接地电阻不得大于有关规定，严禁借用避雷器线等作接地线，以防止触电事故。

(8)使用高压动力电源时，应遵守安全规定，穿戴好绝缘胶鞋、手套，或使用安全杆操作。

(9)遇到停电情况时，要切断电源总闸，尤其要注意切断加热电器设备的电源开关，以防止在无人或下班后来电时造成事故。

(10)没有掌握电器安全操作技能的人员，不得擅自移动电器设备设施，更不能随意拆修电器设备。

(11)实验时，先接好线路，再插上电源；实验结束后，则必须先切断电源，再拆卸线路。

(12)清洁电器用具时，必须先切断电源。仪器设备发生故障或停电时，应立即关闭仪器电源。当发生有人触电时，应迅速切断电源，或使用绝缘物体将电源与人体迅速分开并立即实施抢救。

(13)定期检查导线、插座、插头、线路，一旦发现存在破损等隐患应立即更换。实验室内禁止私接私拉电线，禁止采取多级插座连接。

二、防火防爆安全操作

（1）以防为主，杜绝火灾隐患，遵守各种防火规定。掌握各类有关易燃易爆物品安全使用常识及消防知识。了解实验室内水、电、气的阀门、闸刀和灭火器材的位置、数量、类型以及安全出口等。

（2）实验室须常备适宜的灭火材料，如消防沙、石棉布、毯子及各类灭火器材等。消防沙要保持干燥。灭火材料应放置在便于取用的位置。

（3）电线及电器设备起火时，必须先切断总电源开关，再用二氧化碳等灭火器灭火，并及时通知供电部门。不许用水或泡沫灭火器扑救燃烧的电线、电器。

（4）实验时若衣服不慎着火，立即用毯子之类物品蒙盖在着火者身上灭火，必要时也可用水扑灭。要保持冷静，切忌慌张盲目跑动，避免使气流流向燃烧的衣服，导致火势扩大。

（5）实验过程中，小范围起火时，应立即用湿抹布等覆盖明火；易燃液体（多为有机物）着火时，不可用水灭火。范围较大的火情，应立即用消防沙、泡沫灭火器或干粉灭火器扑救。精密仪器起火，应使用二氧化碳灭火器。

（6）实验室发生火灾时，应尽快将实验过程的各个系统隔开，以避免造成更大的险情。

（7）实验室内存放的一切易燃、易爆物品（如氢气、甲烷等）必须与火源和电源保持一定的安全距离。存放易燃、易爆物品的实验室禁止烟火，并且要规范放置、使用。

（8）使用酒精灯时酒精切勿装满，应不超过其容量的2/3。当酒精灯内的酒精不足其容量的1/4时，应灭火后添加。要熄灭燃着的酒精灯，必须使用酒精灯帽盖灭，禁止用嘴吹灭，以防引燃灯内酒精。

三、有毒物品及化学药剂安全操作

（1）一切有毒物品及化学药剂，要严格按类存放保管、发放、使用。剩余有毒物品及化学药剂严禁随意存放在实验室里，必须送回药品仓库或由专人加锁保管。

（2）在实验中，尽量采用无毒或少毒物质来代替毒性物，或采用较好的实验方案、设施、工艺来减少或避免在实验过程中有毒物质扩散。

（3）实验室应安装通风排毒用的通风橱。在使用大量易挥发毒性物的实验室，应安装排风扇等强力通风设备。必要时，也可用真空泵、水泵连接在发生器上，构成封闭实验系统，减少易挥发毒性物的逸出。

（4）在实验室无通风橱或通风不良情况下，禁止进行有大量有毒性物质逸出的实验，不能心存侥幸，掉以轻心。

（5）养成良好的个人防护习惯。严禁在实验室内存放食物、饮食或吸烟。在不能确保无毒的环境下工作时，应穿戴防护服。实验完毕需及时洗手。

四、易燃气体安全操作

（1）经常检查连接易燃气体管道、接头、开关及器具是否存在泄漏。实验室内应设置检测、报警装置。

（2）在使用易燃气体或在有易燃气管道、器具的实验室，应经常开窗保持通风。在易燃气存放处附近，严禁放置易燃易爆物品。

（3）当发现实验室里有可燃气泄漏时，应立即停止使用，撤离人员并迅速打开门窗或抽风机，检查泄漏处并及时修理维护。在未完全排除可燃气体泄漏前，不准点火，也不得接通电源。

（4）进行易燃气体泄漏检查时，应先开窗、通风，待室内置换新鲜空气后进行。可用肥皂水或洗涤剂涂于接头连接处或可疑处，也可用气敏测漏仪等设备进行检查。严禁使用点火方法试漏。

（5）如果由于易燃气管道连接或开关装配不严，引起着火时，应立即关闭通向漏气处上端的开关或阀门，切断气源，然后用湿抹布或石棉纸覆盖火焰处，使火焰熄灭。

（6）使用易燃气体及相关设施时，要有人员值守。人员离开实验室前，应注意检查使用过的易燃气体器具是否完全关闭或熄灭。

五、高压气瓶安全操作

（一）高压气瓶的搬运、存放和充装的注意事项

（1）在搬动、存放气瓶时，应装上防震垫圈，旋紧安全帽，以保护开关阀，尽量减少碰撞。

（2）搬运充装有气体的气瓶时，最好选用特制的小推车，也可以用手平抬或垂直转动。绝不允许手执开关阀移动。

（3）充装有气体的气瓶装车运输时，应妥善加以固定，避免途中滚动碰撞；装卸车时，应轻抬轻放，禁止采用抛丢、下滑或其他易引起撞击的方法。

（4）充装有互相接触后可引起燃烧、爆炸气体的气瓶（如氢气瓶与氧气瓶），不能同车搬运或同存一处，也不能与其他易燃易爆物品混合存放。

（5）各种气瓶必须定期进行技术检查。气瓶瓶体有缺陷、安全附件不全或已损坏、不能保证安全使用的，切不可再次充装气体，应送交有关单位检查，经检查合格后方可使用。如在使用中发现有严重腐蚀或严重损伤的，应立即停止使用，妥善处置。

（二）一般高压气瓶使用原则

（1）高压气瓶必须分类分处保管，直立放置时要固定稳妥。气瓶要远离热源，避免曝晒和强烈振动。一般实验室内存放气瓶量不得超过两瓶。

① 在钢瓶肩部，用钢印打出下述标记：制造厂制造日期、气瓶型号、工作压力、气压试验压力、气压试验日期及下次送验日期、气体容积、气瓶重量等。

② 为了避免各种钢瓶使用时发生混淆，常将钢瓶瓶身涂成不同颜色，写明瓶内气体名称，便于识别不同种类的气体钢瓶。各种气体钢瓶标志如表 2-1 所示。

表 2-1　各种气体钢瓶标志

气体类别	瓶身颜色	字样	标字颜色
氮气	黑	氮	黄
氧气	天蓝	氧	黑
氢气	深绿	氢	红

续表

气体类别	瓶身颜色	字样	标字颜色
压缩空气	黑	压缩空气	白
液氨	黄	氨	黑
二氧化碳	黑	二氧化碳	黄
氦气	棕	氦	白
氯气	草绿	氯	白
石油气体	灰	石油气体	红
乙炔	白	乙炔	红
氩气	灰	氩	绿

(2) 高压气瓶上选用的减压器要分类专用，安装时螺扣要旋紧，防止泄漏。开、关减压器和开关阀时，动作必须缓慢。使用时，应先旋动开关阀，后开减压器。用完，先关闭开关阀，放尽余气后，再关减压器。切不可只关减压器，不关开关阀。

(3) 使用高压气瓶时，操作人员不能正对气瓶出口处站立。操作时，严禁敲打撞击，并经常检查有无漏气，注意压力表读数。

(4) 氧气瓶或氢气瓶等，应配备专用工具，并严禁与油类接触。操作人员不能穿戴沾有各种油脂或易感应产生静电的服装、手套操作，以免引起燃烧或爆炸。

(5) 可燃性气体和助燃性气体气瓶，与明火的距离应大于 10 m（距离难以达到时，可采取隔离等措施）。

(6) 用后的气瓶，应按规定留 0. 05 MPa 以上的残余压力，其他可燃性气体应剩余 0. 2 ～ 0. 3 MPa，氢气应保留 2. 0 MPa。不可用完用尽，以防重新充气时发生危险。

(7) 各种气瓶应定期进行技术状况检查，充装一般性气体的气瓶应每 3 年检查一次。

(8) 气瓶使用前应进行安全状况检查，并对盛装的气体进行认真确认。使用时，要防止瓶内气体外泄，要保持实验室内空气流通。当有易燃易爆气体泄漏现象时，禁止开关电源，应采取有效措施，关闭气瓶总阀，开门开窗，稀释易燃易爆气体浓度，直至排除安全隐患。必要时应先疏散无关人员，

(9) 在可能发生回流的使用场合，气瓶上应配置回止装置。气瓶使用完毕，应及时关闭总阀。

(10) 严禁一瓶多用，应做到专瓶专用。

（三）几种特殊气体的性质和安全

(1) 乙炔。乙炔是一种极易燃烧、容易爆炸的气体。乙炔与空气或氧气混合容易发生爆炸。存放乙炔气瓶的地方，要求通风良好。使用时应装上回火阻止器，还要注意防止气体回缩，应留有 0. 5 MPa 的余压。

(2) 氢气。氢气密度小，易泄漏，扩散速度很快。氢气与空气或氧气混合容易引起自燃自爆。氢气应单独存放，最好放置在室外专用的小屋内，以确保安全，严禁烟火。应旋紧气瓶开关阀。

（3）氧气。氧气是一种强烈的助燃烧气体，高温下，纯氧十分活泼。氧气容易与油类发生急剧的化学反应，并引起发热自燃，进而产生强烈爆炸。氧气瓶一定要防止与油类接触，并绝对避免让其他可燃性气体混入氧气瓶。禁止用盛其他可燃性气体的气瓶来充灌氧气。

六、爆炸性物质安全操作

（1）在完成带有爆炸性物质的实验中，应使用具有预防爆炸或减少其危害后果的仪器设备，如使用器壁坚固的容器，或配备压力调节阀或安全阀、安全罩等。操作时，切忌以面部正对危险体，必要时应戴上防爆面具。

（2）实验前应清楚各种物质的物理、化学性质及混合物的成分、纯度，设备的材料结构，实验的温度、压力等条件。实验中要远离其他发热体和明火、火花等。

（3）将气体充入预先加热的仪器内前，应先用氮气或二氧化碳排除原来的气体，以防意外。

（4）当在由几个部分组成的仪器中有可能形成爆炸混合物时，则应在连接处加装保险器，或用液封的方法将几个器皿组成的系统分隔成各个相对独立部分。

（5）在任何情况下，都要以保证实验结果的必要精确性或可靠性为前提，对危险物质取用最小用量进行实验，且禁止用明火直接加热。

（6）实验中要创造条件，克服光、压力、器皿材料、表面活性等因素对安全的影响。

（7）在进行有爆炸性物质的实验中，不要用带磨口塞的磨口仪器。对爆炸性物质进行干燥时，绝对禁止关闭烘箱门。有条件时，最好在惰性气体的保护下进行或用真空、干燥剂干燥。加热干燥时，应特别注意加热的均匀性和消除局部自燃的可能性。

（8）严格分类保管有爆炸性的物质，实验剩余的残渣余物要及时妥善销毁。

七、放射性物质安全操作

（一）基本原则

（1）避免放射性物质进入体内和污染身体。

（2）减少人体接受来自外部辐射的剂量。

（3）尽量减少以至杜绝放射性物质扩散造成危害。

（4）对放射性废物要储存在专用污物筒中，定期按规定处理。

（二）对来自体外辐射的防护

（1）在实验中，尽量减少放射性物质的用量。选择放射性同位素时，应在满足实验要求的情况下，尽量选取危险性小的使用。

（2）实验时力求迅速，操作力求简便熟练。实验前最好预做模拟或空白试验。有条件时，可以几个人共同分担一定任务。不要在有放射性物质的附近做不必要的停留，尽量减少被辐射的时间。

（3）由于人体所受的辐射剂量大小与接触放射性物质的距离的平方成反比，因此在操作时，可利用各种夹具，增大接触距离，减少被辐射量。

（4）创造条件设置隔离屏障。一般密度较大的金属材料，如铅、铁等，对γ射线的遮挡性能较好；密度较轻的材料，如石蜡、硼砂等，对中子的遮挡性能较好；β射线、X射线较容易遮挡，一般可用铅玻璃或塑料遮挡。

（三）放射性物质进入体内的预防

（1）防止由消化系统进入体内。工作时必须戴防护手套、口罩，实验中绝对禁止用口吸取溶液或口腔接触任何物品。工作完毕，立即洗手漱口。禁止在实验室饮食、吸烟。

（2）防止由呼吸系统进入体内。实验室应具备良好的通风条件，实验中煮沸、烘干、蒸发等均应在通风橱中进行，处理粉末物应在防护箱中进行，必要时还应戴过滤型呼吸器。实验室应用吸尘器或拖把经常清扫，以保持高度清洁。遇有污染物应慎重妥善处理。

（3）防止通过皮肤进入体内。实验中应小心仔细，不要让仪器物品，特别是沾有放射性物质的部分割破皮肤。操作应戴手套，遇有小伤口时，一定要妥善包扎好，戴好手套再工作；伤口较大时，应停止工作。不要用有机溶液洗手和涂敷皮肤，以防增加放射性物质进入皮肤的渗透性能。

八、机械传动设备安全操作

（1）使用普通机床、数控机床等大型机电设备时，要穿好工作服、安全鞋，并戴上工作帽或防护镜，不允许戴手套操作有转动部件外露的设备。

（2）传动设备外露转动部分必须安装防护罩。必要时，应挂“危险”等警告牌。

（3）启动前，应检查一切保护装置和安全附件，应使其处于完好状态，否则不能开车。

（4）必须熟悉运转设备的操作后，方能开车。运转中出现异常现象或声音，须及时停车检查，待一切正常后方能重新开车。

（5）定期检修、拧紧连接螺钉等。检修必须停车，切断电源。平时应经常检查运转部件，检查所用润滑油等是否符合标准。

（6）进行实验或作业前必须对机械设备、供电系统等做全面检查，严禁机械装置带病作业。

（7）对加工过程中产生粉尘或有害气体的，需安装净化和排放装置，防止发生粉尘或气体爆炸。

（8）机械设备运转期间，必须时刻有人值守，禁止擅自离岗。停机维修时必须采取保护措施，防止机器突然启动酿成事故。

（9）大型精密加工设备必须实行技术安全认证，持证上岗。未获得操作合格证的，一律不许单独操作，必须由持有许可证的人员进行操作指导。

九、一般急救操作

（一）烧伤急救

（1）普通轻度烧伤，可擦用清凉乳剂于创伤处，并包扎好；略重的烧伤，可视烧伤情况立即送医院处理；遇有休克的伤员，应立即通知医院前来抢救、处理。

（2）化学烧伤时，应迅速解脱衣服，首先清除残存在皮肤上的化学药品，用水多次冲洗，同时视烧伤情况立即送医院救治或通知医院前来救治。

（3）眼睛受到任何伤害时，应立即请眼科医生诊断。但化学灼伤时，应分秒必争，在医生到来前即抓紧时间，立即用蒸馏水冲洗眼睛。冲洗时水压不能过大，须将眼睑分开，用细水流冲洗眼睛。

（二）创伤的急救

（1）小的创伤可用消毒镊子或消毒纱布把伤口清洗干净，并用 3.5%的碘酒涂在伤口周围，包扎起来。若出血较多时，可用压迫法止血，同时处理好伤口，敷上止血消炎粉等药，较紧的包扎起来即可。

（2）较大的创伤或者动、静脉出血，甚至骨折时，应立即用急救绷带在伤口出血部上方扎紧止血，用消毒纱布盖住伤口，立即送医院救治。止血时间较长时，应注意每隔 1 ～ 2 h 适当放松一次，以免肢体缺血坏死。

（三）触电的急救

有人触电时应立即切断电源，若来不及或无法切断电源，可用绝缘物挑开电线，不可用金属或潮湿的东西挑开电线。在未切断电源之前，切不可用手去拉触电者。

（四）中毒的急救

对中毒者的急救主要在于把患者送往医院或医生到达之前，尽快将患者从中毒物质区域中移出，并尽量弄清致毒物质，以便协助医生排除中毒者体内毒物。如遇中毒者呼吸停止，心脏停搏时，应立即施行人工呼吸、心脏按压，直至医生到达或送到医院抢救。

十、附则

（1）本办法自公布之日起执行，原《徐州师范大学实验室安全操作规程》（徐师大设〔2011〕7 号）同时废止。此前学校相关办法与本办法不符的，以本办法为准。

（2）本办法由实验室与设备管理处负责解释。

第三节　江苏师范大学实验室排污管理暂行规定（2016年修订）

第一章　总则

第一条　为规范和加强我校实验室排污管理工作，防止实验室废弃物随意排放，维护环境和公共安全，保障我校师生员工身体健康，结合我校实际，制定本规定。

第二条　随着我校实验室教学和科研活动的增加，实验室废气、废液、固体废弃物（简称“三废”）等的排放问题日益凸现，必须重视实验室排污管理。

第三条　本规定所称的实验室排污管理，是指对我校实验室产生的、列入《国家危险废物名录》的有机溶剂、含重金属化合物、废酸、废碱等危险废物的排放管理。

第四条　学校任何单位和个人都有保护环境的义务，并有权制止污染和破坏环境的行为。

第五条　凡可能产生污染环境废弃物的实验室及所在单位和个人，都应严格遵守本规定。

第二章 污染源的控制和管理

第六条 为减少对环境的污染，实验室应采用无污染或少污染的新工艺、新技术，采用无毒无害或低毒低害的试剂和材料，尽可能减少危险化学物品的使用，以防止次生污染源的产生。

第七条 新建、改建、扩建实验室时，必须与防治污染的设施同时设计、同时施工、同时投入使用。

第八条 对使用量小的化学试剂、药品，鼓励实验室之间建立交换共享机制，尽可能减少试剂和药品的重复购置、分散管理和闲置浪费现象。

第九条 各相关单位要重视和加强对有关教学、科研人员的环境保护教育和培训。教师要对学生进行实验室安全和环境保护的教育，使学生了解实验室的规章制度，了解各种药品、试剂的特性，掌握取用方法，做到安全作业。

第十条 各相关单位应定期清查本单位实验室使用的各类试剂、药品的种类和数量，尤其对有毒有害化学物品应严格执行领取、使用、保管等登记制度，并存档备查。

第三章 实验室废弃物的排放和处置

第十一条 各相关单位应把实验室排污管理纳入日常管理工作计划，明确分管实验室排污管理工作的负责人，并安排专人负责具体工作，做好统一防治和监督管理工作。

第十二条 为防止实验室废弃物污染环境，各实验室应当遵循减少废弃物的产生、充分合理利用废弃物和无害化处置废弃物的原则。

第十三条 实验室不得随意排放“三废”。废弃物排放频繁、超出排放标准的实验室，必须按照环保部门要求进行废弃物登记、处理。有条件的单位要安装污染治理设施，保证污染治理设施处于正常工作状态和污染物达标排放。

第十四条 实验室废液应根据其中主要有毒有害成分的品种与理化性质分类收集，并在收集容器（桶、瓶）上张贴标签，注明废液的名称、主要成分、危险类型和产生单位等信息，便于集中存放和处置。盛装废液的容器应不易破损，密封完好。严禁将可能污染环境的废液随便倒入水池。严禁实验室内长期存放各种废液。

第十五条 对实验动物、植物，要有专人负责，落实实验动植物管理措施。妥善处理实验动植物的尸体、器官和组织，定期统一销毁，严禁随意丢弃。

第十六条 对细菌、病毒疫苗，要有专人负责，建立领取、储存、发放登记制度，领用时必须经实验室负责人批准。对实验剩余的细菌、病毒疫苗要妥善保管，并做好详细记录，严禁乱扔乱放或自行销毁。

第十七条 实验室在使用放射性物质时，应避免放射性物质扩散造成的危害。对放射性废弃物，要储存在专用器皿中，并定期按规定处理。

第十八条 各相关单位应落实专人定期将本单位实验室产生的废弃物转移至校内集中存放场所，由学校统一处理。废液收集容器（桶、瓶）或固体废弃物收集容器（桶、袋）上必须标明有毒有害物质的全称或化学分子式，不可简称或缩写，并签上经办人姓名及时间等必要信息。

第十九条　化学性质不相容或灭火方法相抵触的废弃物不得混装。不得将危险废弃物(含沾染危险废弃物的实验用具)混入生活垃圾或其他非危险废弃物之中。

第二十条　收集、贮存、转移实验室废弃物,必须按废弃物特性选择安全的包装材料进行分类包装。接触危险废弃物的实验器皿、包装物等,必须完全消除危害后,才能改为他用或废弃。

第二十一条　禁止将废弃物委托给无许可证的单位或个人进行收集、处置等经营活动。

第二十二条　使用性质调整、改变或废弃的实验室,应彻底消除污染隐患。不得将废弃药品及受污染的场地、设备、器皿等转移给不具备污染治理条件的单位或个人。

第四章　废弃物污染事故管理

第二十三条　污染物产生频繁的实验室,要编制环境污染事故应急救援预案,建立应急体系及报告机制,并配备应急设备,消除安全隐患,防止环境污染事故的发生。

第二十四条　发生突发性事件造成废弃物污染环境的单位,必须立即通报可能受到污染危害的单位和个人,采取措施消除或减轻对环境的污染危害,同时报告学校实验室管理部门和安全保卫部门。学校在 24 h 内向环保部门报告,接受调查处理。

第二十五条　发生污染事故的单位,应及时总结事故发生的原因。其他单位引以为鉴。

第五章　奖惩

第二十六条　对在实验室排污管理工作中做出贡献或成绩突出的个人及单位,学校给予表彰奖励。

第二十七条　对排污防治措施不得力,造成污染事故的单位和实验室,根据情节轻重和后果严肃处理。违反法律、法规的,依法给予处罚,并追究有关当事人法律责任。

第六章　附则

第二十八条　本规定未尽事宜,按国家有关规定执行。

第二十九条　本规定自发布之日起实施,原《徐州师范大学实验室排污管理暂行规定》(徐师大设〔2011〕8 号)同时废止。本规定由实验室与设备管理处会同保卫处负责解释。

第四节　江苏师范大学实验室化学危险废物管理办法

第一章　总则

第一条　为加强对实验室产生的化学危险废物的管理,防止危险化学品废物污染环境和发生意外中毒事件,确保师生健康与公共安全,根据《中华人民共和国固体废物污染环境防治法》《江苏省教育科研和医疗单位剧毒化学品治安安全管理规定》《废弃危险化学品污染环境防治办法》等有关法律、法规制定本办法。

第二条　化学危险废物管理应遵循的原则是减少化学危险废物的产生、充分合理利用化学危险废物、无害化处置化学危险废物。坚持规范化学危险废物回收处置程序,降低化学危险废物的安全隐患和处置成本。

第三条　列入《国家危险废物名录》的化学危险废物或根据国家规定的危险废物鉴别方法认定的具有危险特性的新化学废物应严格按照国家要求进行处置。

第四条　化学危险废物是指被列入《国家危险废物名录》的化学废物，即具有腐蚀性(C)、毒性(T)、易燃性(I)、反应性(R)或者感染性(In)等一种或者几种危险特性的化学废物。不排除具有危险特性的可能对环境或者人体健康造成有害影响的化学废物，应按照危险废物进行管理。

第五条　全校师生员工必须自觉树立环境保护意识，提倡使用有利于环境保护的实验方法，尽量避免或减少实验室化学危险废物的产生，对可重复利用的化学危险废弃物进行充分回收与合理利用。

第六条　实验室化学危险废物处置费用由学校每年预算安排。

第七条　实验室与设备管理处是学校实验室化学危险废物归口管理部门。

第八条　校内产生化学危险废物的实验室和相关人员，都应自觉遵守本办法。

第二章　实验室化学危险废物分类

第九条　实验室废物包括危险废物和一般废物，主要指一般化学废液、剧毒化学废液、废旧化学试剂、废旧剧毒化学试剂、化学固体废物、瓶装化学气体等。

第十条　根据危险废物的性质和特点，危险废物可分为以下几类。

(1) 化学危险废物：剧毒化学品及不明物、高危化学品、一般化学品、一般化学废液、被化学品污染的固体废物。

(2) 生物危险废物：经有害生物、化学毒品及放射性污染的实验动物尸体、肢体和组织，未经有害生物、化学毒品及放射品及放射性污染的实验动物尸体、肢体和组织，生物实验器材与耗材，其他生物废液。

(3) 电离辐射危险废物：放射源、放射性废弃物、废弃放射性装置。

(4) 其他危险废物。

第十一条　具有以下情形之一的废物视为化学危险废物。

(1) 具有腐蚀性、毒性、易燃性、反应性或者感染性等一种或者几种危险特性的；

(2) 不排除具有危险特性，可能对环境或者人体健康造成有害影响，需要按照危险废物进行管理的。

第十二条　一般废物是指实验室产生的除化学危险废物以外的其他废物。

第十三条　危险化学品废物的分类暂定为剧毒、含重金属、有机、无机等四类。

第三章　组织机构

第十四条　学校成立实验室安全工作小组，分管实验室工作的学校领导担任组长，归口管理部门为主要责任单位，领导小组成员由实验室与设备管理处、保卫处、各相关学院(实验教学中心)、重点实验室等部门分管领导组成。

第十五条　领导小组的职责是负责防范实验室环境污染、实验器材与用品(含危险化学品)安全以及实验操作安全。各学院(实验教学中心)、重点实验室要成立相应实验室安全领导小组,由分管实验室领导负责实验室安全工作,并落实具体的管理责任人员。

第十六条　实行学校、学院、实验室三级管理体制。实验室安全领导小组下设实验室化学危险废物处置工作小组,负责监督、检查校内各类实验室化学危险废物的产生、管理、处置和相关制度建设。

第十七条　归口管理部门的主要职责是:负责对全校教学、科研、生产活动中所产生的化学危险废物分类贮存情况进行监督管理,配合环保部门对化学危险废物进行集中处置。具体做好以下几个方面工作。

(1)贯彻执行国家、省、市有关的法律、法规、政策,结合学校实际制定管理制度、办法。

(2)审查产生化学危险废物的实验室建设项目、实验项目的安全准入和安全应急预案的。

(3)负责实验室化学危险废物暂存场所的建设,指导化学危险废物的收集、存放。

(4)及时做好化学危险废物网上信息填报,按规定的程序办理化学危险废处置手续,联系具有合格资质的企业做好化学危险废物处置。

(5)协调解决管理过程中出现的实验室化学危险废物一般问题,负责调查发生的实验室化学危险废物重大管理事故原因,及时总结经验教训。

第十八条　产生化学危险废物有关单位的第一安全责任人,应指定专人负责化学危险废物的日常管理工作,在学校归口管理部门的指导下开展工作。

第十九条　学校对实验室产生的化学危险废物实行定期登记制度,归口管理部门负责网上定期填报工作。填报数据时应做到不漏报、错报、瞒报。做到严格要求,实事求是,及时准确。

第四章　化学危险废物的收集与存放

第二十条　各类产生化学危险废物的实验室,严格加强化学危险废物收集、管理工作,移交化学危险废物的人员必须填写江苏师范大学实验室化学危险废物登记表的相应表格,见附件 1-1 ~附件 1-5。

第二十一条　对化学危险废物的管理,执行“分类收集,定点存放,专人管理,集中处置”的原则。

第二十二条　实验产生的化学危险废物应按其特性进行分类,统一包装,统一回收,分类存放。禁止混合收集、存储性质互不相容且未经安全处置的化学危险废物,具体要求见附件 2。

第二十三条　严禁将化学危险废物(含沾染化学危险废物的实验用具)混放在生活垃圾或其他非危险废物中。

第二十四条　化学危险废物暂存场所收集和存放的实验室化学危险废物为:一般化学废液、废旧化学试剂、化学固体废物等。

第二十五条　移交学校统一存放的化学危险废物中不应含有放射性物质。严禁将无毒无害的化学品废物放入化学危险废物中(暂时不收处剧毒化学危险废物)。

第二十六条　存放化学危险废物的场所要远离火源、热源,并保持良好的通风条件。操作人员必须根据化学品特性加强个人防护,确保安全操作,避免发生人身伤害事故。

第二十七条　存放危险化学品废液的容器应尽量使用原试剂容器或使用材质较好的高密度聚乙烯塑料桶。无论使用何种容器盛装危险化学品废液，均应在容器的显著位置粘贴标明废液种类、特性和主要成分等信息的标签。粘贴标签时，不要覆盖原试剂容器上的原始标签。

第二十八条　使用原试剂瓶盛装危险化学品废液的，必须密封良好，标明瓶内废液的主要成分，并分类集中存放在结实加固的试剂瓶纸箱内。纸箱箱外应标明其类别和净重、毛重(含包装物)。

第二十九条　禁止使用不符合要求的容器盛装危险化学品废液。为防止盛装危险化学品废液的容器发生漏液，使用前应检查容器是否破损，是否存在渗漏缝隙或孔洞，瓶(桶)盖与瓶(桶)口密封是否严实。

第三十条　固体化学危险废物必须存放在相应的容器内，容器须密封严实，容器外须粘贴固体废物种类、特性和主要成分等信息的标签。固体废物应分类集中存放在具有一定强度的纸箱内。纸箱外也应粘贴标示固体废物种类、特性和主要成分的标签和固体废物净重、毛重(含包装物)。

第三十一条　具有危险化学品特性的试剂空瓶，要装在牢固度强的纸箱内，并在纸箱外标注“空危险化学品试剂瓶”。

第三十二条　化学危险废物暂存场所应有相应的标示，消防器材，工作人员使用的安全防护服装、器具。制定并实施防止化学危险废物的扩散、流失、渗漏或者产生交叉污染事故发生的措施。

第五章　实验室化学危险废物处置

第三十三条　学院(实验中心)、各类实验室对实验过程中产生的有毒有害废气，应根据其特性、产生量以及环保要求，制定并实施相应处理措施，确认其有害物质浓度达到或低于国家要求的安全排放标准后方可排入大气。

第三十四条　使用化学药品、试剂的各类实验室，必须配备相应的化学实验废弃物回收装置或容器，将实验后的化学废液、固体废物分类收集。严禁将实验产生的可能污染环境的废液直接倒入水池或下水道，严禁将未经无害化处理固体化学危险废物直接丢弃在露天场所或填埋。

第三十五条　归口管理部门根据各单位移交的拟处理的各类化学危险废物的信息，及时与当地环保部门、有处置化学危险废物合格资质的企业联系，做好化学危险废物处置前的各项准备工作。委托我省有资质企业负责处理、销毁实验室化学危险废物。

第三十六条　拟处理的存放时间过久、失效变质的危险化学品，必须认真填写危险化学品报废处理申请表，经相关部门批准，按化学危险废物妥善处理。

第三十七条　化学危险废物转移交化学危险废物处置企业时，必须认真做好交接记录，填写危险废物转移联单，转移的相关资料要及时存档。

第六章　责任追究

第三十八条　任何实验室、实验人员不得擅自排放对环境造成污染的废气、废液、固体废物、放射性废物、生物废物。

第三十九条　凡是违反本规定，酿成重大实验室安全事故和重大安全隐患的，学校将进行严肃处理，构成犯罪的，交由司法机关进行处置。

第七章　附则

第四十条　本规定由实验室与设备管理处、保卫处负责解释。自公布之日起施行。

附件 1-1

表 2-2　江苏师范大学化学危险废液移交登记

学院(部门)		实验室		房间号		移交日期		年 月 日	
移 交 人		联系电话		接收人		联系电话			
化学危险废液基本信息									
序号	废物类别	废物名称	主要成分	危险特性	来源	容器类型/规格	数量	重量(kg)	备注

说明：

(1) 表中“危险特性”是指腐蚀性(C)、毒性(T)、易燃性(I)、反应性(R)和感染性(In)

(2) 化学危险废物收集容器(瓶、桶)外面必须粘贴表明容器内化学危险废物主要成分、危险特性等信息的标签

(3) 粘贴的标签尽量不覆盖原容器上的原始标签

(4) 来源栏填写：学生教学实验或科研实验

(5) 备注栏填写：含卤有机物废液、一般有机物废液、无机物废液中的一种

(6) 使用本表时同时提交一份电子表格，发送到实验室与设备管理处，电子信箱：syglk@jsnu. edu. cn；联系电话：83500299(或 8299)

附件 1-2

表 2-3　江苏师范大学化学危险固体废物移交登记

学院(部门)		实验室		房间号		移交日期		年 月 日	
移 交 人		联系电话		接收人		联系电话			
化学危险固态废物基本信息									
序号	废物类别	废物名称	主要成分	危险特性	来源	容器类型/规格	数量	重量(kg)	备注

说明：

(1) 表中“危险特性”是指腐蚀性(C)、毒性(T)、易燃性(I)、反应性(R)和感染性(In)

(2) 化学危险废物收集容器(瓶、桶)外面必须粘贴表明容器内化学危险废物主要成分、危险特性等信息的标签

(3) 粘贴的标签尽量不覆盖原容器上的原始标签

(4) 来源栏填写：学生教学实验或科研实验

(5) 使用本表时同时提交一份电子表格，发送到实验室与设备管理处，电子信箱：syglk@jsnu. edu. cn；联系电话：83500299(或 8299)

附件 1-3

表 2-4　江苏师范大学废弃化学试剂移交登记

学院（部门）		实验室		房间号		移交日期		年　月　日	
移　交　人		联系电话		接收人		联系电话			
废弃化学试剂基本信息									
序号	试剂名称	主要成分	生产日期	有效期	危险特性	容器类型 / 规格	数量	重量（kg）	备注

说明：

（1）表中“危险特性”是指腐蚀性（C）、毒性（T）、易燃性（I）、反应性（R）和感染性（In）

（2）化学危险废物收集容器（瓶、桶）外面必须粘贴表明容器内废弃化学试剂危险特性等信息的标签

（3）粘贴的标签尽量不覆盖原容器上的原始标签

（4）来源栏填写：教学实验室或科研实验室

（5）使用本表时同时提交一份电子表格，发送到实验室与设备管理处，电子信箱：syglk@jsnu. edu. cn；联系电话：83500299（或 8299）

附件 1-4

表 2-5　江苏师范大学废弃剧毒化学试剂移交登记

学院（部门）		实验室		房间号		移交日期	年　月　日		
移交人 1		联系电话		接收人 1		联系电话			
移交人 2		联系电话		接收人 2		联系电话			
废弃剧毒化学试剂基本信息									
序号	剧毒试剂名称	主要成分	生产日期	有效期	危险特性	容器类型 / 规格	数量	重量（g）	备注
移交原因									
移交前安全保管措施	所在部门负责人（签字）：　　　　年　月　日								
接收后安全保管措施	所在部门负责人（签字）：　　　　保卫处负责人（签字）： 实验室处负责人（签字）：　　　　年　月　日								

说明：

（1）表中“危险特性”是指腐蚀性（C）、毒性（T）、易燃性（I）、反应性（R）和感染性（In）

（2）存放废弃剧毒试剂的容器（瓶、桶）外面必须粘贴表明容器内废弃剧毒试剂危险特性等信息的标签

（3）粘贴的标签尽量不覆盖原容器上的原始标签

（4）来源栏填写：教学实验室或科研实验室

（5）使用本表时同时提交一份电子表格，发送到实验室与设备管理处，电子信箱：syglk@jsnu. edu. cn；联系电话：83500299（或 8299）

附件 1-5

表 2-6　江苏师范大学废弃化学剧毒废液移交登记

学院(部门)		实验室		房间号		移交日期	年　月　日	
移交人 1		联系电话		接收人 1		联系电话		
移交人 2		联系电话		接收人 2		联系电话		
废弃化学剧毒废液基本信息								
序号	剧毒废液名称	主要成分	危险特性	包装方式	容器类型／规格	数量	重量(kg)	备注
移交原因								
移交前安全保管措施	所在部门负责人(签字)：　　　　年　月　日							
接收后安全保管措施	所在部门负责人(签字)：　保卫处负责人(签字)： 实验室处负责人(签字)：　年　月　日							

说明：

(1) 表中“危险特性”是指腐蚀性(C)、毒性(T)、易燃性(I)、反应性(R)和感染性(In)

(2) 存放废弃化学剧毒废液的容器(瓶、桶)外面必须粘贴表明容器内废弃化学剧毒废液危险特性等信息的标签

(3) 粘贴的标签尽量不覆盖原容器上的原始标签

(4) 来源栏填写：教学实验或科研实验

(5) 使用本表时同时提交一份电子表格，发送到实验室与设备管理处，电子信箱：syglk@jsnu. edu. cn；联系电话：83500299(或 8299)

附件 2

实验室化学危险废物分类收集与集中存放基本要求

移交实验室化学危险废物的部门在移交化学危险废物前，要认真做好化学危险废物的类别、名称、主要成分、特性、体积、重量、责任人等基本信息登记。

一、对化学危险废物收集的要求

(1) 化学危险废液必须进行相容性测试，有条件的实验室应对化学危险废液抽样进行成分分析，不具备分析条件的，应当委托具有分析测试设备的实验室协助进行抽样分析。

(2) 化学危险废液应按化学品性质和化学品的危险程度分类进行收集，使用专用废液桶盛装，严禁把不同类别或可发生异常反应的危险废物混放。收集化学废液时，废液桶上须粘贴标签，并做好相应记录。盛装废液时不要过满，应保留容器 10% 以上的空间。盛装化学废液的专用收集容器或试剂瓶，不得敞口。容器上应有清晰的标签，瓶口密封，不得

渗漏。

（3）化学固体废物主要是实验所产生的反应产物及吸附了危险化学物质的其他固体等，产生这些固体废物应随时贴上标签。固体废物应先使用专用塑料袋收集，再使用储存箱统一存放，储存箱上须粘贴标签，并做好相应记录。移交化学危险废暂存处集中存储时，填写《江苏师范大学化学危险固体废物移交登记表》。

（4）瓶装废物、一般化学品通过防渗漏处理后，使用储存箱统一存放，储存箱上须粘贴标签，并做好相应记录。

（5）化学剧毒品管理实行“五双”制度，即双人保管、双人收发、双人领用、双人双锁、双人双帐，建立以双人使用为核心的安全管理制度。化学剧毒废液和废物要明确标示，并严格按实验室化学剧毒品管理的有关规定收集和存放。实验室产生的化学剧毒废液，暂存在单独的容器内，严禁将几种剧毒物质废液混装在同一个容器中，并按剧毒试剂管理的规定进行妥善保管。拟处置时，应填写《江苏师范大学化学剧毒废液移交登记表》。

（6）一般化学品须在原瓶内存放，保持原有标签，必要时应注明废弃化学品名称。

（7）一般化学危险废液通常分为含卤有机物废液、一般有机物废液、无机物废液。收集含卤有机物废液、一般有机物废液、无机物废液时应预先了解废液来源，做到分别收集和存放。对来源、性质不清楚的废液禁止混放，应分析其特性、主要物质成分，并在废液桶上明确标识，注明有毒有害成分的中文全称。移交化学危废暂存处集中存储时，应填写《江苏师范大学一般化学危险废液移交登记表》。

（8）废液收集瓶（桶）应随时盖紧，放置于实验室较阴凉并远离火源和热源的位置，并及时移交到实验室化学危险废物暂存处存放。

（9）严禁将含有剧毒物质成分的废液倒入一般化学废液收集容器内。

二、对生物危险废物收集的要求

（1）未受有害生物、化学毒品及放射性污染的实验动物尸体、肢体、组织等需要先使用专用塑料密封袋密封，再放置于专用冰箱冷冻保存，并做好相应记录。

（2）受有害生物、化学毒品及放射性污染的实验动物尸体、肢体、组织等需要先进行消毒灭菌，然后再使用专用塑料密封袋密封，粘贴有害生物废物标志，放置于专用冰箱冷冻保存，并做好相应记录。

（3）其他生物废液，能进行消毒灭菌处理的，处理后确保无危害后按生活垃圾处理；若不能进行消毒灭菌处理的，则用专用塑料袋分类收集，贴上有害生物废物标志，放置专用冰箱冷冻保存，并做好相应记录。

三、对电离辐射危险废物收集的要求

（1）放射性废源、废液和废射线装置应该按国家有关标准做好分类、记录和标识，内容包括种类、核素名称等。

（2）废放射源应单独收集，按国家环保局的相关要求密封收集，进行屏蔽和隔离处理；存放地点有明显辐射警示标志，防火防盗，专人保管。

（3）放射性废物收集要求如下。

① 长半衰期放射性废物和经环保部门检测认定为解控水平以上的短半衰期放射性废物，须经所在单位辐射防护小组审核并向环保部门递交处理申请，按照环保部门的要求进行处理。

② 经环保部门检测认定为解控水平以下的短半衰期放射性废物，可按一般废弃物处理。

③ 液态放射性废物须经同环保部门聘请的专业人员进行固化后再进行处理。

（4）废弃放射装置：在报废前须经环保部门核准，请专业人员取出放射源，并按放射性废物的处理方式处理。

四、对废旧化学试剂收集的要求

废旧化学试剂（固体或液体）应存放在原瓶内，原有标签保存清晰，生产日期、有效期，特性等信息清楚，移交化学危废暂存处集中存储时应填写《江苏师范大学废弃化学试剂移交登记表》。

五、对废旧剧毒化学试剂收集的要求

废旧剧毒化学试剂（固体或液体）应存放在原瓶内，原有标签保存清晰，生产日期、有效期、特性等信息清楚，并按剧毒化学试剂管理的规定进行妥善保管。拟处理时，填写《江苏师范大学废弃剧毒化学试剂登记表》。

六、对瓶装化学气体处置的要求

瓶装化学气体主要为钢瓶中的压缩化学气体，拟废弃时需单独与生产气体的专业厂家或危险气体专业处理机构联系处置。

七、出现下列情况时不予收集存放

（1）废液包装容器不符合要求的。

① 盛装废液容器漏液，或密封不严可能导致渗漏的。

② 容器外壁没有粘贴废液成分标识、标签的。

③ 废液容器磨损严重，不宜再使用。

④ 不相容废液存放在同一废液容器内的。

（2）废弃试剂容器不符合要求的。

① 固体试剂或试剂原液没有放在原试剂容器内的。

② 盛装试剂容器外没有标识、标签的。

③ 试剂瓶破裂或不能密封的。

④ 试剂瓶虽然密封但仍向外渗漏的。

（3）盛装废弃试剂包装箱不符合要求的。

① 纸箱（或塑料框）内试剂没有按照要求分类封装的。

② 纸箱底部没有用胶带纸进行加固的。

③ 纸箱(或塑料框)外没有粘贴标明试剂种类标签的。

④ 纸箱(或塑料框)牢固度差或已经破损的。

⑤ 纸箱(或塑料框)内存放不相容试剂的。

(4)废物成分不明的。

八、其他要求

(1)在常温常压下易燃、易爆及产生有毒气体的危险废物,应进行必要的预处理,使之稳定后方能进行收集和集中存放,并按要求做好记录。

(2)不准将无毒无害的废液和废旧试剂当作危险废物处理。

(3)对大量使用的有机溶剂,在确保安全的情况下应尽可能自行回收提纯利用。

(4)对剧毒废液和废旧剧毒化学试剂,能利用化学反应进行解毒或降毒处理的应尽量进行解毒或降毒处理和无害化处理。

(5)实验室内多余的、旧的、尚可使用的试剂,尽量不按化学危险废物处理,可与其他实验室进行有偿或无偿转让。

第五节 江苏师范大学实验室防火安全管理规定(2016年修订)

一、总则

第一条 为加强对实验室的消防管理,防止火灾危害,保护师生员工的生命和财产安全,根据中华人民共和国消防法和国务院颁布的防火重点单位消防工作十项标准,结合学校具体情况特制定本规定。

第二条 学校各级各类实验室,均应依据本规定健全各项消防安全制度,实行"预防为主,防消结合"的消防工作方针,搞好本单位的防火安全工作。

第三条 实验室与设备管理处(简称实验室处,下同)配合保卫处经常对实验室防火安全工作和各种火险隐患进行监督检查。

二、组织机构和职责

第四条 各院系本着"谁主管谁负责"的精神,在校逐级防火责任制基础上,建立本单位实验室防火安全管理体系,制定实验室防火实施细则,包括岗位责任制和学生实验安全守则,确定本单位防火责任人、各实验室安全责任人。

第五条 各单位在布置工作、总结、评比时,应将实验室的消防工作作为其中一项内容,做到有计划、有布置、有检查、有总结。

第六条 实验室管理人员或指导老师应对进入实验室的学生进行防火安全教育,了解实验中可能发生的危险和必要的安全常识,使他们了解和掌握实验室内水、电、气阀门和灭火设备的使用、位置等,保证安全通道和出口畅通无阻。实验过程中,有关人员或指导老师不能随便离开实验室。

第七条　各种消防设备应有专人保管，保持良好的使用状态，如发现短缺、失效，应书面报告保卫处予以补充或更换。实验室工作人员必须掌握必要的防火常识，必须熟练使用各类消防器材，懂得各种基本灭火方法。

第八条　使用钢瓶、烘箱、压力容器等火险隐患较大的设备，以及使用化学危险品（钴源等），应落实相应的岗位责任制。

第九条　节假日期间使用实验室，应经单位负责人批准，并有相应的防范措施。

第十条　实验大楼走廊保持通道畅通，禁止堆放杂物。

三、一般实验室

第十一条　各类实验室应按防火规范配齐消防器材。

第十二条　新建、改建计算机房等其他操作实验室，其建筑物应为一、二级耐火等级的建筑。房间外墙、间壁、隔断、顶棚和装饰，通风、空调系统及其保温材料应采用非燃或阻燃材料。门应向外开启。

第十三条　维修设备必须先关闭设备电源，再进行作业。维修时，所使用的仪器仪表等用电设备用完后立即切断电源，存放到固定位置。

第十四条　不能随意乱接乱拉电源线，不得超负荷用电。严禁用金属丝代替保险丝。严禁使用易燃品清洗带电设备。

第十五条　实验室内严禁吸烟，火种要当场熄灭。每天下班前，必须检查室内有无火种，切断电源，关闭水源和门窗。

第十六条　电器设备和线路、插头插座应经常检查，保持完好状态，发现可能引起火花、短路、发热和绝缘破损、老化等情况，必须通知电工进行修理。电加热器、电烤箱等设备应做到人走电断。

第十七条　除教学、科研必须外，禁止任何单位和个人在实验室内使用电炉。实验室使用的电炉应确定位置，定点使用，专人管理，周围严禁堆放可燃物。电炉的电源线必须是橡套电缆线。

第十八条　使用电烙铁，要放在非燃隔热的支架上，周围不应堆放可燃物，用后立即拔下电源插头。

第十九条　计算机房及放置大型精密仪器的实验室内，严禁存放易燃易爆物品。

第二十条　有变压器、电感线圈的设备必须置于非燃基座上，其散热孔不应覆盖，周围不得放置易燃可燃物品。

第二十一条　禁止非实验用的油漆、香蕉水、汽油等易燃易爆物品被带进实验室。

四、化学实验室

第二十二条　化学实验室应符合一般实验室的基本防火安全要求。

第二十三条　有易燃易爆蒸气和可燃气体散逸的实验室，其电气设备应符合防爆要求。

第二十四条　建筑面积在 30 m^2 以上的实验室应有两个安全出口。

第二十五条　使用易燃易爆化学危险品时，应随用随领，不应在实验现场存放；零星少量备用的化学危险物品由专人负责，并存放在金属柜中。

第二十六条　清洗时所用辅料，如汽油、酒精、苯、丙酮、乙醚等低燃点易燃液体，必须远离明火，保持良好的通风，电气设备采用防爆型。

第二十七条　实验室内做实验剩余的或常用的小量易燃化学危险物品，总量不超过 5 kg 时，应存放金属柜内由专人保管，分类分项存放；超过 5 kg 时，不得在实验室内存放。

第二十八条　禁止使用没有绝缘隔热底座的电热仪器。电冰箱内禁止存放性质相互抵触的物品和低燃点的易燃液体。

第二十九条　日光能照射到的房间，要备有窗帘；室内日光可照射到的地方，不应放置遇热易蒸发的物品。

第三十条　实验性质不明或未知的物料，应先做小试验，从最小量开始；同时，采取安全措施，做好灭火防爆准备。

第三十一条　在实验进程中，利用可燃气体做燃料时，其设备的安装和使用应符合防爆电气设备要求。

第三十二条　任何化学物品一经放置于容器后，必须立即贴上标签。如发现异常或有疑问，应检查验证或询问有关人员，不得随意乱丢乱放。购买剧毒品需经保卫处审批，领用剧毒品需经实验室主任签字，实行“五双”保管原则。

第三十三条　在实验台范围内，不应放置任何与实验工作无关的化学物品，尤其是不应放置盛有浓酸或易燃易爆的容器。

第三十四条　往容器内灌装较大量的易燃、可燃液体（酸等电解质、醇除外）时，要有防静电措施。

第三十五条　可燃性气体钢瓶与助燃气体钢瓶不得混合放置，各种钢瓶不得靠近热源、明火，要有防晒措施，禁止碰撞与敲击，保持油漆标志完好，专瓶专用。使用的可燃性气瓶，一般应放置在室外阴凉和空气流通的地方，用管道通入室内，氢、氧和乙炔不能混放一处，要与使用的火源保持 10 m 以上的距离。

第三十六条　要建立健全蒸馏、回流、萃取、电解等各种化学实验防火安全操作规程和化学物品保管使用制度，并要求学生严格遵守。

五、附则

第三十七条　本规定自发布之日起施行，原文件同时废止。此前学校相关规定与本办法不符的，以本规定为准。

第三十八条　本规定由实验室与设备管理处负责解释。

第六节　江苏师范大学学生实验守则（2016 年修订）

第一条　严格遵守实验室的各项规章制度。按时到指定实验室做实验，不得迟到。

第二条　进入实验室必须保持严肃、安静，不大声喧哗、嬉闹，不做与实验无关的事，不动与实验无关的设备。注意环境卫生，不吸烟，不随地吐痰，不乱抛纸屑杂物。

第三条　实验前应认真预习实验指导书规定的有关内容，明确实验目的和基本要求，掌握原理和方法，独立完成实验准备工作。实验时，经指导教师检查认可后，才能开始做实验。

第四条　实验时应严格遵守仪器设备使用操作规程，认真实验、实验记录要求准确，不得抄袭他人实验数据。

第五条　仪器设备发生不正常现象时，应及时报告指导教师。如发生人身安全事故时，立即切断相应的电源气源等，迅速停止实验，设法制止事态的扩大，并立即向指导老师报告，听从指导教师的指挥，要沉着冷静，不要惊慌失措。

第六条　使用大型精密仪器设备，应先了解性能和操作方法，未经教师同意，不得任意操作，违者按有关规定处理。

第七条　爱护设备，厉行节约，凡丢失仪器、配件、工具甚至违反操作规程损坏设备的，均应及时查清原因并上报院系负责人。根据情节轻重，追究责任，按章赔偿。凡隐瞒事故不报者，加重处理。

第八条　实验完毕，在指导教师检查清点所用仪器、工具后，做好清洁卫生，切断电源、气源，关好水龙头。实验数据在指导教师审阅、签字后，方可离开实验室。

第九条　实验后要认真写好实验报告（包括认真分析实验结果、精确处理数据、图表）。

第十条　学生进入开放实验室做综合性、设计性的实验时，应按学校相关规定事先与有关实验室老师提出申请，经同意后方可在指定时间内到指定实验室进行实验。

第十一条　本守则由指导教师和参加实验的人员共同监督，严格执行。违者令其停止实验，责任自负。

第十二条　本守则自发布之日起施行，原文件同时废止。此前学校相关规定与本办法不符的，以本守则为准。

第十三条　本守则由实验室与设备管理处负责解释。

第七节　江苏师范大学实验室文明卫生规范（2016年修订）

（1）实验室仪器设备布局合理，摆放整齐，消防设施应摆放明处，便于取放。

（2）实验室走廊及门厅内不存放垃圾杂物，不摆放私人自行车，不得堆积仪器设备。

（3）实验室内应保持桌面、地面、门窗和设备无积尘，墙面无蜘蛛网。

（4）玻璃仪器、化学试剂等实验用品排列整齐并保持清洁。

（5）实验台、仪器设备、水池在做完实验后应及时清理，保持整洁。

（6）室内不得存放与实验无关的物品，更不得将实验室作仓库使用。

（7）大型精密仪器设备用毕应罩好，罩布应保持清洁。

（8）电炉及各种电源插座、插头、电线等不得随意乱放，用后及时归位，注意用电安全。

（9）不准在室内吸烟、乱丢杂物和纸屑，不得大声喧哗，着装得体大方。

（10）严格执行环境保护的有关规定和制度，对实验废弃物（包括噪声、振动、放射性、辐射、有毒、有害气体等）处理得当。

（11）本规范自发布之日起施行，原文件同时废止。此前学校相关规定与本办法不符的，以本规范为准。

（12）本规范由实验室与设备管理处负责解释。

第八节　江苏师范大学实验室突发安全事件应急预案（2016年修订）

为了有效预防、及时控制和妥善处置实验室突发安全事件（简称突发事件，下同），建立健全预警和应急机制，提高应对突发事件的能力，最大限度地减少突发事件造成的损失，维护师生员工生命和学校财产安全，保障教学和科研工作的正常秩序，结合我校实验室的具体情况，特制定本预案。

一、应急预案编制和应急管理的工作原则

居安思危，预防为主；以人为本，减少危害；统一领导，分级负责；快速反应，协同应对。

二、应急预案适用范围

本预案适用于全校各类实验室及其附属用房区域内的突发安全事件。各有关单位应根据本预案的精神，结合本单位实验室的具体情况制定更为详细、针对性和操作性更强的应急预案。

三、突发事件的分类和分级

突发事件是指在实验室范围内突然发生，造成或者可能造成重大人员伤亡、财产损失、生态环境破坏的紧急事件。

（1）突发事件主要包括自然灾害、事故灾难两类。

① 自然灾害：可能影响实验室的自然灾害主要包括洪水、风暴、雷电、冰冻、地震等非人为因素而形成的灾害。

② 事故灾难：事故灾难包括药品、易燃易爆物、废弃物、放射性物品、水、电、油、气等由于使用不当等人为因素而引起的灾害事件。

（2）根据其可控性、严重程度、可能造成的危害和影响、可能蔓延发展的趋势等由高到低分为四级：Ⅰ级（特别重大）、Ⅱ级（重大）、Ⅲ级（较大）、Ⅳ级（一般），依次用红色、橙色、黄色和蓝色进行预警。分级标准是突发事件信息报送和分级处置的依据。

四、突发事件处置领导机构及工作职责

（1）学校成立实验室突发安全事件应急处置领导小组，负责组织指挥突发事件的应急处置工作。

分管安全工作和实验室工作的校领导任领导小组组长，保卫处处长、实验室与设备管理处（简称实验室处，下同）处长任副组长，各单位分管实验室安全工作的领导为成员。学校突发安全事件应急处置办公室设在保卫处安全生产科，保卫处处长任办公室主任。

（2）应急处置领导小组工作职责如下。

① 根据突发事件的级别启动应急预案，具体实施对突发事件的紧急应对、处置和信息发布。

② 如有必要，向当地有关部门和相关单位报告，联合开展应急处置工作。

③ 及时向上级有关部门报告突发事件的进展与处置情况。

④ 对突发事件原因进行调查。

⑤ 根据突发事件的性质及所造成的后果提出对有关责任人进行处理的建议。

（3）相关部门及单位工作职责如下。

① 保卫处应根据消防安全管理的有关规定和各有关单位的具体情况，配备更新消防灭火器材，检查消防设施完好情况，开展相关知识的宣传工作。协助做好各单位突发事件应急预案的制定和执行工作。

② 实验室处应加强实验室安全管理，将实验室安全工作作为实验室建设、管理与评估的一个重要组成部分，将实验室安全知识作为实验室工作人员培训的一项重要内容，加强对危险化学物品的监督管理。协助做好各单位突发事件应急预案的制定和执行工作。

③ 后勤管理处应加强实验室及其附属用房电路设施的检修、改造，不断改善化学、生物、工程训练中心等实验室“三废”处理的条件，增强抵御洪水、风暴等自然灾害对实验室造成危害的能力。协助做好各单位突发事件应急预案的制定和执行工作。

④ 校医院根据突发事件医疗救援实际需要，具体组织实施医疗救助工作，并配合上级卫生部门开展进一步的医疗救助工作。

⑤ 实验室所属单位成立由分管实验室安全工作的领导为组长的基层单位突发事件应急处置工作小组，具体负责本单位应急预案的制定和本单位突发事件应急处置工作，建立工作责任制，明确突发事件的信息报告人。

五、突发事件的预防

坚持预防为主的方针，针对可能发生的突发事件，完善预测预警系统，开展风险分析，在必要的地方设置警示标志、安全疏散标志等，明显位置上公布突发事件的处置方法，做到早发现、早报告、早处置。

（1）加强应急反应机制的建设，不断修订和完善突发事件应急预案。加强对相关人员的培训，经常开展演练活动，不断提高应急处置队伍的实战能力。

（2）做好应对突发事件的人力、物力和财力的储备工作，确保突发事件预防、现场控制所需的应急设施和必要的经费。

（3）在确认可能引发某类突发事件的预警信息后，应根据各自制定的应急预案及时部署，迅速通知有关部门采取行动，防止事件的发生或事态的进一步扩大。

六、应急预案的启动与实施

由学校突发事件处置领导小组组长决定是否启动应急预案。领导小组成员单位及有关单位负责人要认真执行应急预案，遵守工作纪律，确保信息安全，并保证联系方式畅通。

（一）突发事件报告时限、程序及内容

根据突发事件的发生、发展、处置进程等环节，每一起突发事件都必须作首次报告、进程报告和结案报告。首次报告要快，进程报告要新，结案报告要全。

1. 首次报告

发生突发事件后，应立即向校突发事件应急处置领导小组组长报告。

必须报告的信息内容包括：事件名称、发生地点和时间、报告时间、涉及人群或潜在的威胁和影响、报告单位、报告人、联系人及通讯方式。尽可能报告的信息内容包括：事件初步性质、严重程度及发展趋势、可能的原因、已采取的措施等。

2. 进程报告

进程报告内容为突发事件的发展与变化、处置进程、事件的原因或可能因素、已经或准备采取的整改措施等。对于重大或特别重大突发事件的进程报告，除了向应急处置领导小组组长报告外，学校还应将事件发展变化情况及时报告省教育厅和卫生厅等有关部门。

3. 结案报告

在事件处理结束后，事件应急处置领导小组应及时向学校提交结案报告。结案报告的内容包括事件的基本情况、事件产生的原因、应急处置的过程（包括各阶段采取的主要措施及其效果）、处置过程中存在的问题及整改情况，并提出责任追究及今后对类似事件的防范和处置建议等。如有必要，学校应将事件处置结果向省教育厅和卫生厅等上级部门报告。

（二）应急处置措施

（1）突发事件发生后，所在单位负责人应立即启动突发事件应急预案，同时将有关情况报告校应急处置领导小组组长，领导小组组长接到报告后，根据职责和规定的权限启动本应急预案，对突发事件进行及时、有效处置，控制事态进一步发展。

（2）事发单位在领导小组统一部署下，按照分级响应的原则，快速做出应急反应。根据实际情况可采取下列措施：组织营救和救治受害人员，疏散、撤离、安置受到威胁的人员；迅速消除突发事件的危害和危险源，划定危害区域并加强巡逻；针对突发事件可能造成的损害，封闭、隔离有关场所，中止可能导致损害扩大的活动；抢修被损坏的供水、供电、供气等基础设施。

（3）突发事件应急处置要采取边调查、边处理、边抢救、边核实的方式，以有效控制事态发展。

（4）在校内未发生突发事件的单位接到突发事件情况通报后，要及时部署和落实本单位的预防控制措施，防止类似突发事件在本单位发生。

（三）应急响应

对于先期处置未能有效控制事态发展的，或超出事件发生单位处置能力需要学校协调处置的，由学校主要领导直接指挥和指导相关单位协同开展处置工作。

七、善后处理

直接应急处置和救助活动结束后，工作重点应马上从应急处置转向补救和善后工作，争取在最短时间内恢复正常秩序。

（1）做好事故中受伤人员的医疗救助工作，对有各种保险的伤亡人员要帮助联系保险公司赔付。

（2）及时查明事故原因，严格信息发布制度，确保信息及时、准确、客观、全面。做好稳定校园教学和生活秩序工作。

（3）全面检查设备、设施安全性能，检查安全管理漏洞，对安全隐患及时整改，避免事故再次发生。

（4）总结经验教训，引以为鉴。对因玩忽职守、渎职等原因而导致事故发生的，要追究有关人员的责任。

（5）配合公安机关做好事件侦察工作。

本预案由保卫处会同实验室处负责解释，自发布之日起实施，原文件同时废止。此前学校相关预案与本预案不符的，以本预案为准。

第九节　化学与材料科学学院实验室安全管理制度

实验室是教学、科研的重要场所，实验室的安全管理是实验室管理工作的重中之重。为了加强实验室安全管理，保护实验者的人身安全和健康，保护国家财产和科研成果不受损失，使实验教学和科学研究在安全友好的环境条件下进行，特制定本管理制度。

（1）做好实验室的安全管理工作，是搞好实验教学和科研工作的重要保证。各实验室必须牢固树立“安全第一”的观念，加强安全教育。

（2）学院成立实验室安全领导小组，设 2 名兼职安全员，安全员对不符合规定的操作或不利于安全的问题，有权提出批评和劝告。对不听劝告或有碍安全的实验人员，有权责令其停止实验操作。

（3）实验室应根据各自实验内容的特点，建立相应的安全操作规程。认真执行“谁主管，谁使用，谁负责”的安全管理责任制。各实验室必须安排专人负责安全管理工作，签订实验室安全目标管理责任书。

（4）各种安全防范措施要配备齐全，定期检查。在实验室工作、学习的所有人员都应熟练掌握各种消防器材的使用方法，掌握应急自救设施（报警器、喷淋器、洗眼器等）的使用方法，熟悉突发事件的应急逃生自救和救援的方法。

（5）实验室使用的易燃、易爆、易制毒和有毒物品必须设专用库房或橱柜存放，并指定专人（两人）保管。实验中心主任要严格把关，严格执行领用审批制度，做到“日领日用”，严禁在实验室内存放剧毒物品。

（6）实验室一旦发生安全事故（失火、淹水、泄漏、中毒、人员受伤等），应立即启动“应急预案”。现场人员要采取积极有效的应急措施，防止事故扩大蔓延。实验室安全责任人要及时向上级主管部门报告，要注意保护现场，待事故原因调查清楚后，对相关责任人或肇事者进行严肃处理。

（7）实验产生的部分废弃物要经过无害化处理后才能倾倒。易燃、易爆、腐蚀类废溶剂等危险废弃物，应放入回收瓶标明类别，送学校危险废弃物临时存放处集中处理。

（8）实验结束后，工作人员在离开实验室前必须关闭所有水源，断开电源，熄灭火源，关好门窗，防止意外事故发生。

（9）实验室应认真制定仪器设备安全操作规程，大型精密仪器应有专人操作和管理。实验室要根据仪器设备的性能要求，提供安装使用仪器设备的条件，保证水、电供应，并根据仪器设备的不同情况，采取防火、防雷电、防潮、防热、防冻、防尘、防震、防腐蚀、防辐射等技术措施。

（10）实验室承担的涉密科研项目的测试数据、分析结论、阶段性成果和各种技术文件，均要按科技档案管理制度进行保管和使用，任何人不得擅自对外提供相关信息。如发现泄密事故，应立即采取补救措施，并对泄密人员进行严肃处理。

（11）实验室安全领导小组应经常会同各系主任、实验中心主任和实验室安全员对实验室的安全情况做全面检查，做好安全检查记录，发现安全隐患要及时整改，本院解决不了的问题要及时上报上级主管部门，以便尽快采取措施消除不安全因素。

（12）对于工作责任心强，在安全管理、规范操作等方面做出显著成绩者，给予表彰和奖励；对违章操作，玩忽职守，忽视安全而造成的各类事故，将查明原因，分清责任，严肃处理；对造成严重安全事故的，将追究肇事者和主管领导的责任；对触犯法律的，将交由司法机关依法处理。

（13）本制度自公布之日起执行。本制度如有与上级有关规定不符之处，按上级有关规定执行。

（14）本制度由化学与材料科学学院院务会负责解释。

附件 1

化学与材料科学学院安全与卫生检查制度

为保证我院教学科研工作的顺利开展，确保全体师生的人身安全和健康，保护国家和个人的财产不受损失，保护环境，给教职工一个良好的教学科研环境，也为了健全我院的安全卫生制度，加强教职工的安全卫生意识，杜绝各类事故发生，特制定本制度。

（1）学院安全工作检查领导小组每月检查三次。每月第二、四周的周三上午为定期检查时间，另一次检查为不定期检查。

（2）检查范围：我院实验室、办公室和仓库等所有场所。

（3）检查内容：安全消防、防盗、防水检查，实验设备仪器、试剂材料、办公设备、办公用

品等的规范化管理检查以及室内卫生情况等。(具体参见《安全卫生检查细则》)

(4) 各室的安全卫生管理落实到人,做到"谁管理谁负责"。

(5) 每次对检查结果进行综合评分,每月进行统计,奖优罚劣。

每学期进行一次综合评比,对历次检查中成绩突出或较差的室负责人进行一次性奖励或罚款。

(6) 检查成员:学院安全工作检查领导小组

附件 2

化学与材料科学学院安全卫生检查评分细则

(1) 安全标识填写完整,责任明确,措施得当,室内消防器材齐全,放置合理,制订值日制度、值日表。(20分)

(2) 没有违章电器,无实验室要求不准带入的食品、饮料。(10分)

(3) 试剂存放量达标、标签清晰、通风,材料严格按要求保管,危险化学品存放符合要求,不存在安全隐患。(20分)

(4) 仪器设备摆放规范(做到防尘、防潮、防震、暂时不使用时切断电源)。(10分)

(5) 室内地面、门窗、办公桌、实验桌面等整体环境清洁整齐。(20分)

(6) 用电安全功率匹配,导线规格标准,闸刀开关顺畅,无乱拉线等,办公实验设备用品等摆放合理、整齐,贵重仪器专人保管,使用记录填写规范、完整。(10分)

(7) 离室时仔细检查门窗、电源、水龙头、暖气阀门确保完好,能有效避免失盗、失火、漏水等责任事故的发生。(10分)

附件 3

化学与材料科学学院实验室三废处理规定

为了加强实验室管理,保护环境,维护学生健康,保证实验教学顺利进行,特制定本规定。

(1) 各实验室应配备储存废渣、废液的容器,实验所产生的对环境有污染的废渣和废液应分类倒入指定容器储存,并集中统一处理。

(2) 易燃、易爆、剧毒物品使用后的废渣、废液和实验中产生易燃、易爆、剧毒物品的废渣、废液,必须在实验教师和实验技术人员的指导下,及时妥善处理后,方能倒入指定的容器内。

(3) 严格要求学生按教材或指导书所规定的正确方法进行实验。对实验中废气、废液、废渣进行处理排放,应加强指导检查,训练学生的实验技能,培养学生的环保意识。

(4) 实验室的管理人员应定期对废渣、废液容器和通风、排风设备进行检查、清理,以保证三废处理的实施。

(5) 加强实验研究,实行教学改革。在确保完成正常实验教学计划和操作训练前提下,改革实验内容和方法,尽可能地减少三废的排放。

第十节　化学与材料科学学院实验室学生守则

第一条　学生进入实验室，必须严格遵守各项实验规则，注意保持实验室的安静、整洁，不大声讨论或谈笑，不准将废液、废物乱倒乱扔，减少不必要的走动，以免影响他人工作。

第二条　学院实行实验室准入制，通过学院实验室安全考核的学生才被准许进入实验室。

第三条　进入实验室需穿着实验服，必要时佩戴防护眼镜和手套等防护装备。

第四条　学生应按时按编定的组别和指定的座位就座，不得任意调动。在实验前，必须认真预习、熟悉有关内容，否则不得参加实验。

第五条　教师讲解时，学生不得动用实验仪器、材料，使用前应了解其性能和操作规程。

第六条　实验时要严守操作规程，注意安全。对精密、贵重仪器，必须在教师指导下认真操作。

第七条　学生进行实验时，必须使用教师指定的实验器材和仪器，未经教师批准不得使用其他器材和仪器。

第八条　禁止品尝药品，禁止在实验室内饮食，禁止将与实验无关的私人物品带进实验室，禁止将实验室内任何公物带出实验室，禁止有实验进行而无人看守，禁止从事任何会带来危害的行为。

第九条　实验中要细心观察分析实验现象，认真记录实验数据。实验结束后，必须在规定的时间内完成实验报告。

第十条　如实验仪器使用中出现故障或异常现象，必须立即停止使用，并报告指导教师进行处理。

第十一条　爱护仪器，节约药品和材料。如果实验中损坏仪器用品，按照《化学与材料科学学院学生实验器材丢失、损坏赔偿管理办法》执行。凡违反实验教学中心有关规定者，指导教师或管理人员有权批评制止。情节严重的，追究责任。

第十二条　实验过程中发生意外事故时，应迅速停止实验，采取急救措施，制止事态的扩大，并立即向指导老师报告。

第十三条　遇到危险事故需要撤离时，要正确关闭实验，及时寻找逃生通道，以正确的方法迅速离开现场，并及时发出事故警报。

第十四条　按规定将各种废弃物分别倒入指定的容器中进行回收处理，严禁将实验废弃物随意丢弃。

第十五条　实验完毕后，必须清洗并整理好实验器材和桌面，经指导教师同意后方可离开实验室。值日生在全组实验结束后，负责打扫卫生，整理用品，关闭门窗和水、电、气等危险源，做到清洁、整齐、安全，并经指导教师验收合格后方可离开。

第十六条　教学和科研实验室均参照上述规定执行。

学生借用实验器材丢失、损坏赔偿办法

为了加强对实验室仪器设备和工具材料的管理，做到既保证实验教学的需要，又节约开支，并使学生养成自觉爱护国家财产的好习惯，培养学生遵守实验规程和严谨细致的工作作风，特制定本办法。

一、玻璃仪器、工具的借用

（1）每门基础课实验室配备了一套完整的玻璃仪器免费借给每位学生使用。开始实验前，学生要认真进行清点核对，缺损的应及时补齐。每门实验课程结束后，指导教师要如数清点收回。

（2）实验中需要借用的工具，实验结束后要及时归还。

二、实验器材丢失、损坏的赔偿

（1）在实验过程中，使用的玻璃仪器、工具及器材出现损坏或丢失，应及时向实验教师办理报失、报损手续，填写《实验器材报损单》，并由教师视造成损失的原因提出赔偿意见。对于造成单价小于200元的仪器损坏赔偿：属于正常实验损坏的，免予赔偿；由于疏忽大意造成的损坏，赔偿50%；对于不遵守实验纪律、违反操作规程所造成仪器设备的丢失和损坏，赔偿100%。

（2）学生个人借用的各种工具和器材如有丢失，原则上按照实际价格赔偿或购买相同的物品归还。

（3）学生由于违反操作规程而致使仪器报废者，实验教师应及时将事故报告上交学院，由学院根据仪器价格、使用年限等情况上报学校决定赔偿金额。

（4）如因学生违反规程，造成单价大于200元的仪器损坏、丢失者，除按规定赔偿外，还要根据情节轻重、损失大小、认识态度，给予必要的批评教育或纪律处分。

（5）赔偿由相关实验室实验员负责执行，学生持《实验器材报损单》到实验员处付款并领取相同物品交回实验室。对于玻璃仪器，实验员可根据实验配备情况提前购置5%～10%的玻璃仪器备用，一旦损坏及时补充。赔偿款应及时交到学院行政秘书处，并要求学院根据缺失的数量及时补足。

（6）发生仪器、器材的损失事故，应及时赔偿。对于赔偿金额1 000元以上者，经学院领导批准可以分期付款，每次不低于100元。

第十一节　化学实验室安全与防护操作规程

化学实验室存在各种不安全因素，如烧伤、烫伤、割伤、中毒、失火、爆炸以及“三废”对环境的污染等。为确保实验室人员人身安全和健康，国家和个人的财产不受损失，保护环境，特制定本规程。

一、安全操作规程

（一）基本技术操作规程

（1）实验室必须装贴安全提示牌，注明该实验室所属部门、安全责任人，以及涉及危险项目种类，防护要求，施救措施等。

（2）各楼层必须安装突发危险事件（火灾、爆炸、毒品泄漏等）报警装置、喷淋洗眼装置，并悬挂醒目标识。

（3）所有人员进入实验室必须穿工作服。进入防护要求需要佩戴工作帽、防护镜的实验室，还应佩戴工作帽、防护眼镜。工作服应经常保持整洁。禁止穿工作服进入食堂或其他公共场所。在进行实验时需要接触浓酸、浓碱的工作人员，还应佩戴胶皮手套。

（4）实验室内禁止吸烟、饮食，不准用实验器皿作茶杯或餐具，并不得用嘴尝的方法来鉴别未知物。工作完毕后，离开实验室时，应用肥皂或洗洁精洗手。

（5）实验室遇到突然停电、停水时，应立即关闭电源及水源，以防恢复供电、供水时由于开关未关而发生事故。离开实验室时，应检查门、窗、水、电及各种压缩气管道是否关闭。

（6）实验室内严禁存放大量试剂，临时存放少量试剂，试剂瓶必须贴有明显的与内容相符的标签，标明名称及浓度。易燃、易爆、毒害、腐蚀性试剂，要分类存放在专用试剂橱内加锁保管，并填写存放记录。

（7）开启易挥发的试剂瓶（如乙醚、丙酮、浓盐酸、浓氢氧化铵等）时，尤其在夏季或室温较高的情况下，应先经流水冷却后盖上湿布再打开，切不可将瓶口对着自己或他人，以防气液冲出引起事故。

（8）取下正在加热至沸的水或溶液时，应先用烧杯夹将其轻轻摇动后才能取下，防止其爆沸，飞溅伤人。

（9）高温物体（如刚由高温炉冲取出的坩埚和瓷舟等）要放在耐火石棉板上或磁盘中，附近不得有易燃物。需称量的坩埚，待稍冷后方可移至干燥器中冷却。

（10）带有放射性的样品，其放射强度超过规定时，严禁在一般化学实验室操作使用。使用放射性物质的工作人员，须经过特殊训练，按防护规定配置防护设备。

（11）实验室的各种精密贵重仪器设备，应有专人负责保管，并制定单独的安全操作规程。未经保管人同意，或未掌握安全操作规程前，不得随意动用。

（12）除特殊设备要求外，实验室的室温一般应保持在 13 ℃～ 35 ℃之间。室温过低或过高，应采取调温措施，否则对安全不利（如易冻裂、易燃、易爆试剂的保存），对仪器的准确度、化学反应的速度、有机溶剂的挥发及萃取率等均有直接影响。

（二）危险化学品及机电设备的安全操作规程

（1）能产生有害的气体、烟雾或粉尘的操作，必须在良好的通风橱内进行。

（2）严格控制剧毒物品的使用，不经批准不得携带剧毒化学品进入实验室，一经发现严肃处理。

（3）汞属于积累性毒物，一般应禁止使用。确因需要必须使用时，应避免溅洒，并熟知汞溅洒后的处理方法。使用汞的实验室及实验台，应备有特殊设施，以便收集偶尔洒出的少量汞。

（4）搬运大瓶（或坛装）酸、碱或腐蚀性液体时，应特别小心，注意容器有无裂纹，外包装是否牢固。搬运时，最好用手推车。从大容器中分装时，应用虹吸管移取。10 kg 以上的玻璃容器，严禁用手倾倒。

（5）凡在稀释时能放出大量热的酸、碱，稀释时都应严格按照规程操作。操作时戴橡胶手套，操作后必须立即洗手，以防止造成意外烧伤。

（6）实验室内不得存放大量（一般不超过 1 000 mL）易燃药品（包括废液），如汽油、酒精、甲醇、乙醚、苯类、丙酮及其他易燃有机溶剂等。少量易燃药品应放在远离热源的地方，并保持室内通风。

（7）使用易燃药品时，附近不得有明火、电炉及电源开关，更不可用明火或电炉直接加热。使用易燃溶剂进行加热实验时，一次不得超过 500 mL，应用水浴或油浴等间接加热法，烧瓶中应加入防爆沸物质，并随时注意实验是否正常，做好人身防护和灭火准备。人离开时，要及时拆去热源。

（8）严格遵守使用规则使用气体钢瓶。各种装有压缩气体的气瓶在贮运、安装及使用时应注意以下几点。

① 搬运气瓶时，应先装上安全帽，不可使气瓶受到震动和撞击，以防爆炸。

② 气瓶竖立放置时，必须固定拴牢。

③ 气瓶不得与电线接触或放在靠近加热器、明火或暖气附近，也不要放在有直射阳光的地方，以防气体受热膨胀引起爆炸。

④ 开启压力表的阀门时要缓慢。气流不可太快，以防仪器被冲坏或引起着火爆炸。

⑤ 各种气瓶在使用到最后的剩余压力，不得小于 0. 05 MPa。乙炔瓶的剩余压力，随室温不同而定。

（9）实验室内不得有裸露的电线，刀闸开关应完全合上或断开，以防接触不好打出火花引起易燃物的爆炸。拔下插头时，要用手捏住插头再拔，不得只拉电线。

（10）各种电器及电线、电缆要始终保持干燥，不得浸湿，以防短路引起火灾或烧坏电气设备。

（11）通风机发生异响或故障时，应立即断电检修。通风机及马达应定期维修。

（12）保险丝熔断时，应检查原因，不得任意增加或加粗保险丝，更不可用铜丝代替。

（13）用高压电流工作时，必须穿上电工用绝缘鞋，戴上绝缘手套，站在绝缘的地板上，要使用带绝缘手柄的工具。具有高压的仪器设备，其外壳应接有单独埋设的地线，其电阻不大于 4 Ω。

（三）废液、废物的处理规程

（1）一切不溶于水的固体物或浓酸、浓碱废液，严禁倒入水池，以防堵塞和腐蚀水管。少量浓酸、浓碱应经大量水稀释、中和，进行无害化处理后，才能排放。

（2）有机溶剂废液不得排入下水道，易燃、易爆、腐蚀类废溶剂，应放入回收瓶标明类别、主要成分名称或分子式，送到危险化学废弃物临时存放处集中处理。

（3）化学实验室的废水在排入城市下水道前应经中和及净化处理，中和池及净化处理

设施可设在实验室周围下水系统中，使有害杂质及 pH 不超过《工业“三废”排放试行标准》中的规定，并应定期检测。

二、防护与急救规程

（1）实验室应备有急救箱，并经常检查，保证齐备无缺。箱中应有消毒纱布、消毒绷带、消毒棉花球、止血带、碘伏、碘酒、橡皮膏、烫伤油膏、乙酸（3%～4%水溶液）、碳酸氢钠（2%水溶液）、硼酸（饱和溶液）、乙醇（75%）、洗眼杯、消毒镊子及剪刀等。

（2）当眼睛里溅入腐蚀性药品时，应立即用洗眼器冲洗。待药物充分洗净后，立即到医务室就医。当身体其他部位溅到腐蚀性药品时，应立即用喷淋装置冲洗。待药物充分洗净后，立即到医务室就医。

（3）当眼睛里进入碎玻璃或其他固体异物时，应闭上眼睛不要转动，立即到医务室就医，更不要用手揉眼睛，以免引起更严重的擦伤。

（4）使用氢氟酸后，如感到接触部分开始疼痛，应立即用饱和硼砂溶液或冰与乙醇的混合溶液浸泡，并去医务室进一步处理。

（5）浓酸或浓碱洒在衣服上或皮肤上时，应立即用大量水冲洗，并将烧伤处的衣服尽快脱下，继续用大量水冲洗，再分别用碳酸氢钠溶液（2%）或乙酸溶液（3%～4%）轻轻擦洗，必要时去医务室就医。

（6）人体触电时，应立即切断电源，或用非导体将电线从触电者身上移开。如有休克现象，应将触电者移到有新鲜空气处立即进行人工呼吸，并请医务人员到现场抢救。

第十二节　化学实验室安全措施及应急预案

化学实验室用的试剂许多是易燃、易爆、有毒性或腐蚀性的化学危险品，实验仪器又大都是容易破碎的玻璃仪器，稍有不慎就可能发生意外事故。因此，所有参加实验者都必须牢固树立安全操作的观念，用严肃认真的科学态度对待化学实验，严格遵守实验室安全守则和实验操作规程，防止事故的发生。一旦出现意外事故，应立即采取相应的措施进行自救。

一、防止火灾

（一）火灾种类

实验室中因化学药品引起的火灾，一般有以下 3 种。

（1）化学药品混合接触引起的火灾。

（2）易燃物品遇到明火引起的火灾。

（3）用电器过载或漏电引起的火灾。

（二）防火措施

实验室防火是根据火灾发生、发展过程的特点，采取适当措施消除火灾危险因素。从

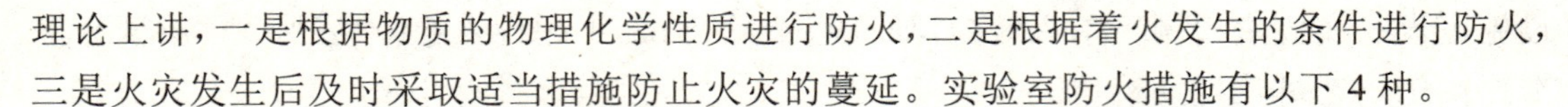

理论上讲，一是根据物质的物理化学性质进行防火，二是根据着火发生的条件进行防火，三是火灾发生后及时采取适当措施防止火灾的蔓延。实验室防火措施有以下4种。

（1）科学、严格地管理化学药品，分类存放，避免各类物质造成混合接触。

（2）实验室内严禁吸烟；严禁使用明火加热易燃试剂。

（3）用电设备严格按功率要求使用相应规格的电源插座、电线、电缆，并定期检查使用情况。

（4）配备各类灭火器等消防器材，确保一旦发生险情能正常使用。

二、防止爆炸

（一）爆炸的定义

物质在发生一种极为迅速的物理或化学反应时，能瞬间释放或急剧转化成机械、光热等能量形态，同时产生巨大声响的现象叫爆炸。

实验室中能引起爆炸的物品很多，某些强氧化剂，如硝酸盐、氯酸盐、过氧化物等，一旦遇上有机物、易燃性物质、还原剂或发生强烈摩擦、撞击等即发生强烈爆炸。还有许多可燃性气体，如氢气、甲烷等，一旦与空气混合，达到其爆炸极限时，遇火即可发生爆炸。一般情况下，燃烧和爆炸往往同时发生，有时先着火后爆炸，有时则爆炸后引起火灾，因此二者的预防措施类同。

（二）防暴措施

防止可燃物化学性爆炸实验室常采取以下措施。

（1）严格控制爆炸性混合物的形成。有条件的实验室，可安装检查监控，使爆炸性混合气浓度低于爆炸下限。

（2）安装泄压装置使其在燃爆开始时，能及时泄压降温，以减弱爆炸的破坏作用，或阻止爆炸的发生。

（3）严格控制火源。

三、防中毒、防腐蚀

（一）分类

化学药品按它们的毒性分为以下3种。

（1）腐蚀性毒物，如强酸、强碱和液态溴等。这些物质能腐蚀或烧伤皮肤，误服造成唇、口、喉、胃烫伤，灼痛严重时可发生虚脱导致死亡。

（2）刺激性毒物。刺激性毒物的种类甚多，实验室最常见的有氯、氨、氮氧化物、光气、氟化氢、二氧化硫、三氧化硫和硫酸二甲酯等是指对眼和呼吸道黏膜有刺激作用的气体。

（3）神经性毒物，如氰化物和氢氰酸等。这些物质能阻碍人体正常的氧代谢作用，造成窒息而死亡。

（二）防治措施

进入实验室或在实验中，要了解各种各类药品的毒性及腐蚀性，严禁品尝任何药品的味道，严禁直接嗅闻各种化学反应产生的气体和烟雾的气味。有毒气和烟雾产生的化学

实验，必须在通风橱中进行。严禁在实验室用餐和饮食，严禁将餐饭用具带入实验室，更不能将实验器皿当餐饮器具使用。实验中使用和产生的有毒有害物质，不得倒入水槽及下水道，要倒在指定的容器中集中后统一处理。

一旦发生中毒，一定要沉着冷静，尽快通知医生，同时根据具体情况采取相应的应急措施。

（1）误服各种毒物后，最常用的解毒方法是让中毒者先服用牛奶、蛋清、面粉水、肥皂水等将毒物冲淡，随后用手刺激喉部引起呕吐。注意，如果为磷中毒，千万不可喝牛奶，可将 5 ～ 10 mL 硫酸铜溶液用温水调服。另外，若误服少量强酸液，可服镁乳、石灰水、氢氧化铅或肥皂水解毒。误服少量强碱时，可服醋、柠檬水或橘子汁解毒。若误服少量硝酸银溶液，可服氯化钠溶液解毒。

（2）吸入有毒气体，应立即将中毒者移至空气新鲜的地方。

（3）若不慎将有毒物质量落到皮肤上，应立即就近使用自来水冲洗或用喷淋器及相应的解毒剂冲洗，然后用药棉或纱布擦掉。若将毒物溅入眼睛，应立即就近使用洗眼器冲洗后，然后到医院请医生治疗。

附件

（1）实验室配备的灭火器种类、药液成分及使用范围如表 2-7 所示。

表 2-7 实验室配备的灭火器种类、药液成分及使用范围

实验室灭火器类型	药液成分	使用范围
二氧化碳灭火器	液态二氧化碳	适用于扑救电器、小范围油类和忌水的化学药品失火
干粉灭火器	碳酸氢钠等盐类，润滑剂，防潮剂	适用于扑救油类、可燃气体、电器设备、精密仪器、图书文件和遇水易燃烧药品的初起火灾

（2）为了对实验室内以外事故进行处理，实验室应设有急救箱并备有下列药品：红药水、碘酒（3%）、獾油或烫伤膏、碳酸氢钠溶液（饱和）、饱和硼酸溶液、醋酸溶液、氨水（5%）、硫酸铜溶液（5%）高锰酸钾晶体、止血剂甘油、消炎粉创可贴。另外，还需常备消毒纱布、消毒棉（均放在玻璃瓶内，磨口塞紧），以及剪刀、氧化锌橡皮膏、棉花棍等。

（3）预警电话如下：匪警：110，校内匪警：83403110；火警：119，校内火警：83403119；急救中心：120，校医院：83403046。

第十三节 化学与材料科学学院实验室危险废弃物管理办法

为规范和加强我院实验室危险废弃物的管理工作，保障师生员工身体健康，防止实验室危险废弃物污染环境、危害公共安全，根据相关法律、法规，结合我院实际，制定本办法。

一、适用范围

（1）本规定的适用范围为列入《国家危险废物名录》的化学试剂、有机溶剂，含重金属

化合物、废酸、废碱等危险废弃物，以及沾染上述废弃物的玻璃器皿、试剂瓶和操作器具等。

（2）本规定涉及的实验室包括教学实验室和科研实验室。

二、危险废弃物的控制和管理

（1）为减少对环境的污染，应尽量采用无污染或少污染的新工艺、新设备，采用无毒无害或低毒低害的原材料，尽可能减少危险化学物品的使用，以防止新污染源的产生。

（2）对使用量小的化学试剂、药品，鼓励各实验室之间交换共享，尽可能减少试剂和药品的重复购置和闲置浪费。

（3）各实验室和库房管理人员应定期清查、登记本实验室各类试剂、药品的种类和数量，并存档备查。

（4）严格控制对剧毒、易制毒、易制爆等危险品和管制化学品的购置审批环节，严格执行剧毒化学品管理制度，做好申请、审批、领用、使用、保管等信息记录。

（5）使用易挥发化学品的实验操作，必须在通风条件良好的实验室内进行。含有毒有害成分的废气，必须经中和、吸附等无害化处理后排放。

三、危险废弃物的处置和排放

（1）实验室的废弃化学试剂和实验产生的有毒有害废液、废物，严禁倒入下水道。用过的化学试剂及沾染危险废物的实验器皿不得随意存放。严禁将危险废物（含沾染危险废物的实验器皿）混入生活垃圾和其他非危险废物中倒入垃圾箱。

（2）实验室废液应根据其中主要有毒有害成分的品种与理化性质分类收集，并在收集桶上明确标示。临时产生的废弃物要存放于实验室内阴凉处，并及时清理出实验室，严禁实验室内长期存放危险废弃物。

（3）倒入废液收集桶的主要有毒有害成分应在《化学废弃物记录单》上登记，要根据危险废弃物分类标识符号，表明危险废弃物种类。填写有毒有害成分的全称或化学分子式，不可写简称或缩写，并将署名的记录单粘贴在相应的废液收集桶上。

（4）收集的废液要及时送学校设置的危险废弃物临时存放处，由学校主管部门和上级危险废弃物处理单位进行处理。

（5）超过有效使用期限的化学品，应及时与库房联系回收，并集中进行处理。

（6）接触危险废物的实验室器皿、包装物等，必须完全消除危害后，才能改为他用，或集中回收处理。

（7）实验室产生的危险废物应交给具有危险废物经营许可证或处理资质的接受单位处理。禁止将危险废物提供或委托给无许可证的单位从事收集、贮存、处置等活动。

（8）提倡实验室管理人员和教师对实验室废液进行无害化处理，或回收利用。成效显著者，给予奖励。

（9）废弃剧毒化学品应填写《废弃剧毒试剂登记表》，统一交到试剂库房，由专人负责与主管部门联系处理。

（10）化学性质相抵触或灭火方法相抵触的废弃物不得混装。

（11）实验室多余试剂应定期清理，提交多余试剂清单，交予试剂库房，由实验中心统一调剂使用。

四、危险废弃物污染事故处治

（1）发生突发性事件造成废弃物污染环境时，应立即通报可能受到污染危害的单位和个人，及时采取相应措施消除或减轻对环境的危害，同时报告上级主管部门进行调查处理。

（2）发生污染事故的实验室，应及时总结事故发生原因，提出整改措施。其他实验室引以为鉴。

第三章

实验室常见事故的预防、处理及安全教育

第一节　实验室常见事故的预防和处理

一、实验室常见危险品

（一）爆炸品

爆炸品具有猛烈的爆炸性，受到高热、摩擦、撞击、震动等外来因素的作用，或与性能相抵触的物质接触，就会发生剧烈化学反应，引起爆炸，如三硝基甲苯、苦味酸、硝酸铵、叠氮化物及其他超过三个硝基的有机化合物等。

（二）氧化剂

氧化剂按其不同的性质遇酸、碱、受潮、强热或与易燃物、有机物、还原剂等性质有抵触的物质混存能发生分解，引起燃烧和爆炸，如碱金属和碱土金属的氯酸盐、亚硝酸盐、过氧化物、高氯酸盐、高锰酸盐、重铬酸盐等。

（三）压缩气体和液化气体

气体压缩后贮于耐压钢瓶内，具有危险性。钢瓶若在太阳下曝晒或受热，当瓶内压力升高至大于容器耐压限度时，即能引起爆炸。钢瓶内气体按性质分为以下 4 类。

（1）剧毒气体，如液氯、液氨等。

（2）易燃气体，如乙炔、氢气等。乙炔等与空气混合能形成爆炸性混合物，遇明火、高热能引起燃烧爆炸。

（3）助燃气体，如氧气等。

（4）不燃气体，如氮气、氩气、氦气等。

（四）自燃物品

自燃物品暴露在空气中，依靠自身的分解、氧化产生热量，使其温度升高到自燃点即能发生燃烧，如白磷等。

（五）遇水燃烧物品

遇水燃烧物品遇水或在潮湿空气中能迅速分解，产生高热，并放出易燃易爆气体，引起燃烧爆炸，如钾、钠、电石等。

（六）易燃液体

易燃液体极易挥发成气体，遇明火即燃烧。可燃液体以闪点作为评定液体火灾危险性的主要根据，闪点越低，危险性越大。闪点在 45 ℃以下的称为易燃液体；45 ℃以上的称为可燃液体（可燃液体不纳入危险品管理）。易燃液体根据其危险程度分为以下两类。

（1）一级易燃液体。闪点在 28 ℃以下，如乙醚、石油醚、汽油、甲醇、乙醇、苯、甲苯、乙酸乙酯、丙酮、二硫化碳、硝基苯等。

（2）二级易燃液体。闪点在 29 ℃～45 ℃，如煤油等。

（七）易燃固体

易燃固体着火点低，如受热、遇火星、受撞击、摩擦或氧化剂作用等能引起急剧的燃烧或爆炸，同时放出大量毒害气体，如红磷、硫黄、萘、硝化纤维素等。

（八）毒害品

毒害品具强烈的毒害性，少量进入人体或接触皮肤即能造成中毒甚至死亡，如：汞和汞盐（升汞、硝酸汞等）、砷和砷化物（如三氧化二砷，即砒霜）、磷和磷化物（毒害品白磷误食 0.1 g 即能致死）、铅和铅盐（一氧化铅等）、氢氰酸和氰化物（如氰化钠、氢氧化钾等），以及氟化钠、四氯化碳、三氯甲烷等均为剧毒物；有毒气体，如醛类、氨气、氟化氢、二氧化硫等。

（九）腐蚀性物品

腐蚀性物品具强腐蚀性，与人体接触引起化学烧伤。有的腐蚀物品有双重性和多重性，如苯酚既有腐蚀性还有毒性和燃烧性，硫酸、盐酸、硝酸、磷酸、高氯酸、氢氟酸、氢溴酸、氟酸、冰醋酸、甲酸、氢氧化钠、氢氧化钾、氨水、甲醛、液溴等都具有强烈的腐蚀作用。

（十）致癌物质

致癌物质，如多环芳香烃类、3，4- 苯并芘、1，2- 苯并蒽、亚硝胺类、氮芥烷化剂、萘胺、联苯胺、芳胺，以及一些无机元素砷、氯、铋等都有较明显的致癌作用，要谨防其侵入体内。

（十一）诱变性物品

诱变性物品，如溴化乙啶（EB），具强诱变致癌性，使用时一定要戴一次性手套，注意操作规范，不要随便触摸别的物品。

（十二）放射性物品

放射性物品具有放射性，人体受到过量照射或吸入放射性粉尘能引起放射病，如硝酸钍及放射性矿物质。

二、实验室事故的类型

（一）火灾性事故

火灾性事故的发生具有普遍性，几乎所有的实验室都可能发生。酿成这类事故的直接原因如下。

(1) 忘记关电源，致使设备或用电器具通电时间过长，温度过高，引起着火。

(2) 供电线路老化、超负荷运行，导致线路发热，引起着火。

(3) 对易燃易爆物品操作不慎或保管不当，使火源接触易燃物质而着火；

(4) 乱扔烟头，接触易燃物质，引起着火。

(二) 爆炸性事故

爆炸性事故多发生在具有易燃易爆物品和压力容器的实验室。酿成事故的直接原因如下。

(1) 违反操作规程使用设备、压力容器(如高压气瓶)而导致爆炸。

(2) 设备老化，存在故障或缺陷，造成易燃易爆物品泄漏，遇火花而引起爆炸。

(3) 对易燃易爆物品处理不当，导致燃烧爆炸。

(4) 强氧化剂与性质有抵触的物质混存能发生分解，引起燃烧和爆炸。

(5) 由火灾事故发生引起仪器设备、药品等的爆炸。

(三) 毒害性事故

毒害性事故多发生在具有化学药品和剧毒物质的实验室和具有毒气排放的实验室。酿成这类事故的直接原因如下。

(1) 将食物带进有毒物的实验室，造成误食中毒。

(2) 设备设施老化，存在故障或缺陷，造成有毒物质泄漏或有毒气体排放不出，酿成中毒。

(3) 管理不善，操作不慎或违规操作，实验后有毒物质处理不当，造成有毒物品散落流失，引起人员中毒、环境污染。

(4) 废水排放管路受阻或失修，造成有毒废水未经处理而流出，造成环境污染。

(四) 机电伤人性事故

机电伤人性事故多发生在有高速旋转或冲击运动的实验室，或要带电作业的实验室和一些有高温产生的实验室。该类事故具体情况如下。

(1) 操作不当或缺少防护，造成挤压、甩脱和碰撞伤人。

(2) 违反操作规程或因设备设施老化而存在故障和缺陷，造成漏电触电和电弧火花伤人。

(3) 使用不当造成高温气体、液体对人的伤害。

(五) 设备损坏性事故

设备损坏性事故多发生在用电加热的实验室。该类事故的直接原因主要是线路故障或雷击造成突然停电，致使被加热的介质不能按要求恢复原状造成设备损坏。例如，不久前在湖南某高校两次发生的约 20 根汞电管报废事故(损失约 1.5 万)，就是因为突然停电而造成的。

三、常见事故的预防及处理

在实验室中，一旦发生事故，了解并采取正确的应对措施非常必要。无论发生什么事故，一定要保持冷静，反应迅速，当机立断。应立即报告实验指导老师。如自己不便离开，应让他人代替自己通报，再由指导老师组织采取必要的措施。

（一）火灾事故的预防和处理

在使用苯、乙醇、乙醚、丙酮等易挥发、易燃烧的有机溶剂时如操作不慎，易引起火灾事故。为了防止事故发生，必须注意以下几点。

（1）操作和处理易燃、易爆溶剂时，应远离火源。对易爆炸固体的残渣（如用盐酸或硝酸分解金属炔化物），必须小心销毁。不要把未熄灭的火柴梗乱丢；对于易发生自燃的物质（如加氢反应用的催化剂雷尼镍）及沾有它们的滤纸，不能随意丢弃，以免引起火灾。

（2）实验前应仔细检查仪器装置是否正确、稳妥与严密。操作要求正确、严格。常压操作时，切勿造成系统密闭，否则可能会发生爆炸事故。对沸点低于 80 ℃的液体，一般蒸馏时应采用水浴加热，不能直接用火加热。实验操作中，应防止有机物蒸气泄漏出来，更不要用敞口装置加热。若要进行除去溶剂的操作，则必须在通风橱里进行。

（3）实验室里不允许贮放大量易燃物。

实验室一旦发生了火灾切不可惊慌失措，应保持镇静。首先立即切断室内一切火源和电源，再根据具体情况正确地进行抢救和灭火。常见处理方法如下。

① 在可燃液体燃着时，应立即拿开着火区域内的一切可燃物质，关闭通风器防止扩大燃烧。

② 酒精及其他可溶于水的液体着火时，可用水灭火。

③ 汽油、乙醚、甲苯等有机溶剂着火时，应用石棉布或干沙扑灭。绝对不能用水，否则反而会扩大燃烧面积。

④ 金属钾、钠或锂着火时，绝对不能用水、泡沫灭火器、二氧化碳、四氯化碳等灭火，可用干沙、石墨粉扑灭。

⑤ 电器设备导线等着火时，不能用水及泡沫灭火器，以免触电。应先切断电源，再用二氧化碳或四氯化碳灭火器灭火。

⑥ 衣服着火时，千万不要奔跑，应立即用石棉布或厚外衣盖熄，或者迅速脱下衣服，火势较大时，应卧地打滚以扑灭火焰。

⑦ 烘箱有异味或冒烟时，应迅速切断电源，使其慢慢降温，并备好灭火器。切莫急于打开烘箱门，以免突然进入空气助燃（爆），引起火灾。较大的着火事故应立即报警。

发生火灾时一定要做到“三会”。

① 会报火警。

② 会使用消防设施扑救初起火灾。

③ 会自救逃生。

手提式干粉灭火器使用方法如下。

① 先撕掉小铅块，拔出保险销。

② 再用一手压下压把后提起灭火器。

③ 另一手握住喷嘴，将干粉射流喷向燃烧区火焰根部即可。

图 3-1 和图 3-2 分别是手提式干粉灭火器及其使用方法。

图 3-1

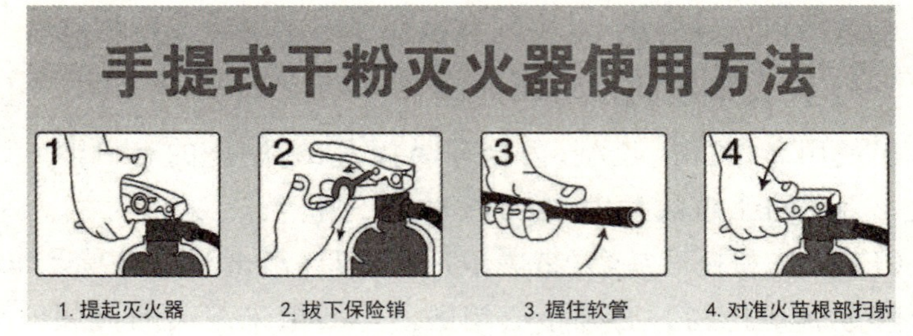

图 3-2

常用的灭火器及其适用范围如表 3-1 所示。

表 3-1 常用的灭火器及其适用范围

类型	药液成分	适用范围
酸碱式	H_2SO_4、$NaHCO_3$	非油类及电器失火的一般火灾
泡沫式	$Al_2(SO_4)_3$、$NaHCO_3$	油类失火
二氧化碳	液体 CO_2	电器失火
四氯化碳	液体 CCl_4	电器失火
干粉灭火	粉末主要成分为 Na_2CO_3 等盐类物质，加入适量润滑剂、防潮剂	油类、可燃气体、电器设备、文件记录和遇水燃烧等物品的初起火灾
1211	CF_2ClBr	油类、有机溶剂、高压电器设备、精密仪器等失火

（二）爆炸事故的预防和处理

（1）某些化合物容易爆炸，如有机化合物中的过氧化物、芳香族多硝基化合物和硝酸酯、干燥的重氮盐、叠氮化物、重金属的炔化物等，均是易爆物品。含过氧化物的乙醚蒸馏时，有爆炸的危险，事先必须除去过氧化物。芳香族多硝基化合物不宜在烘箱内干燥。乙醇和浓硝酸混合，会引起极强烈的爆炸。

（2）仪器装置不正确或操作错误，有时会引起爆炸。如果在常压下进行蒸馏或加热回流，仪器必须与大气相通。在蒸馏时要注意，不要将物料蒸干。在减压操作时，不能使用不耐外压的玻璃仪器（例如平底烧瓶和锥形烧瓶等）。

（3）氢气、乙炔、环氧乙烷等气体与空气混合达到一定比例时，会生成爆炸性混合物，遇明火即会爆炸。使用上述物质必须严禁明火。

（三）中毒事故的预防和处理

实验中的许多试剂都是有毒的。有毒物质往往通过呼吸吸入、皮肤渗入、误食等方式导致中毒。

（1）处理具有刺激性、恶臭和有毒的化学药品时，如 H_2S、NO_2、Cl_2、Br_2、CO、SO_2、SO_3、HCl、HF、浓硝酸、发烟硫酸、浓盐酸、乙酰氯等，必须在通风橱中进行。

（2）实验中应避免手直接接触化学药品，尤其严禁手直接接触剧毒品。沾在皮肤上的有机物应当立即用大量清水和肥皂洗去，切莫用有机溶剂洗，否则只会增加化学药品渗入皮肤的速度。

（3）溅落在桌面或地面的有毒物质应及时除去。如不慎损坏水银温度计，洒落在地上的水银应尽量收集起来，并用硫黄粉盖在洒落的地方。

（4）实验中所用剧毒物质由各课题组技术负责人负责保管，适量发给使用人员并要回收剩余。实验装有毒物质的器皿要贴标签注明，用后及时清洗。经常使用有毒物质实验的操作台及水槽要注明。实验后的有毒残渣必须按照实验室规定进行处理，不准乱丢。

操作有毒物质的实验中，若感觉咽喉灼痛、嘴唇脱色或发绀、胃部痉挛或恶心呕吐、心悸头晕等症状时，可能系中毒所致。视中毒原因施以下述急救后，立即送医院治疗，不得延误。

① 固体或液体毒物中毒者，有毒物质尚在嘴里的，要立即吐掉，用大量水漱口。误食碱者，先饮大量水再喝些牛奶。误食酸者，先喝水，再服 $Mg(OH)_2$ 乳剂，最后饮些牛奶。不要用催吐药，也不要服用碳酸盐或碳酸氢盐。

重金属盐中毒者，喝一杯含有几克硫酸镁的溶液，可以食入大量蛋白（如牛奶、蛋清、豆浆），减轻重金属盐类对胃肠黏膜的危害，起到缓解毒性的作用，紧急就医。不要服催吐药，以免引起危险或使病情复杂化。

② 吸入气体或蒸气中毒者，应立即转移至室外，解开衣领和纽扣，呼吸新鲜空气。必要时，对休克者应施以人工呼吸（不要用口对口法），立即送医院急救。

（四）触电事故的预防和处理

实验中常使用电炉、电热套、电动搅拌机等电器。使用电器时，应防止人体与电器导电部分直接接触及石棉网金属丝与电炉电阻丝接触。不能用湿的手或手握湿的物体接触电插头。电热套内严禁滴入水等溶剂，以防止电器短路。

为了防止触电，装置和设备的金属外壳等应连接地线，实验后应先关仪器开关，再将连接电源的插头拔下。检查电器设备是否漏电应该用试电笔，凡是漏电的仪器，一律不能使用。

发生触电时急救方法如下。

① 关闭电源。

② 用干木棍使导线与被害者分开。

③ 使被害者和土地分离，急救时急救者必须做好防止触电的安全措施，手或脚必须绝缘。必要时进行人工呼吸并送医院救治。

（五）其他事故的安全急救常识

1. 玻璃割伤

一般轻伤应及时挤出污血，并用消过毒的镊子取出玻璃碎片，用蒸馏水洗净伤口，涂上碘酒，再用创可贴或绷带包扎；大伤口应立即用绷带扎紧伤口上部，使伤口止血，急送医院就诊。

2. 烫伤

被火焰、蒸气、红热的玻璃、铁器等烫伤时，应立即将伤口处用大量水冲洗或浸泡，从而迅速降温避免温度烧伤。若起水泡则不宜挑破，应用纱布包扎后送医院治疗。轻微烫伤可在伤处涂些鱼肝油或烫伤油膏或万花油后包扎。若皮肤起泡（二级灼伤），不要弄破水泡，防止感染。若伤处皮肤呈棕色或黑色（三级灼伤），应用干燥而无菌的消毒纱布轻轻包扎好，急送医院治疗。

3. 皮肤被酸、碱或酚灼伤

（1）被酸灼伤，立即用大量清水冲洗。但被浓硫酸沾污时切忌先用水冲洗，以免硫酸水合时强烈放热而加重伤势，应先用干抹布吸去浓硫酸，然后再用清水冲洗。彻底冲洗后，可用 2%～5% 的碳酸氢钠溶液或肥皂水进行中和，最后用水冲洗，涂上药品凡士林。

（2）碱液灼伤，要立即用大量流动清水冲洗，再用 2% 醋酸或 3% 硼酸溶液进一步冲洗，再用水冲洗，最后涂上药品凡士林。

（3）酚灼伤，立即用 30% 酒精揩洗数遍，再用大量清水冲洗干净而后用硫酸钠饱和溶液湿敷 4～6 h。由于酚用水冲淡至 1∶1 或 2∶1 浓度时，瞬间可使皮肤损伤加重而增加酚吸收，故不可先用水冲洗污染面。

4. 酸液、碱液或其他异物溅入眼中

（1）酸液溅入眼中，立即用大量水冲洗，再用 1% 碳酸氢钠溶液冲洗。

（2）若为碱液，立即用大量水冲洗，再用 1% 硼酸溶液冲洗。洗眼时要保持眼皮张开，可由他人帮助翻开眼睑，持续冲洗 15 min。重伤者经初步处理后，立即送医院治疗。

（3）若木屑、尘粒等异物，可由他人翻开眼睑，用消毒棉签轻轻取出异物，或任其流泪，待异物排出后，再滴入几滴鱼肝油。若玻璃屑进入眼睛内时，要尽量保持平静，绝不可用手揉擦，也不要让别人翻眼睑，尽量不要转动眼球，可任其流泪，立即将伤者急送医院处理。

5. 强酸强碱性腐蚀物中毒

对强酸性腐蚀毒物，可先服氢氧化铝膏、鸡蛋白、牛奶等，再迅速送医院处理；对强碱性毒物，可先服用醋、酸果汁、牛奶、植物油、生鸡蛋等，后迅速送医院处理。此类中毒一律不可先呕吐、洗胃，以免发生胃穿孔。

6. 水银中毒

水银容易由呼吸道进入人体，也可以经皮肤直接吸收而引起积累性中毒。严重中毒的征象：口中有金属气味，呼出气体也有气味；流唾液，牙床及嘴唇上有硫化汞的黑色；淋巴结及唾液腺肿大。若不慎水银中毒时，用水漱口后喝牛奶或蛋清，并立即送医院急救。

（六）实验室的急救药箱

急救药箱中物品包括医用酒精、碘酒、红药水、凡士林、烫伤油膏、万花油、医用镊子、剪刀、纱布、药棉、棉签、创可贴、绷带等。

医药箱专供急救用，不允许随便挪动，平时无事不得挪用其中器具。

第二节 实验室常规教育

一、实验室一般常识

（1）量瓶是量器，不要用量瓶作盛器。带有磨口玻璃塞的量瓶等仪器的塞子，不要盖错。带玻璃塞的仪器和玻璃瓶等，若暂时不使用，用纸条把瓶塞和瓶口隔开。

（2）洗净的仪器要放在架上或干净纱布上晾干，不能用抹布擦拭，更不能用抹布擦拭仪器内壁。

（3）除微生物实验操作要求外，不要用棉花代替橡皮塞或木塞堵瓶口或试管口。不要用纸片覆盖烧杯和锥形瓶等。不要用石蜡封闭精细药品的瓶口，以免掺混。

（4）不要用滤纸称量药品，更不能用滤纸做记录。标签纸的大小应与容器相称，或用大小相当的白纸，绝对不能用滤纸。标签上要写明物质的名称、规格和浓度、配制的日期及配制人。标签应贴在试剂瓶或烧杯的2/3处，试管等细长形仪器则贴在上部。

（5）使用铅笔写标记时，要在玻璃仪器的磨砂玻璃处。如用玻璃蜡笔或水不溶性油漆笔，则写在玻璃容器的光滑面上。

（6）取用试剂和标准溶液后，需立即将瓶塞严，放回原处。取出的试剂和标准溶液，如未用尽，切勿倒回瓶内，以免带入杂质。

（7）凡是产生烟雾、有毒气体和有臭味气体的实验，均应在通风橱内进行。橱门应紧闭，非必要时不能打开。

（8）使用贵重仪器如分析天平、比色计、分光光度计、酸度计、冰冻离心机层析设备等，应十分重视，加倍爱护。使用前，应熟知使用方法。若有问题，随时请指导实验的教师解答。使用时，要严格遵守操作规程。发生故障时，应立即关闭仪器，请告知管理人员，不得擅自拆修。

（9）一般容量仪器的容积都是在20 ℃下校准的。使用时，如温度差异在5 ℃以内，容积改变不大，可以忽略不计。量筒和量杯用于量取浓度和体积要求不很准确的溶液，读数时，视线要与量筒（或量杯）内溶液凹面最低处保持水平。

（10）容量瓶用于配制浓度体积要求准确的溶液或作溶液的定量稀释。瓶塞应配套，密封性好，使用前要检查其是否漏水。配制或稀释溶液时，应在溶液接近标线时，用滴管缓缓滴加至溶液的凹面最低处与标线相切。容量瓶不能久贮溶液，特别是碱性溶液。

（11）滴定管是滴定分析时使用的较精密仪器，用于测量在滴定中所用溶液的体积，常量滴定管分酸式和碱式两种。使用前要检查是否漏水。为了保证装入滴定管标准的浓度不被稀释，装标准液前要用该标准液洗涤3次。将标准液装满滴定管后，应排尽管下部气泡。读数时，视线要与溶液凹面最低处保持水平。

（12）移液管用于准确转移一定体积的液体。使用时，洗净的移液管要用吸取液洗涤3次。放液时，应使液体自然流出，流完后保持移液管垂直，容器倾斜45°，停靠15 s。移液管上有“吹”字样时，需将残留于管尖的液体吹出；无“吹”字样时，残留于管尖的液体不必吹出。

（13）玻璃量器不能加热和受热，不能贮存浓酸或浓碱。

（14）烧杯加热时应垫以石棉网，也可用水浴、油浴或沙浴等加热方式。加热时，内容物不得超过容积的2/3。加热腐蚀性液体时，应加盖表面皿。

（15）烧瓶加热时，应垫以石棉网。加热时，内容物不得超过容积的1/2。平底烧瓶和圆底烧瓶常用于反应物较多的固液反应，或液液反应以及一些需要较长时间加热的反应。使用前应认真检查有无气泡、裂纹、刻痕及厚薄不均匀等缺陷。

（16）三角烧瓶反应时便于摇动，在滴定操作中常用作容器。定碘烧瓶也称具塞烧瓶，主要用于碘量法的测定中，加热时应将瓶塞打开，以免塞子冲出或瓶子破碎，并应注意塞子保持原配。

（17）蒸馏用烧瓶如需安装冷凝器等，应选短颈厚口烧瓶。连接蒸馏烧瓶与冷凝器时，穿过胶塞的支管伸入冷凝器内部分不应少于 4 ～ 5 cm。多口烧瓶常用于制取气体或易挥发物质及蒸馏时作加热容器。

（18）试管可直火加热，加热时，内容物不应超过 1/3。不需加热时，不要超过 1/2。加热试管内的固体物质时，管口应向下倾斜，以防凝结水回流至试管底部而使试管破裂。

（19）离心管常用于定性分析中的沉淀分离，不能直接加热。

（20）比色管主要用于比较溶液颜色的深浅，对元素含量较低的物质，用目视法作简易快速定量分析。不可加热，要保持管壁尤其管底的透明度。

（21）试剂瓶用于盛装试剂，瓶塞和滴管不可调换。使用时，瓶塞应倒置桌面上。使用滴管时，不要将溶液吸入胶头，也不要将滴管放在其他地方。

（22）称量瓶主要用于使用分析天平时称取一定质量的试样，也可用于烘干试样。平时要洗净、烘干，存放在干燥器内以备随时使用。不能用火直接加热。瓶盖不能互换。称量时，不可用手直接拿取，应戴手套或垫以洁净纸条。

（23）漏斗主要用于过滤操作和向小口容器倾倒液体，可过滤热溶液，但不得用火直接加热。

（24）玻璃砂芯滤器常与过滤瓶配套进行减压过滤，根据孔径大小不同（滤片号数越大孔径越小）可过滤不同的物质。使用时，应注意避免碱液和氢氟酸的腐蚀，过滤瓶能耐负压，不能加热。

（25）干燥器主要用来保持物品的干燥，也可用来存放防潮的小型贵重仪器和已经烘干的称量瓶、坩埚等。使用时，应在沿边上涂抹一薄层凡士林以免漏气。开启时，应使顶盖向水平方向缓缓移动。

（26）滴管从试剂瓶中取出后，应保持胶头在上，不可平放或斜放，以防滴管中的试液流入胶头、腐蚀胶头、沾污试剂。用滴管将试剂滴入试管或其他容器时，必须将它悬空地放在管口或容器口的上方。绝对禁止将滴管尖伸入管内或容器内，以防管端碰壁沾附其他物质。

（27）冷凝管、接管和分馏管与其他仪器配套使用，用于冷凝、分馏操作。使用时，注意内外磨口的紧密性，安装、拆卸应按序小心操作。

（28）蒸发皿主要用于溶液的蒸发、浓缩和结晶，平时应洗净、烘干。

二、实验室安全用电常识

违章用电常常可能造成人身伤亡，火灾，损坏仪器设备等严重事故。实验室使用电器较多，特别要注意安全用电。表 3-2 列出了 50 Hz 交流电通过人体的反应情况。

表 3-2　不同电流强度时的人体反应

电流强度 /mA	1 ～ 10	10 ～ 25	25 ～ 100	>100
人体反应	麻木感	肌肉强烈收缩	呼吸困难，甚至停止呼吸	心脏心室纤维性颤动，死亡

为了保障人身安全，一定要遵守实验室安全规则。

（一）防止触电

（1）不用潮湿的手接触电器。

（2）电源裸露部分应有绝缘装置。例如，电线接头处应裹上绝缘胶布。

（3）所有电器的金属外壳都应保护接地。

（4）实验时，应先连接好电路后才接通电源。实验结束时，先切断电源再拆线路。

（5）修理或安装电器时，应先切断电源。

（6）不能用试电笔去试高压电。使用高压电源应有专门的防护措施。

（7）如有人触电，应迅速切断电源，然后进行抢救。

（二）防止引起火灾

（1）使用的保险丝要与实验室允许的用电量相符。

（2）电线的安全通电量应大于用电功率。

（3）室内若有氢气、煤气等易燃易爆气体，应避免产生电火花。继电器工作和开关电闸时，易产生电火花，要特别小心。电器接触点（如电插头）接触不良时，应及时修理或更换。

（4）如遇电线起火，立即切断电源，用沙或二氧化碳、四氯化碳灭火器灭火，禁止用水或泡沫灭火器等导电液体灭火。

（三）用电设备使用安全

（1）使用动力电前，先了解电器仪表要求使用的电源是交流电还是直流电，是三相电还是单相电以及电压的大小（380 V、220 V、110 V 或 6 V）。须弄清电器功率是否符合要求及直流电器仪表的正、负极。使用动力电时，应先检查电源开关、电机和设备各部分是否良好。如有故障，应先排除后，方可接通电源。

（2）启动或关闭电器设备时，必须将开关扣严或拉妥，防止似接非接状况。使用电子仪器设备时，应先了解其性能，按操作规程操作。若电器设备发生过热现象或发出异味时，应立即切断电源。

（3）人员较长时间离开房间或电源中断时，要切断电源开关，尤其是要注意切断加热电器设备的电源开关。

（4）电源或电器设备的保险烧断时，应先查明烧断原因，排除故障后，再按原负荷选用适宜的保险丝进行更换。不得随意加入或用其他金属线代替。

（5）定碳、定流电炉、硅碳棒箱或炉的棒端，均应设安全罩应加接地线的设备，要妥善接地，以防止触电事故。

（6）注意保持电线和电器设备的干燥，防止线路和设备受潮漏电。

（7）实验室内不应有裸露的电线头。电源开关箱内，不准堆放物品，以免触电或燃烧。

（8）要警惕实验室内发生电火花或静电，尤其在使用可能构成爆炸混合物的可燃性气体时，更需注意。如遇电线走火，切勿用水或导电的酸碱泡沫灭火器灭火，应切断电源，用沙或二氧化碳灭火器灭火。

(9) 没有掌握电器安全操作的人员不得擅自更动电器设施，或随意拆修电器设备。

(10) 使用高压动力电时，应遵守安全规定，穿戴好绝缘胶鞋、手套，或用安全杆操作。

(11) 通电之前要检查线路连接是否正确。经教师检查同意后方可接通电源。实验结束时必须先切断电源，再拆线路。

在电器仪表使用过程中，如发现有不正常声响，局部温升或嗅到绝缘漆过热产生的焦味，应立即切断电源，并报告教师进行检查。

三、重要联系电话及相关网站

火　　警：119

急救中心：120

校保卫处：0516-83403110

校 医 院：0516-83403046

江苏师范大学实验室安全学习网 http://202.195.67.156/

化学与材料科学学院实验室安全学习与考试系统 http://202.195.67.55/chemexam/loginb.aspx

四、常见安全警示标识

常见安全警示标识如图 3-3 所示。

图 3-3　常见安全警示标识

第四章

国家相关文件

第一节　中华人民共和国安全生产法(2014年版)

《中华人民共和国安全生产法》是为了加强安全生产监督管理，防止和减少生产安全事故，保障人民群众生命和财产安全，促进经济发展而制定。

由中华人民共和国第九届全国人民代表大会常务委员会第二十八次会议于2002年6月29日通过公布，自2002年11月1日起施行。

2014年8月31日第十二届全国人民代表大会常务委员会第十次会议通过全国人民代表大会常务委员会关于修改《中华人民共和国安全生产法》的决定，自2014年12月1日起施行。

第一章　总则

第一条　为了加强安全生产工作，防止和减少生产安全事故，保障人民群众生命和财产安全，促进经济社会持续健康发展，制定本法。

第二条　在中华人民共和国领域内从事生产经营活动的单位(以下统称生产经营单位)的安全生产，适用本法；有关法律、行政法规对消防安全和道路交通安全、铁路交通安全、水上交通安全、民用航空安全以及核与辐射安全、特种设备安全另有规定的，适用其规定。

第三条　安全生产工作应当以人为本，坚持安全发展，坚持安全第一、预防为主、综合治理的方针，强化和落实生产经营单位的主体责任，建立生产经营单位负责、职工参与、政府监管、行业自律和社会监督的机制。

第四条　生产经营单位必须遵守本法和其他有关安全生产的法律、法规，加强安全生产管理，建立、健全安全生产责任制和安全生产规章制度，改善安全生产条件，推进安全生产标准化建设，提高安全生产水平，确保安全生产。

第五条　生产经营单位的主要负责人对本单位的安全生产工作全面负责。

第六条　生产经营单位的从业人员有依法获得安全生产保障的权利，并应当依法履行安全生产方面的义务。

第七条　工会依法对安全生产工作进行监督。

生产经营单位的工会依法组织职工参加本单位安全生产工作的民主管理和民主监督，维护职工在安全生产方面的合法权益。生产经营单位制定或者修改有关安全生产的规章制度，应当听取工会的意见。

第八条　国务院和县级以上地方各级人民政府应当根据国民经济和社会发展规划制定安全生产规划，并组织实施。安全生产规划应当与城乡规划相衔接。

国务院和县级以上地方各级人民政府应当加强对安全生产工作的领导，支持、督促各有关部门依法履行安全生产监督管理职责，建立健全安全生产工作协调机制，及时协调、解决安全生产监督管理中存在的重大问题。

乡、镇人民政府以及街道办事处、开发区管理机构等地方人民政府的派出机关应当按照职责，加强对本行政区域内生产经营单位安全生产状况的监督检查，协助上级人民政府有关部门依法履行安全生产监督管理职责。

第九条　国务院安全生产监督管理部门依照本法，对全国安全生产工作实施综合监督管理；县级以上地方各级人民政府安全生产监督管理部门依照本法，对本行政区域内安全生产工作实施综合监督管理。

国务院有关部门依照本法和其他有关法律、行政法规的规定，在各自的职责范围内对有关行业、领域的安全生产工作实施监督管理；县级以上地方各级人民政府有关部门依照本法和其他有关法律、法规的规定，在各自的职责范围内对有关行业、领域的安全生产工作实施监督管理。

安全生产监督管理部门和对有关行业、领域的安全生产工作实施监督管理的部门，统称负有安全生产监督管理职责的部门。

第十条　国务院有关部门应当按照保障安全生产的要求，依法及时制定有关的国家标准或者行业标准，并根据科技进步和经济发展适时修订。

生产经营单位必须执行依法制定的保障安全生产的国家标准或者行业标准。

第十一条　各级人民政府及其有关部门应当采取多种形式，加强对有关安全生产的法律、法规和安全生产知识的宣传，增强全社会的安全生产意识。

第十二条　有关协会组织依照法律、行政法规和章程，为生产经营单位提供安全生产方面的信息、培训等服务，发挥自律作用，促进生产经营单位加强安全生产管理。

第十三条　依法设立的为安全生产提供技术、管理服务的机构，依照法律、行政法规和执业准则，接受生产经营单位的委托为其安全生产工作提供技术、管理服务。

生产经营单位委托前款规定的机构提供安全生产技术、管理服务的，保证安全生产的责任仍由本单位负责。

第十四条　国家实行生产安全事故责任追究制度，依照本法和有关法律、法规的规定，追究生产安全事故责任人员的法律责任。

第十五条　国家鼓励和支持安全生产科学技术研究和安全生产先进技术的推广应用，提高安全生产水平。

第十六条　国家对在改善安全生产条件、防止生产安全事故、参加抢险救护等方面取得显著成绩的单位和个人，给予奖励。

第二章 生产经营单位的安全生产保障

第十七条 生产经营单位应当具备本法和有关法律、行政法规和国家标准或者行业标准规定的安全生产条件；不具备安全生产条件的，不得从事生产经营活动。

第十八条 生产经营单位的主要负责人对本单位安全生产工作负有下列职责：

（一）建立、健全本单位安全生产责任制；

（二）组织制定本单位安全生产规章制度和操作规程；

（三）组织制定并实施本单位安全生产教育和培训计划；

（四）保证本单位安全生产投入的有效实施；

（五）督促、检查本单位的安全生产工作，及时消除生产安全事故隐患；

（六）组织制定并实施本单位的生产安全事故应急救援预案；

（七）及时、如实报告生产安全事故。

第十九条 生产经营单位的安全生产责任制应当明确各岗位的责任人员、责任范围和考核标准等内容。

生产经营单位应当建立相应的机制，加强对安全生产责任制落实情况的监督考核，保证安全生产责任制的落实。

第二十条 生产经营单位应当具备的安全生产条件所必需的资金投入，由生产经营单位的决策机构、主要负责人或者个人经营的投资人予以保证，并对由于安全生产所必需的资金投入不足导致的后果承担责任。

有关生产经营单位应当按照规定提取和使用安全生产费用，专门用于改善安全生产条件。安全生产费用在成本中据实列支。安全生产费用提取、使用和监督管理的具体办法由国务院财政部门会同国务院安全生产监督管理部门征求国务院有关部门意见后制定。

第二十一条 矿山、金属冶炼、建筑施工、道路运输单位和危险物品的生产、经营、储存单位，应当设置安全生产管理机构或者配备专职安全生产管理人员。

前款规定以外的其他生产经营单位，从业人员超过一百人的，应当设置安全生产管理机构或者配备专职安全生产管理人员；从业人员在一百人以下的，应当配备专职或者兼职的安全生产管理人员。

第二十二条 生产经营单位的安全生产管理机构以及安全生产管理人员履行下列职责：

（一）组织或者参与拟订本单位安全生产规章制度、操作规程和生产安全事故应急救援预案；

（二）组织或者参与本单位安全生产教育和培训，如实记录安全生产教育和培训情况；

（三）督促落实本单位重大危险源的安全管理措施；

（四）组织或者参与本单位应急救援演练；

（五）检查本单位的安全生产状况，及时排查生产安全事故隐患，提出改进安全生产管理的建议；

（六）制止和纠正违章指挥、强令冒险作业、违反操作规程的行为；

（七）督促落实本单位安全生产整改措施。

第二十三条　生产经营单位的安全生产管理机构以及安全生产管理人员应当恪尽职守，依法履行职责。

生产经营单位做出涉及安全生产的经营决策，应当听取安全生产管理机构以及安全生产管理人员的意见。

生产经营单位不得因安全生产管理人员依法履行职责而降低其工资、福利等待遇或者解除与其订立的劳动合同。

危险物品的生产、储存单位以及矿山、金属冶炼单位的安全生产管理人员的任免，应当告知主管的负有安全生产监督管理职责的部门。

第二十四条　生产经营单位的主要负责人和安全生产管理人员必须具备与本单位所从事的生产经营活动相应的安全生产知识和管理能力。

危险物品的生产、经营、储存单位以及矿山、金属冶炼、建筑施工、道路运输单位的主要负责人和安全生产管理人员，应当由主管的负有安全生产监督管理职责的部门对其安全生产知识和管理能力考核合格。考核不得收费。

危险物品的生产、储存单位以及矿山、金属冶炼单位应当有注册安全工程师从事安全生产管理工作。鼓励其他生产经营单位聘用注册安全工程师从事安全生产管理工作。注册安全工程师按专业分类管理，具体办法由国务院人力资源和社会保障部门、国务院安全生产监督管理部门会同国务院有关部门制定。

第二十五条　生产经营单位应当对从业人员进行安全生产教育和培训，保证从业人员具备必要的安全生产知识，熟悉有关的安全生产规章制度和安全操作规程，掌握本岗位的安全操作技能，了解事故应急处理措施，知悉自身在安全生产方面的权利和义务。未经安全生产教育和培训合格的从业人员，不得上岗作业。

生产经营单位使用被派遣劳动者的，应当将被派遣劳动者纳入本单位从业人员统一管理，对被派遣劳动者进行岗位安全操作规程和安全操作技能的教育和培训。劳务派遣单位应当对被派遣劳动者进行必要的安全生产教育和培训。

生产经营单位接收中等职业学校、高等学校学生实习的，应当对实习学生进行相应的安全生产教育和培训，提供必要的劳动防护用品。学校应当协助生产经营单位对实习学生进行安全生产教育和培训。

生产经营单位应当建立安全生产教育和培训档案，如实记录安全生产教育和培训的时间、内容、参加人员以及考核结果等情况。

第二十六条　生产经营单位采用新工艺、新技术、新材料或者使用新设备，必须了解、掌握其安全技术特性，采取有效的安全防护措施，并对从业人员进行专门的安全生产教育和培训。

第二十七条　生产经营单位的特种作业人员必须按照国家有关规定经专门的安全作业培训，取得相应资格，方可上岗作业。

特种作业人员的范围由国务院安全生产监督管理部门会同国务院有关部门确定。

第二十八条　生产经营单位新建、改建、扩建工程项目（以下统称建设项目）的安全设施，必须与主体工程同时设计、同时施工、同时投入生产和使用。安全设施投资应当纳入建设项目概算。

第二十九条　矿山、金属冶炼建设项目和用于生产、储存、装卸危险物品的建设项目，应当按照国家有关规定进行安全评价。

第三十条　建设项目安全设施的设计人、设计单位应当对安全设施设计负责。

矿山、金属冶炼建设项目和用于生产、储存、装卸危险物品的建设项目的安全设施设计应当按照国家有关规定报经有关部门审查，审查部门及其负责审查的人员对审查结果负责。

第三十一条　矿山、金属冶炼建设项目和用于生产、储存、装卸危险物品的建设项目的施工单位必须按照批准的安全设施设计施工，并对安全设施的工程质量负责。

矿山、金属冶炼建设项目和用于生产、储存危险物品的建设项目竣工投入生产或者使用前，应当由建设单位负责组织对安全设施进行验收；验收合格后，方可投入生产和使用。安全生产监督管理部门应当加强对建设单位验收活动和验收结果的监督核查。

第三十二条　生产经营单位应当在有较大危险因素的生产经营场所和有关设施、设备上，设置明显的安全警示标志。

第三十三条　安全设备的设计、制造、安装、使用、检测、维修、改造和报废，应当符合国家标准或者行业标准。

生产经营单位必须对安全设备进行经常性维护、保养，并定期检测，保证正常运转。维护、保养、检测应当做好记录，并由有关人员签字。

第三十四条　生产经营单位使用的危险物品的容器、运输工具，以及涉及人身安全、危险性较大的海洋石油开采特种设备和矿山井下特种设备，必须按照国家有关规定，由专业生产单位生产，并经具有专业资质的检测、检验机构检测、检验合格，取得安全使用证或者安全标志，方可投入使用。检测、检验机构对检测、检验结果负责。

第三十五条　国家对严重危及生产安全的工艺、设备实行淘汰制度，具体目录由国务院安全生产监督管理部门会同国务院有关部门制定并公布。法律、行政法规对目录的制定另有规定的，适用其规定。

省、自治区、直辖市人民政府可以根据本地区实际情况制定并公布具体目录，对前款规定以外的危及生产安全的工艺、设备予以淘汰。

生产经营单位不得使用应当淘汰的危及生产安全的工艺、设备。

第三十六条　生产、经营、运输、储存、使用危险物品或者处置废弃危险物品的，由有关主管部门依照有关法律、法规的规定和国家标准或者行业标准审批并实施监督管理。

生产经营单位生产、经营、运输、储存、使用危险物品或者处置废弃危险物品，必须执行有关法律、法规和国家标准或者行业标准，建立专门的安全管理制度，采取可靠的安全措施，接受有关主管部门依法实施的监督管理。

第三十七条　生产经营单位对重大危险源应当登记建档，进行定期检测、评估、监控，并制定应急预案，告知从业人员和相关人员在紧急情况下应当采取的应急措施。

生产经营单位应当按照国家有关规定将本单位重大危险源及有关安全措施、应急措施报有关地方人民政府安全生产监督管理部门和有关部门备案。

第三十八条　生产经营单位应当建立健全生产安全事故隐患排查治理制度，采取技术、管理措施，及时发现并消除事故隐患。事故隐患排查治理情况应当如实记录，并向从业人员通报。

县级以上地方各级人民政府负有安全生产监督管理职责的部门应当建立健全重大事故隐患治理督办制度，督促生产经营单位消除重大事故隐患。

第三十九条　生产、经营、储存、使用危险物品的车间、商店、仓库不得与员工宿舍在同一座建筑物内，并应当与员工宿舍保持安全距离。

生产经营场所和员工宿舍应当设有符合紧急疏散要求、标志明显、保持畅通的出口。禁止锁闭、封堵生产经营场所或者员工宿舍的出口。

第四十条　生产经营单位进行爆破、吊装以及国务院安全生产监督管理部门会同国务院有关部门规定的其他危险作业，应当安排专门人员进行现场安全管理，确保操作规程的遵守和安全措施的落实。

第四十一条　生产经营单位应当教育和督促从业人员严格执行本单位的安全生产规章制度和安全操作规程；并向从业人员如实告知作业场所和工作岗位存在的危险因素、防范措施以及事故应急措施。

第四十二条　生产经营单位必须为从业人员提供符合国家标准或者行业标准的劳动防护用品，并监督、教育从业人员按照使用规则佩戴、使用。

第四十三条　生产经营单位的安全生产管理人员应当根据本单位的生产经营特点，对安全生产状况进行经常性检查；对检查中发现的安全问题，应当立即处理；不能处理的，应当及时报告本单位有关负责人，有关负责人应当及时处理。检查及处理情况应当如实记录在案。

生产经营单位的安全生产管理人员在检查中发现重大事故隐患，依照前款规定向本单位有关负责人报告，有关负责人不及时处理的，安全生产管理人员可以向主管的负有安全生产监督管理职责的部门报告，接到报告的部门应当依法及时处理。

第四十四条　生产经营单位应当安排用于配备劳动防护用品、进行安全生产培训的经费。

第四十五条　两个以上生产经营单位在同一作业区域内进行生产经营活动，可能危及对方生产安全的，应当签订安全生产管理协议，明确各自的安全生产管理职责和应当采取的安全措施，并指定专职安全生产管理人员进行安全检查与协调。

第四十六条　生产经营单位不得将生产经营项目、场所、设备发包或者出租给不具备安全生产条件或者相应资质的单位或者个人。

生产经营项目、场所发包或者出租给其他单位的，生产经营单位应当与承包单位、承租单位签订专门的安全生产管理协议，或者在承包合同、租赁合同中约定各自的安全生产管理职责；生产经营单位对承包单位、承租单位的安全生产工作统一协调、管理，定期进行安全检查，发现安全问题的，应当及时督促整改。

第四十七条　生产经营单位发生生产安全事故时，单位的主要负责人应当立即组织抢救，并不得在事故调查处理期间擅离职守。

第四十八条　生产经营单位必须依法参加工伤保险，为从业人员缴纳保险费。

国家鼓励生产经营单位投保安全生产责任保险。

第三章　从业人员的安全生产权利义务

第四十九条　生产经营单位与从业人员订立的劳动合同，应当载明有关保障从业人员劳动安全、防止职业危害的事项，以及依法为从业人员办理工伤保险的事项。

生产经营单位不得以任何形式与从业人员订立协议，免除或者减轻其对从业人员因生产安全事故伤亡依法应承担的责任。

第五十条　生产经营单位的从业人员有权了解其作业场所和工作岗位存在的危险因素、防范措施及事故应急措施，有权对本单位的安全生产工作提出建议。

第五十一条　从业人员有权对本单位安全生产工作中存在的问题提出批评、检举、控告；有权拒绝违章指挥和强令冒险作业。

生产经营单位不得因从业人员对本单位安全生产工作提出批评、检举、控告或者拒绝违章指挥、强令冒险作业而降低其工资、福利等待遇或者解除与其订立的劳动合同。

第五十二条　从业人员发现直接危及人身安全的紧急情况时，有权停止作业或者在采取可能的应急措施后撤离作业场所。

生产经营单位不得因从业人员在前款紧急情况下停止作业或者采取紧急撤离措施而降低其工资、福利等待遇或者解除与其订立的劳动合同。

第五十三条　因生产安全事故受到损害的从业人员，除依法享有工伤保险外，依照有关民事法律尚有获得赔偿的权利的，有权向本单位提出赔偿要求。

第五十四条　从业人员在作业过程中，应当严格遵守本单位的安全生产规章制度和操作规程，服从管理，正确佩戴和使用劳动防护用品。

第五十五条　从业人员应当接受安全生产教育和培训，掌握本职工作所需的安全生产知识，提高安全生产技能，增强事故预防和应急处理能力。

第五十六条　从业人员发现事故隐患或者其他不安全因素，应当立即向现场安全生产管理人员或者本单位负责人报告；接到报告的人员应当及时予以处理。

第五十七条　工会有权对建设项目的安全设施与主体工程同时设计、同时施工、同时投入生产和使用进行监督，提出意见。

工会对生产经营单位违反安全生产法律、法规，侵犯从业人员合法权益的行为，有权要求纠正；发现生产经营单位违章指挥、强令冒险作业或者发现事故隐患时，有权提出解决的建议，生产经营单位应当及时研究答复；发现危及从业人员生命安全的情况时，有权向生产经营单位建议组织从业人员撤离危险场所，生产经营单位必须立即做出处理。

工会有权依法参加事故调查，向有关部门提出处理意见，并要求追究有关人员的责任。

第五十八条　生产经营单位使用被派遣劳动者的，被派遣劳动者享有本法规定的从业人员的权利，并应当履行本法规定的从业人员的义务。

第四章　安全生产的监督管理

第五十九条　县级以上地方各级人民政府应当根据本行政区域内的安全生产状况，

组织有关部门按照职责分工，对本行政区域内容易发生重大生产安全事故的生产经营单位进行严格检查。

安全生产监督管理部门应当按照分类分级监督管理的要求，制定安全生产年度监督检查计划，并按照年度监督检查计划进行监督检查，发现事故隐患，应当及时处理。

第六十条　负有安全生产监督管理职责的部门依照有关法律、法规的规定，对涉及安全生产的事项需要审查批准（包括批准、核准、许可、注册、认证、颁发证照等，下同）或者验收的，必须严格依照有关法律、法规和国家标准或者行业标准规定的安全生产条件和程序进行审查；不符合有关法律、法规和国家标准或者行业标准规定的安全生产条件的，不得批准或者验收通过。对未依法取得批准或者验收合格的单位擅自从事有关活动的，负责行政审批的部门发现或者接到举报后应当立即予以取缔，并依法予以处理。对已经依法取得批准的单位，负责行政审批的部门发现其不再具备安全生产条件的，应当撤销原批准。

第六十一条　负有安全生产监督管理职责的部门对涉及安全生产的事项进行审查、验收，不得收取费用；不得要求接受审查、验收的单位购买其指定品牌或者指定生产、销售单位的安全设备、器材或者其他产品。

第六十二条　安全生产监督管理部门和其他负有安全生产监督管理职责的部门依法开展安全生产行政执法工作，对生产经营单位执行有关安全生产的法律、法规和国家标准或者行业标准的情况进行监督检查，行使以下职权：

（一）进入生产经营单位进行检查，调阅有关资料，向有关单位和人员了解情况；

（二）对检查中发现的安全生产违法行为，当场予以纠正或者要求限期改正；对依法应当给予行政处罚的行为，依照本法和其他有关法律、行政法规的规定做出行政处罚决定；

（三）对检查中发现的事故隐患，应当责令立即排除；重大事故隐患排除前或者排除过程中无法保证安全的，应当责令从危险区域内撤出作业人员，责令暂时停产停业或者停止使用相关设施、设备；重大事故隐患排除后，经审查同意，方可恢复生产经营和使用；

（四）对有根据认为不符合保障安全生产的国家标准或者行业标准的设施、设备、器材以及违法生产、储存、使用、经营、运输的危险物品予以查封或者扣押，对违法生产、储存、使用、经营危险物品的作业场所予以查封，并依法做出处理决定。

第六十三条　生产经营单位对负有安全生产监督管理职责的部门的监督检查人员（以下统称安全生产监督检查人员）依法履行监督检查职责，应当予以配合，不得拒绝、阻挠。

第六十四条　安全生产监督检查人员应当忠于职守，坚持原则，秉公执法。

安全生产监督检查人员执行监督检查任务时，必须出示有效的监督执法证件；对涉及被检查单位的技术秘密和业务秘密，应当为其保密。

第六十五条　安全生产监督检查人员应当将检查的时间、地点、内容、发现的问题及其处理情况，做出书面记录，并由检查人员和被检查单位的负责人签字；被检查单位的负责人拒绝签字的，检查人员应当将情况记录在案，并向负有安全生产监督管理职责的部门报告。

第六十六条　负有安全生产监督管理职责的部门在监督检查中，应当互相配合，实行联合检查；确需分别进行检查的，应当互通情况，发现存在的安全问题应当由其他有关部门进行处理的，应当及时移送其他有关部门并形成记录备查，接受移送的部门应当及时进行处理。

第六十七条　负有安全生产监督管理职责的部门依法对存在重大事故隐患的生产经营单位做出停产停业、停止施工、停止使用相关设施或者设备的决定，生产经营单位应当依法执行，及时消除事故隐患。生产经营单位拒不执行，有发生生产安全事故的现实危险的，在保证安全的前提下，经本部门主要负责人批准，负有安全生产监督管理职责的部门可以采取通知有关单位停止供电、停止供应民用爆炸物品等措施，强制生产经营单位履行决定。通知应当采用书面形式，有关单位应当予以配合。

负有安全生产监督管理职责的部门依照前款规定采取停止供电措施，除有危及生产安全的紧急情形外，应当提前二十四小时通知生产经营单位。生产经营单位依法履行行政决定、采取相应措施消除事故隐患的，负有安全生产监督管理职责的部门应当及时解除前款规定的措施。

第六十八条　监察机关依照行政监察法的规定，对负有安全生产监督管理职责的部门及其工作人员履行安全生产监督管理职责实施监察。

第六十九条　承担安全评价、认证、检测、检验的机构应当具备国家规定的资质条件，并对其做出的安全评价、认证、检测、检验的结果负责。

第七十条　负有安全生产监督管理职责的部门应当建立举报制度，公开举报电话、信箱或者电子邮件地址，受理有关安全生产的举报；受理的举报事项经调查核实后，应当形成书面材料；需要落实整改措施的，报经有关负责人签字并督促落实。

第七十一条　任何单位或者个人对事故隐患或者安全生产违法行为，均有权向负有安全生产监督管理职责的部门报告或者举报。

第七十二条　居民委员会、村民委员会发现其所在区域内的生产经营单位存在事故隐患或者安全生产违法行为时，应当向当地人民政府或者有关部门报告。

第七十三条　县级以上各级人民政府及其有关部门对报告重大事故隐患或者举报安全生产违法行为的有功人员，给予奖励。具体奖励办法由国务院安全生产监督管理部门会同国务院财政部门制定。

第七十四条　新闻、出版、广播、电影、电视等单位有进行安全生产公益宣传教育的义务，有对违反安全生产法律、法规的行为进行舆论监督的权利。

第七十五条　负有安全生产监督管理职责的部门应当建立安全生产违法行为信息库，如实记录生产经营单位的安全生产违法行为信息；对违法行为情节严重的生产经营单位，应当向社会公告，并通报行业主管部门、投资主管部门、国土资源主管部门、证券监督管理机构以及有关金融机构。

第五章　生产安全事故的应急救援与调查处理

第七十六条　国家加强生产安全事故应急能力建设，在重点行业、领域建立应急救援基地和应急救援队伍，鼓励生产经营单位和其他社会力量建立应急救援队伍，配备相应的应急救援装备和物资，提高应急救援的专业化水平。

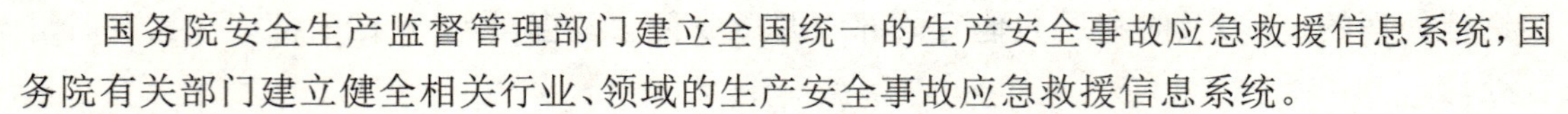

国务院安全生产监督管理部门建立全国统一的生产安全事故应急救援信息系统，国务院有关部门建立健全相关行业、领域的生产安全事故应急救援信息系统。

第七十七条　县级以上地方各级人民政府应当组织有关部门制定本行政区域内生产安全事故应急救援预案，建立应急救援体系。

第七十八条　生产经营单位应当制定本单位生产安全事故应急救援预案，与所在地县级以上地方人民政府组织制定的生产安全事故应急救援预案相衔接，并定期组织演练。

第七十九条　危险物品的生产、经营、储存单位以及矿山、金属冶炼、城市轨道交通运营、建筑施工单位应当建立应急救援组织；生产经营规模较小的，可以不建立应急救援组织，但应当指定兼职的应急救援人员。

危险物品的生产、经营、储存、运输单位以及矿山、金属冶炼、城市轨道交通运营、建筑施工单位应当配备必要的应急救援器材、设备和物资，并进行经常性维护、保养，保证正常运转。

第八十条　生产经营单位发生生产安全事故后，事故现场有关人员应当立即报告本单位负责人。

单位负责人接到事故报告后，应当迅速采取有效措施，组织抢救，防止事故扩大，减少人员伤亡和财产损失，并按照国家有关规定立即如实报告当地负有安全生产监督管理职责的部门，不得隐瞒不报、谎报或者迟报，不得故意破坏事故现场、毁灭有关证据。

第八十一条　负有安全生产监督管理职责的部门接到事故报告后，应当立即按照国家有关规定上报事故情况。负有安全生产监督管理职责的部门和有关地方人民政府对事故情况不得隐瞒不报、谎报或者迟报。

第八十二条　有关地方人民政府和负有安全生产监督管理职责的部门的负责人接到生产安全事故报告后，应当按照生产安全事故应急救援预案的要求立即赶到事故现场，组织事故抢救。

参与事故抢救的部门和单位应当服从统一指挥，加强协同联动，采取有效的应急救援措施，并根据事故救援的需要采取警戒、疏散等措施，防止事故扩大和次生灾害的发生，减少人员伤亡和财产损失。

事故抢救过程中应当采取必要措施，避免或者减少对环境造成的危害。

任何单位和个人都应当支持、配合事故抢救，并提供一切便利条件。

第八十三条　事故调查处理应当按照科学严谨、依法依规、实事求是、注重实效的原则，及时、准确地查清事故原因，查明事故性质和责任，总结事故教训，提出整改措施，并对事故责任者提出处理意见。事故调查报告应当依法及时向社会公布。事故调查和处理的具体办法由国务院制定。

事故发生单位应当及时全面落实整改措施，负有安全生产监督管理职责的部门应当加强监督检查。

第八十四条　生产经营单位发生生产安全事故，经调查确定为责任事故的，除了应当查明事故单位的责任并依法予以追究外，还应当查明对安全生产的有关事项负有审查批准和监督职责的行政部门的责任，对有失职、渎职行为的，依照本法第八十七条的规定追究法律责任。

第八十五条　任何单位和个人不得阻挠和干涉对事故的依法调查处理。

第八十六条　县级以上地方各级人民政府安全生产监督管理部门应当定期统计分析本行政区域内发生生产安全事故的情况，并定期向社会公布。

第六章　法律责任

第八十七条　负有安全生产监督管理职责的部门的工作人员，有下列行为之一的，给予降级或者撤职的处分；构成犯罪的，依照刑法有关规定追究刑事责任：

（一）对不符合法定安全生产条件的涉及安全生产的事项予以批准或者验收通过的；

（二）发现未依法取得批准、验收的单位擅自从事有关活动或者接到举报后不予取缔或者不依法予以处理的；

（三）对已经依法取得批准的单位不履行监督管理职责，发现其不再具备安全生产条件而不撤销原批准或者发现安全生产违法行为不予查处的；

（四）在监督检查中发现重大事故隐患，不依法及时处理的。

负有安全生产监督管理职责的部门的工作人员有前款规定以外的滥用职权、玩忽职守、徇私舞弊行为的，依法给予处分；构成犯罪的，依照刑法有关规定追究刑事责任。

第八十八条　负有安全生产监督管理职责的部门，要求被审查、验收的单位购买其指定的安全设备、器材或者其他产品的，在对安全生产事项的审查、验收中收取费用的，由其上级机关或者监察机关责令改正，责令退还收取的费用；情节严重的，对直接负责的主管人员和其他直接责任人员依法给予处分。

第八十九条　承担安全评价、认证、检测、检验工作的机构，出具虚假证明的，没收违法所得；违法所得在十万元以上的，并处违法所得二倍以上五倍以下的罚款；没有违法所得或者违法所得不足十万元的，单处或者并处十万元以上二十万元以下的罚款；对其直接负责的主管人员和其他直接责任人员处二万元以上五万元以下的罚款；给他人造成损害的，与生产经营单位承担连带赔偿责任；构成犯罪的，依照刑法有关规定追究刑事责任。

对有前款违法行为的机构，吊销其相应资质。

第九十条　生产经营单位的决策机构、主要负责人或者个人经营的投资人不依照本法规定保证安全生产所必需的资金投入，致使生产经营单位不具备安全生产条件的，责令限期改正，提供必需的资金；逾期未改正的，责令生产经营单位停产停业整顿。

有前款违法行为，导致发生生产安全事故的，对生产经营单位的主要负责人给予撤职处分，对个人经营的投资人处二万元以上二十万元以下的罚款；构成犯罪的，依照刑法有关规定追究刑事责任。

第九十一条　生产经营单位的主要负责人未履行本法规定的安全生产管理职责的，责令限期改正；逾期未改正的，处二万元以上五万元以下的罚款，责令生产经营单位停产停业整顿。

生产经营单位的主要负责人有前款违法行为，导致发生生产安全事故的，给予撤职处分；构成犯罪的，依照刑法有关规定追究刑事责任。

生产经营单位的主要负责人依照前款规定受刑事处罚或者撤职处分的，自刑罚执行完毕或者受处分之日起，五年内不得担任任何生产经营单位的主要负责人；对重大、特别重大生产安全事故负有责任的，终身不得担任本行业生产经营单位的主要负责人。

第九十二条　生产经营单位的主要负责人未履行本法规定的安全生产管理职责，导致发生生产安全事故的，由安全生产监督管理部门依照下列规定处以罚款：

（一）发生一般事故的，处上一年年收入百分之三十的罚款；

（二）发生较大事故的，处上一年年收入百分之四十的罚款；

（三）发生重大事故的，处上一年年收入百分之六十的罚款；

（四）发生特别重大事故的，处上一年年收入百分之八十的罚款。

第九十三条　生产经营单位的安全生产管理人员未履行本法规定的安全生产管理职责的，责令限期改正；导致发生生产安全事故的，暂停或者撤销其与安全生产有关的资格；构成犯罪的，依照刑法有关规定追究刑事责任。

第九十四条　生产经营单位有下列行为之一的，责令限期改正，可以处五万元以下的罚款；逾期未改正的，责令停产停业整顿，并处五万元以上十万元以下的罚款，对其直接负责的主管人员和其他直接责任人员处一万元以上二万元以下的罚款：

（一）未按照规定设置安全生产管理机构或者配备安全生产管理人员的；

（二）危险物品的生产、经营、储存单位以及矿山、金属冶炼、建筑施工、道路运输单位的主要负责人和安全生产管理人员未按照规定经考核合格的；

（三）未按照规定对从业人员、被派遣劳动者、实习学生进行安全生产教育和培训，或者未按照规定如实告知有关的安全生产事项的；

（四）未如实记录安全生产教育和培训情况的；

（五）未将事故隐患排查治理情况如实记录或者未向从业人员通报的；

（六）未按照规定制定生产安全事故应急救援预案或者未定期组织演练的；

（七）特种作业人员未按照规定经专门的安全作业培训并取得相应资格，上岗作业的。

第九十五条　生产经营单位有下列行为之一的，责令停止建设或者停产停业整顿，限期改正；逾期未改正的，处五十万元以上一百万元以下的罚款，对其直接负责的主管人员和其他直接责任人员处二万元以上五万元以下的罚款；构成犯罪的，依照刑法有关规定追究刑事责任：

（一）未按照规定对矿山、金属冶炼建设项目或者用于生产、储存、装卸危险物品的建设项目进行安全评价的；

（二）矿山、金属冶炼建设项目或者用于生产、储存、装卸危险物品的建设项目没有安全设施设计或者安全设施设计未按照规定报经有关部门审查同意的；

（三）矿山、金属冶炼建设项目或者用于生产、储存、装卸危险物品的建设项目的施工单位未按照批准的安全设施设计施工的；

（四）矿山、金属冶炼建设项目或者用于生产、储存危险物品的建设项目竣工投入生产或者使用前，安全设施未经验收合格的。

第九十六条　生产经营单位有下列行为之一的，责令限期改正，可以处五万元以下的罚款；逾期未改正的，处五万元以上二十万元以下的罚款，对其直接负责的主管人员和其他直接责任人员处一万元以上二万元以下的罚款；情节严重的，责令停产停业整顿；构成犯罪的，依照刑法有关规定追究刑事责任：

（一）未在有较大危险因素的生产经营场所和有关设施、设备上设置明显的安全警示标志的；

（二）安全设备的安装、使用、检测、改造和报废不符合国家标准或者行业标准的；

（三）未对安全设备进行经常性维护、保养和定期检测的；

（四）未为从业人员提供符合国家标准或者行业标准的劳动防护用品的；

（五）危险物品的容器、运输工具，以及涉及人身安全、危险性较大的海洋石油开采特种设备和矿山井下特种设备未经具有专业资质的机构检测、检验合格，取得安全使用证或者安全标志，投入使用的；

（六）使用应当淘汰的危及生产安全的工艺、设备的。

第九十七条　未经依法批准，擅自生产、经营、运输、储存、使用危险物品或者处置废弃危险物品的，依照有关危险物品安全管理的法律、行政法规的规定予以处罚；构成犯罪的，依照刑法有关规定追究刑事责任。

第九十八条　生产经营单位有下列行为之一的，责令限期改正，可以处十万元以下的罚款；逾期未改正的，责令停产停业整顿，并处十万元以上二十万元以下的罚款，对其直接负责的主管人员和其他直接责任人员处二万元以上五万元以下的罚款；构成犯罪的，依照刑法有关规定追究刑事责任：

（一）生产、经营、运输、储存、使用危险物品或者处置废弃危险物品，未建立专门安全管理制度、未采取可靠的安全措施的；

（二）对重大危险源未登记建档，或者未进行评估、监控，或者未制定应急预案的；

（三）进行爆破、吊装以及国务院安全生产监督管理部门会同国务院有关部门规定的其他危险作业，未安排专门人员进行现场安全管理的；

（四）未建立事故隐患排查治理制度的。

第九十九条　生产经营单位未采取措施消除事故隐患的，责令立即消除或者限期消除；生产经营单位拒不执行的，责令停产停业整顿，并处十万元以上五十万元以下的罚款，对其直接负责的主管人员和其他直接责任人员处二万元以上五万元以下的罚款。

第一百条　生产经营单位将生产经营项目、场所、设备发包或者出租给不具备安全生产条件或者相应资质的单位或者个人的，责令限期改正，没收违法所得；违法所得十万元以上的，并处违法所得二倍以上五倍以下的罚款；没有违法所得或者违法所得不足十万元的，单处或者并处十万元以上二十万元以下的罚款；对其直接负责的主管人员和其他直接责任人员处一万元以上二万元以下的罚款；导致发生生产安全事故给他人造成损害的，与承包方、承租方承担连带赔偿责任。

生产经营单位未与承包单位、承租单位签订专门的安全生产管理协议或者未在承包合同、租赁合同中明确各自的安全生产管理职责，或者未对承包单位、承租单位的安全生产统一协调、管理的，责令限期改正，可以处五万元以下的罚款，对其直接负责的主管人员和其他直接责任人员可以处一万元以下的罚款；逾期未改正的，责令停产停业整顿。

第一百零一条　两个以上生产经营单位在同一作业区域内进行可能危及对方安全生产的生产经营活动，未签订安全生产管理协议或者未指定专职安全生产管理人员进行安全检查与协调的，责令限期改正，可以处五万元以下的罚款，对其直接负责的主管人员和其他直接责任人员可以处一万元以下的罚款；逾期未改正的，责令停产停业。

第一百零二条　生产经营单位有下列行为之一的，责令限期改正，可以处五万元以下的罚款，对其直接负责的主管人员和其他直接责任人员可以处一万元以下的罚款；逾期未改正的，责令停产停业整顿；构成犯罪的，依照刑法有关规定追究刑事责任：

（一）生产、经营、储存、使用危险物品的车间、商店、仓库与员工宿舍在同一座建筑内，或者与员工宿舍的距离不符合安全要求的；

（二）生产经营场所和员工宿舍未设有符合紧急疏散需要、标志明显、保持畅通的出口，或者锁闭、封堵生产经营场所或者员工宿舍出口的。

第一百零三条　生产经营单位与从业人员订立协议，免除或者减轻其对从业人员因生产安全事故伤亡依法应承担的责任的，该协议无效；对生产经营单位的主要负责人、个人经营的投资人处二万元以上十万元以下的罚款。

第一百零四条　生产经营单位的从业人员不服从管理，违反安全生产规章制度或者操作规程的，由生产经营单位给予批评教育，依照有关规章制度给予处分；构成犯罪的，依照刑法有关规定追究刑事责任。

第一百零五条　违反本法规定，生产经营单位拒绝、阻碍负有安全生产监督管理职责的部门依法实施监督检查的，责令改正；拒不改正的，处二万元以上二十万元以下的罚款；对其直接负责的主管人员和其他直接责任人员处一万元以上二万元以下的罚款；构成犯罪的，依照刑法有关规定追究刑事责任。

第一百零六条　生产经营单位的主要负责人在本单位发生生产安全事故时，不立即组织抢救或者在事故调查处理期间擅离职守或者逃匿的，给予降级、撤职的处分，并由安全生产监督管理部门处上一年年收入百分之六十至百分之一百的罚款；对逃匿的处十五日以下拘留；构成犯罪的，依照刑法有关规定追究刑事责任。

生产经营单位的主要负责人对生产安全事故隐瞒不报、谎报或者迟报的，依照前款规定处罚。

第一百零七条　有关地方人民政府、负有安全生产监督管理职责的部门，对生产安全事故隐瞒不报、谎报或者迟报的，对直接负责的主管人员和其他直接责任人员依法给予处分；构成犯罪的，依照刑法有关规定追究刑事责任。

第一百零八条　生产经营单位不具备本法和其他有关法律、行政法规和国家标准或者行业标准规定的安全生产条件，经停产停业整顿仍不具备安全生产条件的，予以关闭；有关部门应当依法吊销其有关证照。

第一百零九条　发生生产安全事故，对负有责任的生产经营单位除要求其依法承担相应的赔偿等责任外，由安全生产监督管理部门依照下列规定处以罚款：

（一）发生一般事故的，处二十万元以上五十万元以下的罚款；

（二）发生较大事故的，处五十万元以上一百万元以下的罚款；

（三）发生重大事故的，处一百万元以上五百万元以下的罚款；

（四）发生特别重大事故的，处五百万元以上一千万元以下的罚款；情节特别严重的，处一千万元以上二千万元以下的罚款。

第一百一十条　本法规定的行政处罚，由安全生产监督管理部门和其他负有安全生产监督管理职责的部门按照职责分工决定。予以关闭的行政处罚由负有安全生产监督管理职责的部门报请县级以上人民政府按照国务院规定的权限决定；给予拘留的行政处罚由公安机关依照治安管理处罚法的规定决定。

第一百一十一条　生产经营单位发生生产安全事故造成人员伤亡、他人财产损失的，应当依法承担赔偿责任；拒不承担或者其负责人逃匿的，由人民法院依法强制执行。

生产安全事故的责任人未依法承担赔偿责任，经人民法院依法采取执行措施后，仍不能对受害人给予足额赔偿的，应当继续履行赔偿义务；受害人发现责任人有其他财产的，可以随时请求人民法院执行。

第七章　附则

第一百一十二条　本法下列用语的含义：

危险物品，是指易燃易爆物品、危险化学品、放射性物品等能够危及人身安全和财产安全的物品。

重大危险源，是指长期地或者临时地生产、搬运、使用或者储存危险物品，且危险物品的数量等于或者超过临界量的单元（包括场所和设施）。

第一百一十三条　本法规定的生产安全一般事故、较大事故、重大事故、特别重大事故的划分标准由国务院规定。

国务院安全生产监督管理部门和其他负有安全生产监督管理职责的部门应当根据各自的职责分工，制定相关行业、领域重大事故隐患的判定标准。

第一百一十四条　本法 2014 年 12 月 1 日起施行。

第二节　危险化学品安全管理条例

第一章　总则

第一条　为了加强危险化学品的安全管理，预防和减少危险化学品事故，保障人民群众生命财产安全，保护环境，制定本条例。

第二条　危险化学品生产、储存、使用、经营和运输的安全管理，适用本条例。

废弃危险化学品的处置，依照有关环境保护的法律、行政法规和国家有关规定执行。

第三条　本条例所称危险化学品，是指具有毒害、腐蚀、爆炸、燃烧、助燃等性质，对人体、设施、环境具有危害的剧毒化学品和其他化学品。

危险化学品目录，由国务院安监部门会同国务院工信、公安、环保、卫生、质检、交通、铁路、民航、农业部门，根据化学品危险特性的鉴别和分类标准确定、公布，并适时调整。

第四条　危险化学品安全管理，应当坚持安全第一、预防为主、综合治理的方针，强化和落实企业的主体责任。

生产、储存、使用、经营、运输危险化学品的单位（以下统称危险化学品单位）的主要负责人对本单位的危险化学品安全管理工作全面负责。

危险化学品单位应当具备法律、行政法规规定和国家标准、行业标准要求的安全条件，建立、健全安全管理规章制度和岗位安全责任制度，对从业人员进行安全教育、法制教育和岗位技术培训。从业人员应当接受教育和培训，考核合格后上岗作业；对有资格要求的岗位，应当配备依法取得相应资格的人员。

第五条　任何单位和个人不得生产、经营、使用国家禁止生产、经营、使用的危险化学品。

国家对危险化学品的使用有限制性规定的，任何单位和个人不得违反限制性规定使用危险化学品。

第六条　对危险化学品的生产、储存、使用、经营、运输实施安全监督管理的有关部门（以下统称负有危险化学品安全监督管理职责的部门），依照下列规定履行职责：

（一）安监部门负责危险化学品安全监督管理综合工作，组织确定、公布、调整危险化学品目录，对新建、改建、扩建生产、储存危险化学品（包括使用长输管道输送危险化学品，下同）的建设项目进行安全条件审查，核发危险化学品安全生产许可证、危险化学品安全使用许可证和危险化学品经营许可证，并负责危险化学品登记工作。

（二）公安机关负责危险化学品的公共安全管理，核发剧毒化学品购买许可证、剧毒化学品道路运输通行证，并负责危险化学品运输车辆的道路交通安全管理。

（三）质检部门负责核发危险化学品及其包装物、容器（不包括储存危险化学品的固定式大型储罐，下同）生产企业的工业产品生产许可证，并依法对其产品质量实施监督，负责对进出口危险化学品及其包装实施检验。

（四）环保部门负责废弃危险化学品处置的监督管理，组织危险化学品的环境危害性鉴定和环境风险程度评估，确定实施重点环境管理的危险化学品，负责危险化学品环境管理登记和新化学物质环境管理登记；依照职责分工调查相关危险化学品环境污染事故和生态破坏事件，负责危险化学品事故现场的应急环境监测。

（五）交通部门负责危险化学品道路运输、水路运输的许可以及运输工具的安全管理，对危险化学品水路运输安全实施监督，负责危险化学品道路运输企业、水路运输企业驾驶人员、船员、装卸管理人员、押运人员、申报人员、集装箱装箱现场检查员的资格认定。铁路监管部门负责危险化学品铁路运输及其运输工具的安全管理。民航部门负责危险化学品航空运输以及航空运输企业及其运输工具的安全管理。

（六）卫生部门负责危险化学品毒性鉴定的管理，负责组织、协调危险化学品事故受伤人员的医疗卫生救援工作。

（七）工商行政部门依据有关部门的许可证件，核发危险化学品生产、储存、经营、运输企业营业执照，查处危险化学品经营企业违法采购危险化学品的行为。

（八）邮政部门负责依法查处寄递危险化学品的行为。

第七条　负有危险化学品安全监督管理职责的部门依法进行监督检查，可以采取下列措施：

（一）进入危险化学品作业场所实施现场检查，向有关单位和人员了解情况，查阅、复制有关文件、资料；

（二）发现危险化学品事故隐患，责令立即消除或者限期消除；

（三）对不符合法律、行政法规、规章规定或者国家标准、行业标准要求的设施、设备、装置、器材、运输工具，责令立即停止使用；

（四）经本部门主要负责人批准，查封违法生产、储存、使用、经营危险化学品的场所，扣押违法生产、储存、使用、经营、运输的危险化学品以及用于违法生产、使用、运输危险化学品的原材料、设备、运输工具；

（五）发现影响危险化学品安全的违法行为，当场予以纠正或者责令限期改正。

负有危险化学品安全监督管理职责的部门依法进行监督检查，监督检查人员不得少于2人，并应当出示执法证件；有关单位和个人对依法进行的监督检查应当予以配合，不得拒绝、阻碍。

第八条　县级以上人民政府应当建立危险化学品安全监督管理工作协调机制，支持、督促负有危险化学品安全监督管理职责的部门依法履行职责，协调、解决危险化学品安全监督管理工作中的重大问题。

负有危险化学品安全监督管理职责的部门应当相互配合、密切协作，依法加强对危险化学品的安全监督管理。

第九条　任何单位和个人对违反本条例规定的行为，有权向负有危险化学品安全监督管理职责的部门举报。负有危险化学品安全监督管理职责的部门接到举报，应当及时依法处理；对不属于本部门职责的，应当及时移送有关部门处理。

第十条　国家鼓励危险化学品生产企业和使用危险化学品从事生产的企业采用有利于提高安全保障水平的先进技术、工艺、设备以及自动控制系统，鼓励对危险化学品实行专门储存、统一配送、集中销售。

第二章　生产、储存安全

第十一条　国家对危险化学品的生产、储存实行统筹规划、合理布局。

国务院工信部门以及国务院其他有关部门依据各自职责，负责危险化学品生产、储存的行业规划和布局。

地方人民政府组织编制城乡规划，应当根据本地区的实际情况，按照确保安全的原则，规划适当区域专门用于危险化学品的生产、储存。

第十二条　新建、改建、扩建生产、储存危险化学品的建设项目（以下简称建设项目），应当由安监部门进行安全条件审查。

建设单位应当对建设项目进行安全条件论证，委托具备国家规定的资质条件的机构对建设项目进行安全评价，并将安全条件论证和安全评价的情况报告报建设项目所在地设区的市级以上人民政府安监部门；安监部门应当自收到报告之日起45日内做出审查决定，并书面通知建设单位。具体办法由国务院安监部门制定。

新建、改建、扩建储存、装卸危险化学品的港口建设项目，由港口部门按照国务院交通部门的规定进行安全条件审查。

第十三条　生产、储存危险化学品的单位，应当对其铺设的危险化学品管道设置明显标志，并对危险化学品管道定期检查、检测。

进行可能危及危险化学品管道安全的施工作业，施工单位应当在开工的7日前书面通知管道所属单位，并与管道所属单位共同制定应急预案，采取相应的安全防护措施。管道所属单位应当指派专门人员到现场进行管道安全保护指导。

第十四条　危险化学品生产企业进行生产前，应当依照《安全生产许可证条例》的规定，取得危险化学品安全生产许可证。

生产列入国家实行生产许可证制度的工业产品目录的危险化学品的企业，应当依照《工业产品生产许可证管理条例》的规定，取得工业产品生产许可证。

负责颁发危险化学品安全生产许可证、工业产品生产许可证的部门，应当将其颁发许可证的情况及时向同级工信部门、环保部门和公安机关通报。

第十五条　危险化学品生产企业应当提供与其生产的危险化学品相符的化学品安全技术说明书，并在危险化学品包装（包括外包装件）上粘贴或者拴挂与包装内危险化学品相符的化学品安全标签。化学品安全技术说明书和化学品安全标签所载明的内容应当符合国家标准的要求。

危险化学品生产企业发现其生产的危险化学品有新的危险特性的，应当立即公告，并及时修订其化学品安全技术说明书和化学品安全标签。

第十六条　生产实施重点环境管理的危险化学品的企业，应当按照国务院环保部门的规定，将该危险化学品向环境中释放等相关信息向环保部门报告。环保部门可以根据情况采取相应的环境风险控制措施。

第十七条　危险化学品的包装应当符合法律、行政法规、规章的规定以及国家标准、行业标准的要求。

危险化学品包装物、容器的材质以及危险化学品包装的型式、规格、方法和单件质量（重量），应当与所包装的危险化学品的性质和用途相适应。

第十八条　生产列入国家实行生产许可证制度的工业产品目录的危险化学品包装物、容器的企业，应当依照《工业产品生产许可证管理条例》的规定，取得工业产品生产许可证；其生产的危险化学品包装物、容器经国务院质检部门认定的检验机构检验合格，方可出厂销售。

运输危险化学品的船舶及其配载的容器，应当按照国家船舶检验规范进行生产，并经海事机构认定的船舶检验机构检验合格，方可投入使用。

对重复使用的危险化学品包装物、容器，使用单位在重复使用前应当进行检查；发现存在安全隐患的，应当维修或者更换。使用单位应当对检查情况做出记录，记录的保存期限不得少于2年。

第十九条　危险化学品生产装置或者储存数量构成重大危险源的危险化学品储存设施

（运输工具加油站、加气站除外），与下列场所、设施、区域的距离应当符合国家有关规定：

（一）居住区以及商业中心、公园等人员密集场所；

（二）学校、医院、影剧院、体育场（馆）等公共设施；

（三）饮用水源、水厂以及水源保护区；

（四）车站、码头（依法经许可从事危险化学品装卸作业的除外）、机场以及通信干线、通信枢纽、铁路线路、道路交通干线、水路交通干线、地铁风亭以及地铁站出入口；

（五）基本农田保护区、基本草原、畜禽遗传资源保护区、畜禽规模化养殖场（养殖小区）、渔业水域以及种子、种畜禽、水产苗种生产基地；

（六）河流、湖泊、风景名胜区、自然保护区；

（七）军事禁区、军事管理区；

（八）法律、行政法规规定的其他场所、设施、区域。

已建的危险化学品生产装置或者储存数量构成重大危险源的危险化学品储存设施不符合前款规定的，由所在地设区的市级人民政府安监部门会同有关部门监督其所属单位在规定期限内进行整改；需要转产、停产、搬迁、关闭的，由本级人民政府决定并组织实施。

储存数量构成重大危险源的危险化学品储存设施的选址，应当避开地震活动断层和容易发生洪灾、地质灾害的区域。

本条例所称重大危险源，是指生产、储存、使用或者搬运危险化学品，且危险化学品的数量等于或者超过临界量的单元（包括场所和设施）。

第二十条　生产、储存危险化学品的单位，应当根据其生产、储存的危险化学品的种类和危险特性，在作业场所设置相应的监测、监控、通风、防晒、调温、防火、灭火、防爆、泄压、防毒、中和、防潮、防雷、防静电、防腐、防泄漏以及防护围堤或者隔离操作等安全设施、设备，并按照国家标准、行业标准或者国家有关规定对安全设施、设备进行经常性维护、保养，保证安全设施、设备的正常使用。

生产、储存危险化学品的单位，应当在其作业场所和安全设施、设备上设置明显的安全警示标志。

第二十一条　生产、储存危险化学品的单位，应当在其作业场所设置通信、报警装置，并保证处于适用状态。

第二十二条　生产、储存危险化学品的企业，应当委托具备国家规定的资质条件的机构，对本企业的安全生产条件每3年进行一次安全评价，提出安全评价报告。安全评价报告的内容应当包括对安全生产条件存在的问题进行整改的方案。

生产、储存危险化学品的企业，应当将安全评价报告以及整改方案的落实情况报所在地县级安监部门备案。在港区内储存危险化学品的企业，应当将安全评价报告以及整改方案的落实情况报港口部门备案。

第二十三条　生产、储存剧毒化学品或者国务院公安部门规定的可用于制造爆炸物品的危险化学品（以下简称易制爆危险化学品）的单位，应当如实记录其生产、储存的剧毒化学品、易制爆危险化学品的数量、流向，并采取必要的安全防范措施，防止剧毒化学品、易制爆危险化学品丢失或者被盗；发现剧毒化学品、易制爆危险化学品丢失或者被盗的，应当立即向当地公安机关报告。

生产、储存剧毒化学品、易制爆危险化学品的单位，应当设置治安保卫机构，配备专职治安保卫人员。

第二十四条　危险化学品应当储存在专用仓库、专用场地或者专用储存室（以下统称专用仓库）内，并由专人负责管理；剧毒化学品以及储存数量构成重大危险源的其他危险化学品，应当在专用仓库内单独存放，并实行双人收发、双人保管制度。

危险化学品的储存方式、方法以及储存数量应当符合国家标准或者国家有关规定。

第二十五条　储存危险化学品的单位应当建立危险化学品出入库核查、登记制度。

对剧毒化学品以及储存数量构成重大危险源的其他危险化学品，储存单位应当将其储存数量、储存地点以及管理人员的情况，报所在地县级安监部门（在港区内储存的，报港口部门）和公安机关备案。

第二十六条　危险化学品专用仓库应当符合国家标准、行业标准的要求，并设置明显的标志。储存剧毒化学品、易制爆危险化学品的专用仓库，应当按照国家有关规定设置相应的技术防范设施。

储存危险化学品的单位应当对其危险化学品专用仓库的安全设施、设备定期进行检测、检验。

第二十七条　生产、储存危险化学品的单位转产、停产、停业或者解散的，应当采取有效措施，及时、妥善处置其危险化学品生产装置、储存设施以及库存的危险化学品，不得丢弃危险化学品；处置方案应当报所在地县级安监部门、工信部门、环保部门和公安机关备案。安监部门应当会同环保部门和公安机关对处置情况进行监督检查，发现未依照规定处置的，应当责令其立即处置。

第三章　使用安全

第二十八条　使用危险化学品的单位，其使用条件（包括工艺）应当符合法律、行政法规的规定和国家标准、行业标准的要求，并根据所使用的危险化学品的种类、危险特性以及使用量和使用方式，建立、健全使用危险化学品的安全管理规章制度和安全操作规程，保证危险化学品的安全使用。

第二十九条　使用危险化学品从事生产并且使用量达到规定数量的化工企业（属于危险化学品生产企业的除外，下同），应当依照本条例的规定取得危险化学品安全使用许可证。

前款规定的危险化学品使用量的数量标准，由国务院安监部门会同国务院公安部门、农业部门确定并公布。

第三十条　申请危险化学品安全使用许可证的化工企业，除应当符合本条例第二十八条的规定外，还应当具备下列条件：

（一）有与所使用的危险化学品相适应的专业技术人员；

（二）有安全管理机构和专职安全管理人员；

（三）有符合国家规定的危险化学品事故应急预案和必要的应急救援器材、设备；

（四）依法进行了安全评价。

第三十一条　申请危险化学品安全使用许可证的化工企业，应当向所在地设区的市级人民政府安监部门提出申请，并提交其符合本条例第三十条规定条件的证明材料。设区的市级人民政府安监部门应当依法进行审查，自收到证明材料之日起45日内做出批准或者不予批准的决定。予以批准的，颁发危险化学品安全使用许可证；不予批准的，书面通知申请人并说明理由。

安监部门应当将其颁发危险化学品安全使用许可证的情况及时向同级环保部门和公安机关通报。

第三十二条　本条例第十六条关于生产实施重点环境管理的危险化学品的企业的规定，适用于使用实施重点环境管理的危险化学品从事生产的企业；第二十条、第二十一条、第二十三条第一款、第二十七条关于生产、储存危险化学品的单位的规定，适用于使用危险化学品的单位；第二十二条关于生产、储存危险化学品的企业的规定，适用于使用危险化学品从事生产的企业。

第四章　经营安全

第三十三条　国家对危险化学品经营（包括仓储经营，下同）实行许可制度。未经许可，任何单位和个人不得经营危险化学品。

依法设立的危险化学品生产企业在其厂区范围内销售本企业生产的危险化学品，不需要取得危险化学品经营许可。

依照《港口法》的规定取得港口经营许可证的港口经营人，在港区内从事危险化学品仓储经营，不需要取得危险化学品经营许可。

第三十四条　从事危险化学品经营的企业应当具备下列条件：

（一）有符合国家标准、行业标准的经营场所，储存危险化学品的，还应当有符合国家标准、行业标准的储存设施；

（二）从业人员经过专业技术培训并经考核合格；

（三）有健全的安全管理规章制度；

（四）有专职安全管理人员；

（五）有符合国家规定的危险化学品事故应急预案和必要的应急救援器材、设备；

（六）法律、法规规定的其他条件。

第三十五条　从事剧毒化学品、易制爆危险化学品经营的企业，应当向所在地设区的市级人民政府安监部门提出申请，从事其他危险化学品经营的企业，应当向所在地县级安监部门提出申请（有储存设施的，应当向所在地设区的市级人民政府安监部门提出申请）。申请人应当提交其符合本条例第三十四条规定条件的证明材料。设区的市级人民政府安监部门或者县级安监部门应当依法进行审查，并对申请人的经营场所、储存设施进行现场核查，自收到证明材料之日起30日内做出批准或者不予批准的决定。予以批准的，颁发危险化学品经营许可证；不予批准的，书面通知申请人并说明理由。

设区的市级人民政府安监部门和县级安监部门应当将其颁发危险化学品经营许可证

的情况及时向同级环保部门和公安机关通报。

申请人持危险化学品经营许可证向工商行政部门办理登记手续后，方可从事危险化学品经营活动。法律、行政法规或者国务院规定经营危险化学品还需要经其他有关部门许可的，申请人向工商行政部门办理登记手续时还应当持相应的许可证件。

第三十六条　危险化学品经营企业储存危险化学品的，应当遵守本条例第二章关于储存危险化学品的规定。危险化学品商店内只能存放民用小包装的危险化学品。

第三十七条　危险化学品经营企业不得向未经许可从事危险化学品生产、经营活动的企业采购危险化学品，不得经营没有化学品安全技术说明书或者化学品安全标签的危险化学品。

第三十八条　依法取得危险化学品安全生产许可证、危险化学品安全使用许可证、危险化学品经营许可证的企业，凭相应的许可证件购买剧毒化学品、易制爆危险化学品。民用爆炸物品生产企业凭民用爆炸物品生产许可证购买易制爆危险化学品。

前款规定以外的单位购买剧毒化学品的，应当向所在地县级公安机关申请取得剧毒化学品购买许可证；购买易制爆危险化学品的，应当持本单位出具的合法用途说明。

个人不得购买剧毒化学品（属于剧毒化学品的农药除外）和易制爆危险化学品。

第三十九条　申请取得剧毒化学品购买许可证，申请人应当向所在地县级公安机关提交下列材料：

（一）营业执照或者法人证书（登记证书）的复印件；

（二）拟购买的剧毒化学品品种、数量的说明；

（三）购买剧毒化学品用途的说明；

（四）经办人的身份证明。

县级公安机关应当自收到前款规定的材料之日起3日内，做出批准或者不予批准的决定。予以批准的，颁发剧毒化学品购买许可证；不予批准的，书面通知申请人并说明理由。

剧毒化学品购买许可证管理办法由国务院公安部门制定。

第四十条　危险化学品生产企业、经营企业销售剧毒化学品、易制爆危险化学品，应当查验本条例第三十八条第一款、第二款规定的相关许可证件或者证明文件，不得向不具有相关许可证件或者证明文件的单位销售剧毒化学品、易制爆危险化学品。对持剧毒化学品购买许可证购买剧毒化学品的，应当按照许可证载明的品种、数量销售。

禁止向个人销售剧毒化学品（属于剧毒化学品的农药除外）和易制爆危险化学品。

第四十一条　危险化学品生产企业、经营企业销售剧毒化学品、易制爆危险化学品，应当如实记录购买单位的名称、地址、经办人的姓名、身份证号码以及所购买的剧毒化学品、易制爆危险化学品的品种、数量、用途。销售记录以及经办人的身份证明复印件、相关许可证件复印件或者证明文件的保存期限不得少于1年。

剧毒化学品、易制爆危险化学品的销售企业、购买单位应当在销售、购买后5日内，将所销售、购买的剧毒化学品、易制爆危险化学品的品种、数量以及流向信息报所在地县级公安机关备案，并输入计算机系统。

第四十二条　使用剧毒化学品、易制爆危险化学品的单位不得出借、转让其购买的剧毒化学品、易制爆危险化学品；因转产、停产、搬迁、关闭等确需转让的，应当向具有本条例第三十八条第一款、第二款规定的相关许可证件或者证明文件的单位转让，并在转让后将有关情况及时向所在地县级公安机关报告。

第五章　运输安全

第四十三条　从事危险化学品道路运输、水路运输的，应当分别依照有关道路运输、水路运输的法律、行政法规的规定，取得危险货物道路运输许可、危险货物水路运输许可，并向工商行政部门办理登记手续。

危险化学品道路运输企业、水路运输企业应当配备专职安全管理人员。

第四十四条　危险化学品道路运输企业、水路运输企业的驾驶人员、船员、装卸管理人员、押运人员、申报人员、集装箱装箱现场检查员应当经交通部门考核合格，取得从业资格。具体办法由国务院交通部门制定。

危险化学品的装卸作业应当遵守安全作业标准、规程和制度，并在装卸管理人员的现场指挥或者监控下进行。水路运输危险化学品的集装箱装箱作业应当在集装箱装箱现场检查员的指挥或者监控下进行，并符合积载、隔离的规范和要求；装箱作业完毕后，集装箱装箱现场检查员应当签署装箱证明书。

第四十五条　运输危险化学品，应当根据危险化学品的危险特性采取相应的安全防护措施，并配备必要的防护用品和应急救援器材。

用于运输危险化学品的槽罐以及其他容器应当封口严密，能够防止危险化学品在运输过程中因温度、湿度或者压力的变化发生渗漏、洒漏；槽罐以及其他容器的溢流和泄压装置应当设置准确、起闭灵活。

运输危险化学品的驾驶人员、船员、装卸管理人员、押运人员、申报人员、集装箱装箱现场检查员，应当了解所运输的危险化学品的危险特性及其包装物、容器的使用要求和出现危险情况时的应急处置方法。

第四十六条　通过道路运输危险化学品的，托运人应当委托依法取得危险货物道路运输许可的企业承运。

第四十七条　通过道路运输危险化学品的，应当按照运输车辆的核定载质量装载危险化学品，不得超载。

危险化学品运输车辆应当符合国家标准要求的安全技术条件，并按照国家有关规定定期进行安全技术检验。

危险化学品运输车辆应当悬挂或者喷涂符合国家标准要求的警示标志。

第四十八条　通过道路运输危险化学品的，应当配备押运人员，并保证所运输的危险化学品处于押运人员的监控之下。

运输危险化学品途中因住宿或者发生影响正常运输的情况，需要较长时间停车的，驾驶人员、押运人员应当采取相应的安全防范措施；运输剧毒化学品或者易制爆危险化学品的，还应当向当地公安机关报告。

第四十九条　未经公安机关批准，运输危险化学品的车辆不得进入危险化学品运输车辆限制通行的区域。危险化学品运输车辆限制通行的区域由县级公安机关划定，并设置明显的标志。

第五十条　通过道路运输剧毒化学品的，托运人应当向运输始发地或者目的地县级公安机关申请剧毒化学品道路运输通行证。

申请剧毒化学品道路运输通行证，托运人应当向县级公安机关提交下列材料：

（一）拟运输的剧毒化学品品种、数量的说明；

（二）运输始发地、目的地、运输时间和运输路线的说明；

（三）承运人取得危险货物道路运输许可、运输车辆取得营运证以及驾驶人员、押运人员取得上岗资格的证明文件；

（四）本条例第三十八条第一款、第二款规定的购买剧毒化学品的相关许可证件，或者海关出具的进出口证明文件。

县级公安机关应当自收到前款规定的材料之日起7日内，做出批准或者不予批准的决定。予以批准的，颁发剧毒化学品道路运输通行证；不予批准的，书面通知申请人并说明理由。

剧毒化学品道路运输通行证管理办法由国务院公安部门制定。

第五十一条　剧毒化学品、易制爆危险化学品在道路运输途中丢失、被盗、被抢或者出现流散、泄漏等情况的，驾驶人员、押运人员应当立即采取相应的警示措施和安全措施，并向当地公安机关报告。公安机关接到报告后，应当根据实际情况立即向安监部门、环保部门、卫生部门通报。有关部门应当采取必要的应急处置措施。

第五十二条　通过水路运输危险化学品的，应当遵守法律、行政法规以及国务院交通部门关于危险货物水路运输安全的规定。

第五十三条　海事机构应当根据危险化学品的种类和危险特性，确定船舶运输危险化学品的相关安全运输条件。

拟交付船舶运输的化学品的相关安全运输条件不明确的，货物所有人或者代理人应当委托相关技术机构进行评估，明确相关安全运输条件并经海事机构确认后，方可交付船舶运输。

第五十四条　禁止通过内河封闭水域运输剧毒化学品以及国家规定禁止通过内河运输的其他危险化学品。

前款规定以外的内河水域，禁止运输国家规定禁止通过内河运输的剧毒化学品以及其他危险化学品。

禁止通过内河运输的剧毒化学品以及其他危险化学品的范围，由国务院交通部门会同国务院环保部门、工信部门、安监部门，根据危险化学品的危险特性、危险化学品对人体和水环境的危害程度以及消除危害后果的难易程度等因素规定并公布。

第五十五条　国务院交通部门应当根据危险化学品的危险特性，对通过内河运输本条例第五十四条规定以外的危险化学品（以下简称通过内河运输危险化学品）实行分类管理，对各类危险化学品的运输方式、包装规范和安全防护措施等分别做出规定并监督实施。

第五十六条　通过内河运输危险化学品，应当由依法取得危险货物水路运输许可的水路运输企业承运，其他单位和个人不得承运。托运人应当委托依法取得危险货物水路运输许可的水路运输企业承运，不得委托其他单位和个人承运。

第五十七条　通过内河运输危险化学品，应当使用依法取得危险货物适装证书的运输船舶。水路运输企业应当针对所运输的危险化学品的危险特性，制定运输船舶危险化学品事故应急救援预案，并为运输船舶配备充足、有效的应急救援器材和设备。

通过内河运输危险化学品的船舶，其所有人或者经营人应当取得船舶污染损害责任保险证书或者财务担保证明。船舶污染损害责任保险证书或者财务担保证明的副本应当随船携带。

第五十八条　通过内河运输危险化学品，危险化学品包装物的材质、型式、强度以及包装方法应当符合水路运输危险化学品包装规范的要求。国务院交通部门对单船运输的危险化学品数量有限制性规定的，承运人应当按照规定安排运输数量。

第五十九条　用于危险化学品运输作业的内河码头、泊位应当符合国家有关安全规范，与饮用水取水口保持国家规定的距离。有关管理单位应当制定码头、泊位危险化学品事故应急预案，并为码头、泊位配备充足、有效的应急救援器材和设备。

用于危险化学品运输作业的内河码头、泊位，经交通部门按照国家有关规定验收合格后方可投入使用。

第六十条　船舶载运危险化学品进出内河港口，应当将危险化学品的名称、危险特性、包装以及进出港时间等事项，事先报告海事机构。海事机构接到报告后，应当在国务院交通部门规定的时间内做出是否同意的决定，通知报告人，同时通报港口部门。定船舶、定航线、定货种的船舶可以定期报告。

在内河港口内进行危险化学品的装卸、过驳作业，应当将危险化学品的名称、危险特性、包装和作业的时间、地点等事项报告港口部门。港口部门接到报告后，应当在国务院交通部门规定的时间内做出是否同意的决定，通知报告人，同时通报海事机构。

载运危险化学品的船舶在内河航行，通过过船建筑物的，应当提前向交通部门申报，并接受交通部门的管理。

第六十一条　载运危险化学品的船舶在内河航行、装卸或者停泊，应当悬挂专用的警示标志，按照规定显示专用信号。

载运危险化学品的船舶在内河航行，按照国务院交通部门的规定需要引航的，应当申请引航。

第六十二条　载运危险化学品的船舶在内河航行，应当遵守法律、行政法规和国家其他有关饮用水水源保护的规定。内河航道发展规划应当与依法经批准的饮用水水源保护区划定方案相协调。

第六十三条　托运危险化学品的，托运人应当向承运人说明所托运的危险化学品的种类、数量、危险特性以及发生危险情况的应急处置措施，并按照国家有关规定对所托运的危险化学品妥善包装，在外包装上设置相应的标志。

运输危险化学品需要添加抑制剂或者稳定剂的，托运人应当添加，并将有关情况告知承运人。

第六十四条　托运人不得在托运的普通货物中夹带危险化学品，不得将危险化学品匿报或者谎报为普通货物托运。

任何单位和个人不得交寄危险化学品或者在邮件、快件内夹带危险化学品，不得将危险化学品匿报或者谎报为普通物品交寄。邮政企业、快递企业不得收寄危险化学品。

对涉嫌违反本条第一款、第二款规定的，交通部门、邮政部门可以依法开拆查验。

第六十五条　通过铁路、航空运输危险化学品的安全管理，依照有关铁路、航空运输的法律、行政法规、规章的规定执行。

第六章　危险化学品登记与事故应急救援

第六十六条　国家实行危险化学品登记制度，为危险化学品安全管理以及危险化学品事故预防和应急救援提供技术、信息支持。

第六十七条　危险化学品生产企业、进口企业，应当向国务院安监部门负责危险化学品登记的机构（以下简称危险化学品登记机构）办理危险化学品登记。

危险化学品登记包括下列内容：

（一）分类和标签信息；

（二）物理、化学性质；

（三）主要用途；

（四）危险特性；

（五）储存、使用、运输的安全要求；

（六）出现危险情况的应急处置措施。

对同一企业生产、进口的同一品种的危险化学品，不进行重复登记。危险化学品生产企业、进口企业发现其生产、进口的危险化学品有新的危险特性的，应当及时向危险化学品登记机构办理登记内容变更手续。

危险化学品登记的具体办法由国务院安监部门制定。

第六十八条　危险化学品登记机构应当定期向工信、环保、公安、卫生、交通、铁路、质检等部门提供危险化学品登记的有关信息和资料。

第六十九条　县级以上地方人民政府安监部门应当会同工信、环保、公安、卫生、交通、铁路、质检等部门，根据本地区实际情况，制定危险化学品事故应急预案，报本级人民政府批准。

第七十条　危险化学品单位应当制定本单位危险化学品事故应急预案，配备应急救援人员和必要的应急救援器材、设备，并定期组织应急救援演练。

危险化学品单位应当将其危险化学品事故应急预案报所在地设区的市级人民政府安监部门备案。

第七十一条　发生危险化学品事故，事故单位主要负责人应当立即按照本单位危险化学品应急预案组织救援，并向当地安监部门和环保、公安、卫生部门报告；道路运输、水路运输过程中发生危险化学品事故的，驾驶人员、船员或者押运人员还应当向事故发生地交通部门报告。

第七十二条　发生危险化学品事故，有关地方人民政府应当立即组织安全生产监督管理、环保、公安、卫生、交通等有关部门，按照本地区危险化学品事故应急预案组织实施救援，不得拖延、推诿。

有关地方人民政府及其有关部门应当按照下列规定，采取必要的应急处置措施，减少事故损失，防止事故蔓延、扩大：

（一）立即组织营救和救治受害人员，疏散、撤离或者采取其他措施保护危害区域内的其他人员；

（二）迅速控制危害源，测定危险化学品的性质、事故的危害区域及危害程度；

（三）针对事故对人体、动植物、土壤、水源、大气造成的现实危害和可能产生的危害，迅速采取封闭、隔离、洗消等措施；

（四）对危险化学品事故造成的环境污染和生态破坏状况进行监测、评估，并采取相应的环境污染治理和生态修复措施。

第七十三条　有关危险化学品单位应当为危险化学品事故应急救援提供技术指导和必要的协助。

第七十四条　危险化学品事故造成环境污染的，由设区的市级以上人民政府环保部门统一发布有关信息。

第七章　法律责任

第七十五条　生产、经营、使用国家禁止生产、经营、使用的危险化学品的，由安监部门责令停止生产、经营、使用活动，处20万元以上50万元以下的罚款，有违法所得的，没收违法所得；构成犯罪的，依法追究刑事责任。

有前款规定行为的，安监部门还应当责令其对所生产、经营、使用的危险化学品进行无害化处理。

违反国家关于危险化学品使用的限制性规定使用危险化学品的，依照本条第一款的规定处理。

第七十六条　未经安全条件审查，新建、改建、扩建生产、储存危险化学品的建设项目的，由安监部门责令停止建设，限期改正；逾期不改正的，处50万元以上100万元以下的罚款；构成犯罪的，依法追究刑事责任。

未经安全条件审查，新建、改建、扩建储存、装卸危险化学品的港口建设项目的，由港口部门依照前款规定予以处罚。

第七十七条　未依法取得危险化学品安全生产许可证从事危险化学品生产，或者未依法取得工业产品生产许可证从事危险化学品及其包装物、容器生产的，分别依照《安全生产许可证条例》《工业产品生产许可证管理条例》的规定处罚。

违反本条例规定，化工企业未取得危险化学品安全使用许可证，使用危险化学品从事生产的，由安监部门责令限期改正，处10万元以上20万元以下的罚款；逾期不改正的，责令停产整顿。

违反本条例规定，未取得危险化学品经营许可证从事危险化学品经营的，由安监部门责令停止经营活动，没收违法经营的危险化学品以及违法所得，并处10万元以上20万元以下的罚款；构成犯罪的，依法追究刑事责任。

第七十八条　有下列情形之一的，由安监部门责令改正，可以处5万元以下的罚款；拒不改正的，处5万元以上10万元以下的罚款；情节严重的，责令停产停业整顿：

（一）生产、储存危险化学品的单位未对其铺设的危险化学品管道设置明显的标志，或者未对危险化学品管道定期检查、检测的；

（二）进行可能危及危险化学品管道安全的施工作业，施工单位未按照规定书面通知管道所属单位，或者未与管道所属单位共同制定应急预案、采取相应的安全防护措施，或者管道所属单位未指派专门人员到现场进行管道安全保护指导的；

（三）危险化学品生产企业未提供化学品安全技术说明书，或者未在包装（包括外包装件）上粘贴、拴挂化学品安全标签的；

（四）危险化学品生产企业提供的化学品安全技术说明书与其生产的危险化学品不相符，或者在包装（包括外包装件）粘贴、拴挂的化学品安全标签与包装内危险化学品不相符，或者化学品安全技术说明书、化学品安全标签所载明的内容不符合国家标准要求的；

（五）危险化学品生产企业发现其生产的危险化学品有新的危险特性不立即公告，或者不及时修订其化学品安全技术说明书和化学品安全标签的；

（六）危险化学品经营企业经营没有化学品安全技术说明书和化学品安全标签的危险化学品的；

（七）危险化学品包装物、容器的材质以及包装的型式、规格、方法和单件质量（重量）与所包装的危险化学品的性质和用途不相适应的；

（八）生产、储存危险化学品的单位未在作业场所和安全设施、设备上设置明显的安全警示标志，或者未在作业场所设置通信、报警装置的；

（九）危险化学品专用仓库未设专人负责管理，或者对储存的剧毒化学品以及储存数量构成重大危险源的其他危险化学品未实行双人收发、双人保管制度的；

（十）储存危险化学品的单位未建立危险化学品出入库核查、登记制度的；

（十一）危险化学品专用仓库未设置明显标志的；

（十二）危险化学品生产企业、进口企业不办理危险化学品登记，或者发现其生产、进口的危险化学品有新的危险特性不办理危险化学品登记内容变更手续的。

从事危险化学品仓储经营的港口经营人有前款规定情形的，由港口部门依照前款规定予以处罚。储存剧毒化学品、易制爆危险化学品的专用仓库未按照国家有关规定设置相应的技术防范设施的，由公安机关依照前款规定予以处罚。

生产、储存剧毒化学品、易制爆危险化学品的单位未设置治安保卫机构、配备专职治安保卫人员的，依照《企业事业单位内部治安保卫条例》的规定处罚。

第七十九条　危险化学品包装物、容器生产企业销售未经检验或者经检验不合格的危险化学品包装物、容器的，由质检部门责令改正，处10万元以上20万元以下的罚款，有违法所得的，没收违法所得；拒不改正的，责令停产停业整顿；构成犯罪的，依法追究刑事责任。

将未经检验合格的运输危险化学品的船舶及其配载的容器投入使用的，由海事机构依照前款规定予以处罚。

第八十条　生产、储存、使用危险化学品的单位有下列情形之一的，由安监部门责令改正，处5万元以上10万元以下的罚款；拒不改正的，责令停产停业整顿直至由原发证机关吊销其相关许可证件，并由工商行政部门责令其办理经营范围变更登记或者吊销其营业执照；有关责任人员构成犯罪的，依法追究刑事责任：

（一）对重复使用的危险化学品包装物、容器，在重复使用前不进行检查的；

（二）未根据其生产、储存的危险化学品的种类和危险特性，在作业场所设置相关安全设施、设备，或者未按照国家标准、行业标准或者国家有关规定对安全设施、设备进行经常性维护、保养的；

（三）未依照本条例规定对其安全生产条件定期进行安全评价的；

（四）未将危险化学品储存在专用仓库内，或者未将剧毒化学品以及储存数量构成重大危险源的其他危险化学品在专用仓库内单独存放的；

（五）危险化学品的储存方式、方法或者储存数量不符合国家标准或者国家有关规定的；

（六）危险化学品专用仓库不符合国家标准、行业标准的要求的；

（七）未对危险化学品专用仓库的安全设施、设备定期进行检测、检验的。

从事危险化学品仓储经营的港口经营人有前款规定情形的，由港口部门依照前款规定予以处罚。

第八十一条　有下列情形之一的，由公安机关责令改正，可以处1万元以下的罚款；拒不改正的，处1万元以上5万元以下的罚款：

（一）生产、储存、使用剧毒化学品、易制爆危险化学品的单位不如实记录生产、储存、使用的剧毒化学品、易制爆危险化学品的数量、流向的；

（二）生产、储存、使用剧毒化学品、易制爆危险化学品的单位发现剧毒化学品、易制爆危险化学品丢失或者被盗，不立即向公安机关报告的；

（三）储存剧毒化学品的单位未将剧毒化学品的储存数量、储存地点以及管理人员的情况报所在地县级公安机关备案的；

（四）危险化学品生产企业、经营企业不如实记录剧毒化学品、易制爆危险化学品购买单位的名称、地址、经办人的姓名、身份证号码以及所购买的剧毒化学品、易制爆危险化学品的品种、数量、用途，或者保存销售记录和相关材料的时间少于1年的；

（五）剧毒化学品、易制爆危险化学品的销售企业、购买单位未在规定的时限内将所销售、购买的剧毒化学品、易制爆危险化学品的品种、数量以及流向信息报所在地县级公安机关备案的；

（六）使用剧毒化学品、易制爆危险化学品的单位依照本条例规定转让其购买的剧毒化学品、易制爆危险化学品，未将有关情况向所在地县级公安机关报告的。

生产、储存危险化学品的企业或者使用危险化学品从事生产的企业未按照本条例规定将安全评价报告以及整改方案的落实情况报安监部门或者港口部门备案，或者储存危险化学品的单位未将其剧毒化学品以及储存数量构成重大危险源的其他危险化学品的储存数量、储存地点以及管理人员的情况报安监部门或者港口部门备案的，分别由安监部门或者港口部门依照前款规定予以处罚。

生产实施重点环境管理的危险化学品的企业或者使用实施重点环境管理的危险化学品从事生产的企业未按照规定将相关信息向环保部门报告的，由环保部门依照本条第一款的规定予以处罚。

第八十二条　生产、储存、使用危险化学品的单位转产、停产、停业或者解散，未采取有效措施及时、妥善处置其危险化学品生产装置、储存设施以及库存的危险化学品，或者丢弃危险化学品的，由安监部门责令改正，处5万元以上10万元以下的罚款；构成犯罪的，依法追究刑事责任。

生产、储存、使用危险化学品的单位转产、停产、停业或者解散，未依照本条例规定将其危险化学品生产装置、储存设施以及库存危险化学品的处置方案报有关部门备案的，分别由有关部门责令改正，可以处1万元以下的罚款；拒不改正的，处1万元以上5万元以下的罚款。

第八十三条　危险化学品经营企业向未经许可违法从事危险化学品生产、经营活动的企业采购危险化学品的，由工商行政部门责令改正，处10万元以上20万元以下的罚款；拒不改正的，责令停业整顿直至由原发证机关吊销其危险化学品经营许可证，并由工商行政部门责令其办理经营范围变更登记或者吊销其营业执照。

第八十四条　危险化学品生产企业、经营企业有下列情形之一的，由安监部门责令改正，没收违法所得，并处10万元以上20万元以下的罚款；拒不改正的，责令停产停业整顿直至吊销其危险化学品安全生产许可证、危险化学品经营许可证，并由工商行政部门责令其办理经营范围变更登记或者吊销其营业执照：

（一）向不具有本条例第三十八条第一款、第二款规定的相关许可证件或者证明文件的单位销售剧毒化学品、易制爆危险化学品的；

（二）不按照剧毒化学品购买许可证载明的品种、数量销售剧毒化学品的；

（三）向个人销售剧毒化学品（属于剧毒化学品的农药除外）、易制爆危险化学品的。

不具有本条例第三十八条第一款、第二款规定的相关许可证件或者证明文件的单位购买剧毒化学品、易制爆危险化学品，或者个人购买剧毒化学品（属于剧毒化学品的农药除外）、易制爆危险化学品的，由公安机关没收所购买的剧毒化学品、易制爆危险化学品，可以并处5 000元以下的罚款。

使用剧毒化学品、易制爆危险化学品的单位出借或者向不具有本条例第三十八条第一款、第二款规定的相关许可证件的单位转让其购买的剧毒化学品、易制爆危险化学品，或者向个人转让其购买的剧毒化学品（属于剧毒化学品的农药除外）、易制爆危险化学品的，由公安机关责令改正，处10万元以上20万元以下的罚款；拒不改正的，责令停产停业整顿。

第八十五条　未依法取得危险货物道路运输许可、危险货物水路运输许可，从事危险化学品道路运输、水路运输的，分别依照有关道路运输、水路运输的法律、行政法规的规定处罚。

第八十六条　有下列情形之一的，由交通部门责令改正，处5万元以上10万元以下的罚款；拒不改正的，责令停产停业整顿；构成犯罪的，依法追究刑事责任：

（一）危险化学品道路运输企业、水路运输企业的驾驶人员、船员、装卸管理人员、押运人员、申报人员、集装箱装箱现场检查员未取得从业资格上岗作业的；

（二）运输危险化学品，未根据危险化学品的危险特性采取相应的安全防护措施，或者未配备必要的防护用品和应急救援器材的；

（三）使用未依法取得危险货物适装证书的船舶，通过内河运输危险化学品的；

（四）通过内河运输危险化学品的承运人违反国务院交通部门对单船运输的危险化学品数量的限制性规定运输危险化学品的；

（五）用于危险化学品运输作业的内河码头、泊位不符合国家有关安全规范，或者未与饮用水取水口保持国家规定的安全距离，或者未经交通部门验收合格投入使用的；

（六）托运人不向承运人说明所托运的危险化学品的种类、数量、危险特性以及发生危险情况的应急处置措施，或者未按照国家有关规定对所托运的危险化学品妥善包装并在外包装上设置相应标志的；

（七）运输危险化学品需要添加抑制剂或者稳定剂，托运人未添加或者未将有关情况告知承运人的。

第八十七条　有下列情形之一的，由交通部门责令改正，处10万元以上20万元以下的罚款，有违法所得的，没收违法所得；拒不改正的，责令停产停业整顿；构成犯罪的，依法追究刑事责任：

（一）委托未依法取得危险货物道路运输许可、危险货物水路运输许可的企业承运危险化学品的；

（二）通过内河封闭水域运输剧毒化学品以及国家规定禁止通过内河运输的其他危险化学品的；

（三）通过内河运输国家规定禁止通过内河运输的剧毒化学品以及其他危险化学品的；

（四）在托运的普通货物中夹带危险化学品，或者将危险化学品谎报或者匿报为普通货物托运的。

在邮件、快件内夹带危险化学品，或者将危险化学品谎报为普通物品交寄的，依法给予治安管理处罚；构成犯罪的，依法追究刑事责任。

邮政企业、快递企业收寄危险化学品的，依照《邮政法》的规定处罚。

第八十八条　有下列情形之一的，由公安机关责令改正，处5万元以上10万元以下的罚款；构成违反治安管理行为的，依法给予治安管理处罚；构成犯罪的，依法追究刑事责任：

（一）超过运输车辆的核定载质量装载危险化学品的；

（二）使用安全技术条件不符合国家标准要求的车辆运输危险化学品的；

（三）运输危险化学品的车辆未经公安机关批准进入危险化学品运输车辆限制通行的区域的；

（四）未取得剧毒化学品道路运输通行证，通过道路运输剧毒化学品的。

第八十九条　有下列情形之一的，由公安机关责令改正，处1万元以上5万元以下的罚款；构成违反治安管理行为的，依法给予治安管理处罚：

（一）危险化学品运输车辆未悬挂或者喷涂警示标志，或者悬挂或者喷涂的警示标志不符合国家标准要求的；

（二）通过道路运输危险化学品，不配备押运人员的；

（三）运输剧毒化学品或者易制爆危险化学品途中需要较长时间停车，驾驶人员、押运人员不向当地公安机关报告的；

（四）剧毒化学品、易制爆危险化学品在道路运输途中丢失、被盗、被抢或者发生流散、泄露等情况，驾驶人员、押运人员不采取必要的警示措施和安全措施，或者不向当地公安机关报告的。

第九十条　对发生交通事故负有全部责任或者主要责任的危险化学品道路运输企业，由公安机关责令消除安全隐患，未消除安全隐患的危险化学品运输车辆，禁止上道路行驶。

第九十一条　有下列情形之一的，由交通部门责令改正，可以处 1 万元以下的罚款；拒不改正的，处 1 万元以上 5 万元以下的罚款：

（一）危险化学品道路运输企业、水路运输企业未配备专职安全管理人员的；

（二）用于危险化学品运输作业的内河码头、泊位的管理单位未制定码头、泊位危险化学品事故应急救援预案，或者未为码头、泊位配备充足、有效的应急救援器材和设备的。

第九十二条　有下列情形之一的，依照《内河交通安全管理条例》的规定处罚：

（一）通过内河运输危险化学品的水路运输企业未制定运输船舶危险化学品事故应急救援预案，或者未为运输船舶配备充足、有效的应急救援器材和设备的；

（二）通过内河运输危险化学品的船舶的所有人或者经营人未取得船舶污染损害责任保险证书或者财务担保证明的；

（三）船舶载运危险化学品进出内河港口，未将有关事项事先报告海事机构并经其同意的；

（四）载运危险化学品的船舶在内河航行、装卸或者停泊，未悬挂专用的警示标志，或者未按照规定显示专用信号，或者未按照规定申请引航的。

未向港口部门报告并经其同意，在港口内进行危险化学品的装卸、过驳作业的，依照《港口法》的规定处罚。

第九十三条　伪造、变造或者出租、出借、转让危险化学品安全生产许可证、工业产品生产许可证，或者使用伪造、变造的危险化学品安全生产许可证、工业产品生产许可证的，分别依照《安全生产许可证条例》《工业产品生产许可证管理条例》的规定处罚。

伪造、变造或者出租、出借、转让本条例规定的其他许可证，或者使用伪造、变造的本条例规定的其他许可证的，分别由相关许可证的颁发管理机关处 10 万元以上 20 万元以下的罚款，有违法所得的，没收违法所得；构成违反治安管理行为的，依法给予治安管理处罚；构成犯罪的，依法追究刑事责任。

第九十四条　危险化学品单位发生危险化学品事故，其主要负责人不立即组织救援或者不立即向有关部门报告的，依照《生产安全事故报告和调查处理条例》的规定处罚。

危险化学品单位发生危险化学品事故，造成他人人身伤害或者财产损失的，依法承担赔偿责任。

第九十五条　发生危险化学品事故，有关地方人民政府及其有关部门不立即组织实施救援，或者不采取必要的应急处置措施减少事故损失，防止事故蔓延、扩大的，对直接负责的主管人员和其他直接责任人员依法给予处分；构成犯罪的，依法追究刑事责任。

第九十六条　负有危险化学品安全监督管理职责的部门的工作人员，在危险化学品安全监督管理工作中滥用职权、玩忽职守、徇私舞弊，构成犯罪的，依法追究刑事责任；尚不构成犯罪的，依法给予处分。

第八章　附则

第九十七条　监控化学品、属于危险化学品的药品和农药的安全管理，依照本条例的规定执行；法律、行政法规另有规定的，依照其规定。

民用爆炸物品、烟花爆竹、放射性物品、核能物质以及用于国防科研生产的危险化学品的安全管理，不适用本条例。

法律、行政法规对燃气的安全管理另有规定的，依照其规定。

危险化学品容器属于特种设备的，其安全管理依照有关特种设备安全的法律、行政法规的规定执行。

第九十八条　危险化学品的进出口管理，依照有关对外贸易的法律、行政法规、规章的规定执行；进口的危险化学品的储存、使用、经营、运输的安全管理，依照本条例的规定执行。

危险化学品环境管理登记和新化学物质环境管理登记，依照有关环保的法律、行政法规、规章的规定执行。危险化学品环境管理登记，按照国家有关规定收取费用。

第九十九条　公众发现、捡拾的无主危险化学品，由公安机关接收。公安机关接收或者有关部门依法没收的危险化学品，需要进行无害化处理的，交由环保部门组织其认定的专业单位进行处理，或者交由有关危险化学品生产企业进行处理。处理所需费用由国家财政负担。

第一百条　化学品的危险特性尚未确定的，由国务院安监部门、国务院环保部门、国务院卫生部门分别负责组织对该化学品的物理危险性、环境危害性、毒理特性进行鉴定。根据鉴定结果，需要调整危险化学品目录的，依照本条例第三条第二款的规定办理。

第一百零一条　本条例施行前已经使用危险化学品从事生产的化工企业，依照本条例规定需要取得危险化学品安全使用许可证的，应当在国务院安监部门规定的期限内，申请取得危险化学品安全使用许可证。

第一百零二条　本条例自 2011 年 12 月 1 日起施行。

第三节　易制毒化学品管理条例

第一章　总则

第一条　为了加强易制毒化学品管理，规范易制毒化学品的生产、经营、购买、运输和进口、出口行为，防止易制毒化学品被用于制造毒品，维护经济和社会秩序，制定本条例。

第二条　国家对易制毒化学品的生产、经营、购买、运输和进口、出口实行分类管理和许可制度。

易制毒化学品分为三类。第一类是可以用于制毒的主要原料，第二类、第三类是可以用于制毒的化学配剂。易制毒化学品的具体分类和品种，由本条例附表列示。

易制毒化学品的分类和品种需要调整的，由国务院公安部门会同国务院食品药品监督管理部门、安全生产监督管理部门、商务主管部门、卫生主管部门和海关总署提出方案，报国务院批准。

省、自治区、直辖市人民政府认为有必要在本行政区域内调整分类或者增加本条例规定以外的品种的，应当向国务院公安部门提出，由国务院公安部门会同国务院有关行政主管部门提出方案，报国务院批准。

第三条　国务院公安部门、食品药品监督管理部门、安全生产监督管理部门、商务主管部门、卫生主管部门、海关总署、价格主管部门、铁路主管部门、交通主管部门、工商行政管理部门、环境保护主管部门在各自的职责范围内，负责全国的易制毒化学品有关管理工作；县级以上地方各级人民政府有关行政主管部门在各自的职责范围内，负责本行政区域内的易制毒化学品有关管理工作。

县级以上地方各级人民政府应当加强对易制毒化学品管理工作的领导，及时协调解决易制毒化学品管理工作中的问题。

第四条　易制毒化学品的产品包装和使用说明书，应当标明产品的名称（含学名和通用名）、化学分子式和成分。

第五条　易制毒化学品的生产、经营、购买、运输和进口、出口，除应当遵守本条例的规定外，属于药品和危险化学品的，还应当遵守法律、其他行政法规对药品和危险化学品的有关规定。

禁止走私或者非法生产、经营、购买、转让、运输易制毒化学品。

禁止使用现金或者实物进行易制毒化学品交易。但是，个人合法购买第一类中的药品类易制毒化学品药品制剂和第三类易制毒化学品的除外。

生产、经营、购买、运输和进口、出口易制毒化学品的单位，应当建立单位内部易制毒化学品管理制度。

第六条　国家鼓励向公安机关等有关行政主管部门举报涉及易制毒化学品的违法行为。接到举报的部门应当为举报者保密。对举报属实的，县级以上人民政府及有关行政主管部门应当给予奖励。

第二章 生产、经营管理

第七条 申请生产第一类易制毒化学品，应当具备下列条件，并经本条例第八条规定的行政主管部门审批，取得生产许可证后，方可进行生产：

（一）属依法登记的化工产品生产企业或者药品生产企业；

（二）有符合国家标准的生产设备、仓储设施和污染物处理设施；

（三）有严格的安全生产管理制度和环境突发事件应急预案；

（四）企业法定代表人和技术、管理人员具有安全生产和易制毒化学品的有关知识，无毒品犯罪记录；

（五）法律、法规、规章规定的其他条件。

申请生产第一类中的药品类易制毒化学品，还应当在仓储场所等重点区域设置电视监控设施以及与公安机关联网的报警装置。

第八条 申请生产第一类中的药品类易制毒化学品的，由省、自治区、直辖市人民政府食品药品监督管理部门审批；申请生产第一类中的非药品类易制毒化学品的，由省、自治区、直辖市人民政府安全生产监督管理部门审批。

前款规定的行政主管部门应当自收到申请之日起60日内，对申请人提交的申请材料进行审查。对符合规定的，发给生产许可证，或者在企业已经取得的有关生产许可证件上标注；不予许可的，应当书面说明理由。

审查第一类易制毒化学品生产许可申请材料时，根据需要，可以进行实地核查和专家评审。

第九条 申请经营第一类易制毒化学品，应当具备下列条件，并经本条例第十条规定的行政主管部门审批，取得经营许可证后，方可进行经营：

（一）属依法登记的化工产品经营企业或者药品经营企业；

（二）有符合国家规定的经营场所，需要储存、保管易制毒化学品的，还应当有符合国家技术标准的仓储设施；

（三）有易制毒化学品的经营管理制度和健全的销售网络；

（四）企业法定代表人和销售、管理人员具有易制毒化学品的有关知识，无毒品犯罪记录；

（五）法律、法规、规章规定的其他条件。

第十条 申请经营第一类中的药品类易制毒化学品的，由省、自治区、直辖市人民政府食品药品监督管理部门审批；申请经营第一类中的非药品类易制毒化学品的，由省、自治区、直辖市人民政府安全生产监督管理部门审批。

前款规定的行政主管部门应当自收到申请之日起30日内，对申请人提交的申请材料进行审查。对符合规定的，发给经营许可证，或者在企业已经取得的有关经营许可证件上标注；不予许可的，应当书面说明理由。

审查第一类易制毒化学品经营许可申请材料时，根据需要，可以进行实地核查。

第十一条 取得第一类易制毒化学品生产许可或者依照本条例第十三条第一款规定已经履行第二类、第三类易制毒化学品备案手续的生产企业，可以经销自产的易制毒化学

品。但是，在厂外设立销售网点经销第一类易制毒化学品的，应当依照本条例的规定取得经营许可。

第一类中的药品类易制毒化学品药品单方制剂，由麻醉药品定点经营企业经销，且不得零售。

第十二条　取得第一类易制毒化学品生产、经营许可的企业，应当凭生产、经营许可证到工商行政管理部门办理经营范围变更登记。未经变更登记，不得进行第一类易制毒化学品的生产、经营。

第一类易制毒化学品生产、经营许可证被依法吊销的，行政主管部门应当自作出吊销决定之日起5日内通知工商行政管理部门；被吊销许可证的企业，应当及时到工商行政管理部门办理经营范围变更或者企业注销登记。

第十三条　生产第二类、第三类易制毒化学品的，应当自生产之日起30日内，将生产的品种、数量等情况，向所在地的设区的市级人民政府安全生产监督管理部门备案。

经营第二类易制毒化学品的，应当自经营之日起30日内，将经营的品种、数量、主要流向等情况，向所在地的设区的市级人民政府安全生产监督管理部门备案；经营第三类易制毒化学品的，应当自经营之日起30日内，将经营的品种、数量、主要流向等情况，向所在地的县级人民政府安全生产监督管理部门备案。

前两款规定的行政主管部门应当于收到备案材料的当日发给备案证明。

第三章　购买管理

第十四条　申请购买第一类易制毒化学品，应当提交下列证件，经本条例第十五条规定的行政主管部门审批，取得购买许可证：

（一）经营企业提交企业营业执照和合法使用需要证明；

（二）其他组织提交登记证书（成立批准文件）和合法使用需要证明。

第十五条　申请购买第一类中的药品类易制毒化学品的，由所在地的省、自治区、直辖市人民政府食品药品监督管理部门审批；申请购买第一类中的非药品类易制毒化学品的，由所在地的省、自治区、直辖市人民政府公安机关审批。

前款规定的行政主管部门应当自收到申请之日起10日内，对申请人提交的申请材料和证件进行审查。对符合规定的，发给购买许可证；不予许可的，应当书面说明理由。

审查第一类易制毒化学品购买许可申请材料时，根据需要，可以进行实地核查。

第十六条　持有麻醉药品、第一类精神药品购买印鉴卡的医疗机构购买第一类中的药品类易制毒化学品的，无须申请第一类易制毒化学品购买许可证。

个人不得购买第一类、第二类易制毒化学品。

第十七条　购买第二类、第三类易制毒化学品的，应当在购买前将所需购买的品种、数量，向所在地的县级人民政府公安机关备案。个人自用购买少量高锰酸钾的，无须备案。

第十八条　经营单位销售第一类易制毒化学品时，应当查验购买许可证和经办人的身份证明。对委托代购的，还应当查验购买人持有的委托文书。

经营单位在查验无误、留存上述证明材料的复印件后，方可出售第一类易制毒化学品；发现可疑情况的，应当立即向当地公安机关报告。

第十九条　经营单位应当建立易制毒化学品销售台账，如实记录销售的品种、数量、日期、购买方等情况。销售台账和证明材料复印件应当保存2年备查。

第一类易制毒化学品的销售情况，应当自销售之日起5日内报当地公安机关备案；第一类易制毒化学品的使用单位，应当建立使用台账，并保存2年备查。

第二类、第三类易制毒化学品的销售情况，应当自销售之日起30日内报当地公安机关备案。

第四章　运输管理

第二十条　跨设区的市级行政区域（直辖市为跨市界）或者在国务院公安部门确定的禁毒形势严峻的重点地区跨县级行政区域运输第一类易制毒化学品的，由运出地的设区的市级人民政府公安机关审批；运输第二类易制毒化学品的，由运出地的县级人民政府公安机关审批。经审批取得易制毒化学品运输许可证后，方可运输。

运输第三类易制毒化学品的，应当在运输前向运出地的县级人民政府公安机关备案。公安机关应当于收到备案材料的当日发给备案证明。

第二十一条　申请易制毒化学品运输许可，应当提交易制毒化学品的购销合同，货主是企业的，应当提交营业执照；货主是其他组织的，应当提交登记证书（成立批准文件）；货主是个人的，应当提交其个人身份证明。经办人还应当提交本人的身份证明。

公安机关应当自收到第一类易制毒化学品运输许可申请之日起10日内，收到第二类易制毒化学品运输许可申请之日起3日内，对申请人提交的申请材料进行审查。对符合规定的，发给运输许可证；不予许可的，应当书面说明理由。

审查第一类易制毒化学品运输许可申请材料时，根据需要，可以进行实地核查。

第二十二条　对许可运输第一类易制毒化学品的，发给一次有效的运输许可证。

对许可运输第二类易制毒化学品的，发给3个月有效的运输许可证；6个月内运输安全状况良好的，发给12个月有效的运输许可证。

易制毒化学品运输许可证应当载明拟运输的易制毒化学品的品种、数量、运入地、货主及收货人、承运人情况以及运输许可证种类。

第二十三条　运输供教学、科研使用的100克以下的麻黄素样品和供医疗机构制剂配方使用的小包装麻黄素以及医疗机构或者麻醉药品经营企业购买麻黄素片剂6万片以下、注射剂1.5万支以下，货主或者承运人持有依法取得的购买许可证明或者麻醉药品调拨单的，无须申请易制毒化学品运输许可。

第二十四条　接受货主委托运输的，承运人应当查验货主提供的运输许可证或者备案证明，并查验所运货物与运输许可证或者备案证明载明的易制毒化学品品种等情况是否相符；不相符的，不得承运。

运输易制毒化学品，运输人员应当自启运起全程携带运输许可证或者备案证明。公安机关应当在易制毒化学品的运输过程中进行检查。

运输易制毒化学品，应当遵守国家有关货物运输的规定。

第二十五条　因治疗疾病需要，患者、患者近亲属或者患者委托的人凭医疗机构出具的医疗诊断书和本人的身份证明，可以随身携带第一类中的药品类易制毒化学品药品制剂，但是不得超过医用单张处方的最大剂量。

医用单张处方最大剂量，由国务院卫生主管部门规定、公布。

第五章　进口、出口管理

第二十六条　申请进口或者出口易制毒化学品，应当提交下列材料，经国务院商务主管部门或者其委托的省、自治区、直辖市人民政府商务主管部门审批，取得进口或者出口许可证后，方可从事进口、出口活动：

（一）对外贸易经营者备案登记证明复印件；

（二）营业执照副本；

（三）易制毒化学品生产、经营、购买许可证或者备案证明；

（四）进口或者出口合同（协议）副本；

（五）经办人的身份证明。

申请易制毒化学品出口许可的，还应当提交进口方政府主管部门出具的合法使用易制毒化学品的证明或者进口方合法使用的保证文件。

第二十七条　受理易制毒化学品进口、出口申请的商务主管部门应当自收到申请材料之日起20日内，对申请材料进行审查，必要时可以进行实地核查。对符合规定的，发给进口或者出口许可证；不予许可的，应当书面说明理由。

对进口第一类中的药品类易制毒化学品的，有关的商务主管部门在做出许可决定前，应当征得国务院食品药品监督管理部门的同意。

第二十八条　麻黄素等属于重点监控物品范围的易制毒化学品，由国务院商务主管部门会同国务院有关部门核定的企业进口、出口。

第二十九条　国家对易制毒化学品的进口、出口实行国际核查制度。易制毒化学品国际核查目录及核查的具体办法，由国务院商务主管部门会同国务院公安部门规定、公布。

国际核查所用时间不计算在许可期限之内。

对向毒品制造、贩运情形严重的国家或者地区出口易制毒化学品以及本条例规定品种以外的化学品的，可以在国际核查措施以外实施其他管制措施，具体办法由国务院商务主管部门会同国务院公安部门、海关总署等有关部门规定、公布。

第三十条　进口、出口或者过境、转运、通运易制毒化学品的，应当如实向海关申报，并提交进口或者出口许可证。海关凭许可证办理通关手续。

易制毒化学品在境外与保税区、出口加工区等海关特殊监管区域、保税场所之间进出的，适用前款规定。

易制毒化学品在境内与保税区、出口加工区等海关特殊监管区域、保税场所之间进出的，或者在上述海关特殊监管区域、保税场所之间进出的，无须申请易制毒化学品进口或者出口许可证。

进口第一类中的药品类易制毒化学品，还应当提交食品药品监督管理部门出具的进口药品通关单。

第三十一条　进出境人员随身携带第一类中的药品类易制毒化学品药品制剂和高锰酸钾，应当以自用且数量合理为限，并接受海关监管。

进出境人员不得随身携带前款规定以外的易制毒化学品。

第六章　监督检查

第三十二条　县级以上人民政府公安机关、食品药品监督管理部门、安全生产监督管理部门、商务主管部门、卫生主管部门、价格主管部门、铁路主管部门、交通主管部门、工商行政管理部门、环境保护主管部门和海关，应当依照本条例和有关法律、行政法规的规定，在各自的职责范围内，加强对易制毒化学品生产、经营、购买、运输、价格以及进口、出口的监督检查；对非法生产、经营、购买、运输易制毒化学品，或者走私易制毒化学品的行为，依法予以查处。

前款规定的行政主管部门在进行易制毒化学品监督检查时，可以依法查看现场、查阅和复制有关资料、记录有关情况、扣押相关的证据材料和违法物品；必要时，可以临时查封有关场所。

被检查的单位或者个人应当如实提供有关情况和材料、物品，不得拒绝或者隐匿。

第三十三条　对依法收缴、查获的易制毒化学品，应当在省、自治区、直辖市或者设区的市级人民政府公安机关、海关或者环境保护主管部门的监督下，区别易制毒化学品的不同情况进行保管、回收，或者依照环境保护法律、行政法规的有关规定，由有资质的单位在环境保护主管部门的监督下销毁。其中，对收缴、查获的第一类中的药品类易制毒化学品，一律销毁。

易制毒化学品违法单位或者个人无力提供保管、回收或者销毁费用的，保管、回收或者销毁的费用在回收所得中开支，或者在有关行政主管部门的禁毒经费中列支。

第三十四条　易制毒化学品丢失、被盗、被抢的，发案单位应当立即向当地公安机关报告，并同时报告当地的县级人民政府食品药品监督管理部门、安全生产监督管理部门、商务主管部门或者卫生主管部门。接到报案的公安机关应当及时立案查处，并向上级公安机关报告；有关行政主管部门应当逐级上报并配合公安机关的查处。

第三十五条　有关行政主管部门应当将易制毒化学品许可以及依法吊销许可的情况通报有关公安机关和工商行政管理部门；工商行政管理部门应当将生产、经营易制毒化学品企业依法变更或者注销登记的情况通报有关公安机关和行政主管部门。

第三十六条　生产、经营、购买、运输或者进口、出口易制毒化学品的单位，应当于每年 3 月 31 日前向许可或者备案的行政主管部门和公安机关报告本单位上年度易制毒化学品的生产、经营、购买、运输或者进口、出口情况；有条件的生产、经营、购买、运输或者进口、出口单位，可以与有关行政主管部门建立计算机联网，及时通报有关经营情况。

第三十七条　县级以上人民政府有关行政主管部门应当加强协调合作，建立易制毒化学品管理情况、监督检查情况以及案件处理情况的通报、交流机制。

第七章　法律责任

第三十八条　违反本条例规定，未经许可或者备案擅自生产、经营、购买、运输易制毒化学品，伪造申请材料骗取易制毒化学品生产、经营、购买或者运输许可证，使用他人的或者伪造、变造、失效的许可证生产、经营、购买、运输易制毒化学品的，由公安机关没收非法生产、经营、购买或者运输的易制毒化学品、用于非法生产易制毒化学品的原料以及非法生产、经营、购买或者运输易制毒化学品的设备、工具，处非法生产、经营、购买或者运输的易制毒化学品货值10倍以上20倍以下的罚款，货值的20倍不足1万元的，按1万元罚款；有违法所得的，没收违法所得；有营业执照的，由工商行政管理部门吊销营业执照；构成犯罪的，依法追究刑事责任。

对有前款规定违法行为的单位或者个人，有关行政主管部门可以自做出行政处罚决定之日起3年内，停止受理其易制毒化学品生产、经营、购买、运输或者进口、出口许可申请。

第三十九条　违反本条例规定，走私易制毒化学品的，由海关没收走私的易制毒化学品；有违法所得的，没收违法所得，并依照海关法律、行政法规给予行政处罚；构成犯罪的，依法追究刑事责任。

第四十条　违反本条例规定，有下列行为之一的，由负有监督管理职责的行政主管部门给予警告，责令限期改正，处1万元以上5万元以下的罚款；对违反规定生产、经营、购买的易制毒化学品可以予以没收；逾期不改正的，责令限期停产停业整顿；逾期整顿不合格的，吊销相应的许可证：

（一）易制毒化学品生产、经营、购买、运输或者进口、出口单位未按规定建立安全管理制度的；

（二）将许可证或者备案证明转借他人使用的；

（三）超出许可的品种、数量生产、经营、购买易制毒化学品的；

（四）生产、经营、购买单位不记录或者不如实记录交易情况、不按规定保存交易记录或者不如实、不及时向公安机关和有关行政主管部门备案销售情况的；

（五）易制毒化学品丢失、被盗、被抢后未及时报告，造成严重后果的；

（六）除个人合法购买第一类中的药品类易制毒化学品药品制剂以及第三类易制毒化学品外，使用现金或者实物进行易制毒化学品交易的；

（七）易制毒化学品的产品包装和使用说明书不符合本条例规定要求的；

（八）生产、经营易制毒化学品的单位不如实或者不按时向有关行政主管部门和公安机关报告年度生产、经销和库存等情况的。

企业的易制毒化学品生产经营许可被依法吊销后，未及时到工商行政管理部门办理经营范围变更或者企业注销登记的，依照前款规定，对易制毒化学品予以没收，并处罚款。

第四十一条　运输的易制毒化学品与易制毒化学品运输许可证或者备案证明载明的品种、数量、运入地、货主及收货人、承运人等情况不符，运输许可证种类不当，或者运输人员未全程携带运输许可证或者备案证明的，由公安机关责令停运整改，处5 000元以上5万元以下的罚款；有危险物品运输资质的，运输主管部门可以依法吊销其运输资质。

个人携带易制毒化学品不符合品种、数量规定的，没收易制毒化学品，处 1 000 元以上 5 000 元以下的罚款。

第四十二条　生产、经营、购买、运输或者进口、出口易制毒化学品的单位或者个人拒不接受有关行政主管部门监督检查的，由负有监督管理职责的行政主管部门责令改正，对直接负责的主管人员以及其他直接责任人员给予警告；情节严重的，对单位处 1 万元以上 5 万元以下的罚款，对直接负责的主管人员以及其他直接责任人员处 1 000 元以上 5 000 元以下的罚款；有违反治安管理行为的，依法给予治安管理处罚；构成犯罪的，依法追究刑事责任。

第四十三条　易制毒化学品行政主管部门工作人员在管理工作中有应当许可而不许可、不应当许可而滥许可，不依法受理备案，以及其他滥用职权、玩忽职守、徇私舞弊行为的，依法给予行政处分；构成犯罪的，依法追究刑事责任。

第八章　附则

第四十四条　易制毒化学品生产、经营、购买、运输和进口、出口许可证，由国务院有关行政主管部门根据各自的职责规定式样并监制。

第四十五条　本条例自 2005 年 11 月 1 日起施行。

本条例施行前已经从事易制毒化学品生产、经营、购买、运输或者进口、出口业务的，应当自本条例施行之日起 6 个月内，依照本条例的规定重新申请许可。

附表

表 4-1　易制毒化学品分类和品种目录(2017 版)

第一类					
序号	名称	CAS 号	2015 版《危险化学品目录》收录情况	版本	备注
1	1- 苯基 -2- 丙酮	103-79-7	未收录	445 号令版	
2	3，4- 亚甲基二氧苯基 -2- 丙酮	4676-39-5	未收录	445 号令版	
3	胡椒醛	120-57-0	未收录	445 号令版	
4	黄樟素	94-59-7	未收录	445 号令版	
5	黄樟油	8006-80-2	未收录	445 号令版	
6	异黄樟素	120-58-1	未收录	445 号令版	
7	*N*- 乙酰邻氨基苯酸	89-52-1	未收录	445 号令版	
8	邻氨基苯甲酸	118-92-3	未收录	445 号令版	
9	麦角酸 *	—	未收录	445 号令版	
10	麦角胺 *	—	未收录	445 号令版	
11	麦角新碱 *	—	未收录	445 号令版	
12	麻黄素、伪麻黄素、消旋麻黄素、去甲麻黄素、甲基麻黄素、麻黄浸膏、麻黄浸膏粉等麻黄素类物质 *	—	未收录	445 号令版	

续表

13	羟亚胺及其盐类(如盐酸羟亚胺等)	羟亚胺 CAS 号 90717-16-1	未收录	2008 年 8 月 1 日收录	第一次增补 1 个第一类产品
14	邻氯苯基环戊酮	6740-85-8	未收录	2012 年 9 月 15 日收录	第二次增补 1 个第一类产品
15	1- 苯基 -2- 溴 -1- 丙酮	2114-00-3	未收录	2014 年 4 月 10 日收录	第三次增补 2 个第一类产品
16	3- 氧 -2- 苯基丁腈	4468-48-8	未收录	2014 年 4 月 10 日收录	
17	*N*- 苯乙基 -4- 哌啶酮	—	未收录	2017 年 11 月 6 日收录	第四次增补 3 个第一类产品、2 个第二类产品
18	4- 苯胺基 -*N*- 苯乙基哌啶	—	未收录	2017 年 11 月 6 日收录	
19	*N*- 甲基 -1- 苯基 -1- 氯 -2- 丙胺	—	未收录	2017 年 11 月 6 日收录	
第二类					
1	苯乙酸	103-82-2	未收录	445 号令版	
2	醋酸酐	108-24-7	收录	445 号令版	
3	三氯甲烷	67-66-3	收录	445 号令版	
4	乙醚	60-29-7	收录	445 号令版	
5	哌啶	110-89-4	收录	445 号令版	
6	溴素	7726-95-6	收录	2017 年 11 月 6 日收录	第四次增补 3 个第一类产品、2 个第二类产品
7	1- 苯基 -1- 丙酮	93-55-0	未收录	2017 年 11 月 6 日收录	
第三类					
1	甲苯	108-88-3	收录	445 号令版	
2	丙酮	67-64-1	收录	445 号令版	
3	甲基乙基酮	78-93-3	收录	445 号令版	
4	高锰酸钾	7722-64-7	收录	445 号令版	
5	硫酸	7664-93-9	收录	445 号令版	
6	盐酸	7647-01-0	收录	445 号令版	

说明：
(1) 第一类、第二类所列物质可能存在的盐类，也纳入管制
(2) 带有 * 标记的品种为第一类中的药品类易制毒化学品，第一类中的药品类易制毒化学品包括原料药及其单方制剂

第四节　易制毒化学品购销和运输管理办法

第一章　总则

第一条　为加强易制毒化学品管理，规范购销和运输易制毒化学品行为，防止易制毒化学品被用于制造毒品，维护经济和社会秩序，根据《易制毒化学品管理条例》，制定本办法。

第二条　公安部是全国易制毒化学品购销、运输管理和监督检查的主管部门。

县级以上地方人民政府公安机关负责本辖区内易制毒化学品购销、运输管理和监督检查工作。

各省、自治区、直辖市和设区的市级人民政府公安机关禁毒部门应当设立易制毒化学品管理专门机构，县级人民政府公安机关应当设专门人员，负责易制毒化学品的购买、运输许可或者备案和监督检查工作。

第二章　购销管理

第三条　购买第一类中的非药品类易制毒化学品的，应当向所在地省级人民政府公安机关申请购买许可证；购买第二类、第三类易制毒化学品的，应当向所在地县级人民政府公安机关备案。取得购买许可证或者购买备案证明后，方可购买易制毒化学品。

第四条　个人不得购买第一类易制毒化学品和第二类易制毒化学品。

禁止使用现金或者实物进行易制毒化学品交易，但是个人合法购买第一类中的药品类易制毒化学品药品制剂和第三类易制毒化学品的除外。

第五条　申请购买第一类中的非药品类易制毒化学品和第二类、第三类易制毒化学品的，应当提交下列申请材料：

（一）经营企业的营业执照（副本和复印件），其他组织的登记证书或者成立批准文件（原件和复印件），或者个人的身份证明（原件和复印件）；

（二）合法使用需要证明（原件）。

合法使用需要证明由购买单位或者个人出具，注明拟购买易制毒化学品的品种、数量和用途，并加盖购买单位印章或者个人签名。

第六条　申请购买第一类中的非药品类易制毒化学品的，由申请人所在地的省级人民政府公安机关审批。负责审批的公安机关应当自收到申请之日起十日内，对申请人提交的申请材料进行审查。对符合规定的，发给购买许可证；不予许可的，应当书面说明理由。

负责审批的公安机关对购买许可证的申请能够当场予以办理的，应当当场办理；对材料不齐备需要补充的，应当一次告知申请人需补充的内容；对提供材料不符合规定不予受理的，应当书面说明理由。

第七条　公安机关审查第一类易制毒化学品购买许可申请材料时，根据需要，可以进行实地核查。遇有下列情形之一的，应当进行实地核查：

（一）购买单位第一次申请的；

（二）购买单位提供的申请材料不符合要求的；

（三）对购买单位提供的申请材料有疑问的。

第八条　购买第二类、第三类易制毒化学品的，应当在购买前将所需购买的品种、数量，向所在地的县级人民政府公安机关备案。公安机关受理备案后，应当于当日出具购买备案证明。

自用一次性购买五公斤以下且年用量五十公斤以下高锰酸钾的，无须备案。

第九条　易制毒化学品购买许可证一次使用有效，有效期一个月。

易制毒化学品购买备案证明一次使用有效，有效期一个月。对备案后一年内无违规行为的单位，可以发给多次使用有效的备案证明，有效期六个月。

对个人购买的，只办理一次使用有效的备案证明。

第十条　经营单位销售第一类易制毒化学品时，应当查验购买许可证和经办人的身份证明。对委托代购的，还应当查验购买人持有的委托文书。

委托文书应当载明委托人与被委托人双方情况、委托购买的品种、数量等事项。

经营单位在查验无误、留存前两款规定的证明材料的复印件后，方可出售第一类易制毒化学品；发现可疑情况的，应当立即向当地公安机关报告。

经营单位在查验购买方提供的许可证和身份证明时，对不能确定其真实性的，可以请当地公安机关协助核查。公安机关应当当场予以核查，对于不能当场核实的，应当于三日内将核查结果告知经营单位。

第十一条　经营单位应当建立易制毒化学品销售台账，如实记录销售的品种、数量、日期、购买方等情况。经营单位销售易制毒化学品时，还应当留存购买许可证或者购买备案证明以及购买经办人的身份证明的复印件。

销售台账和证明材料复印件应当保存二年备查。

第十二条　经营单位应当将第一类易制毒化学品的销售情况于销售之日起五日内报当地县级人民政府公安机关备案，将第二类、第三类易制毒化学品的销售情况于三十日内报当地县级人民政府公安机关备案。

备案的销售情况应当包括销售单位、地址，销售易制毒化学品的种类、数量等，并同时提交留存的购买方的证明材料复印件。

第十三条　第一类易制毒化学品的使用单位，应当建立使用台账，如实记录购进易制毒化学品的种类、数量、使用情况和库存等，并保存二年备查。

第十四条　购买、销售和使用易制毒化学品的单位，应当在易制毒化学品的出入库登记、易制毒化学品管理岗位责任分工以及企业从业人员的易制毒化学品知识培训等方面建立单位内部管理制度。

第三章　运输管理

第十五条　运输易制毒化学品，有下列情形之一的，应当申请运输许可证或者进行备案：

（一）跨设区的市级行政区域（直辖市为跨市界）运输的；

（二）在禁毒形势严峻的重点地区跨县级行政区域运输的。禁毒形势严峻的重点地区由公安部确定和调整，名单另行公布。

运输第一类易制毒化学品的，应当向运出地的设区的市级人民政府公安机关申请运输许可证。

运输第二类易制毒化学品的，应当向运出地县级人民政府公安机关申请运输许可证。

运输第三类易制毒化学品的，应当向运出地县级人民政府公安机关备案。

第十六条　运输供教学、科研使用的一百克以下的麻黄素样品和供医疗机构制剂配方使用的小包装麻黄素以及医疗机构或者麻醉药品经营企业购买麻黄素片剂六万片以下、注射剂一万五千支以下，货主或者承运人持有依法取得的购买许可证明或者麻醉药品调拨单的，无须申请易制毒化学品运输许可。

第十七条　因治疗疾病需要，患者、患者近亲属或者患者委托的人凭医疗机构出具的医疗诊断书和本人的身份证明，可以随身携带第一类中的药品类易制毒化学品药品制剂，但是不得超过医用单张处方的最大剂量。

第十八条　运输易制毒化学品，应当由货主向公安机关申请运输许可证或者进行备案。

申请易制毒化学品运输许可证或者进行备案，应当提交下列材料：

（一）经营企业的营业执照（副本和复印件），其他组织的登记证书或者成立批准文件（原件和复印件），个人的身份证明（原件和复印件）；

（二）易制毒化学品购销合同（复印件）；

（三）经办人的身份证明（原件和复印件）。

第十九条　负责审批的公安机关应当自收到第一类易制毒化学品运输许可申请之日起十日内，收到第二类易制毒化学品运输许可申请之日起三日内，对申请人提交的申请材料进行审查。对符合规定的，发给运输许可证；不予许可的，应当书面说明理由。

负责审批的公安机关对运输许可申请能够当场予以办理的，应当当场办理；对材料不齐备需要补充的，应当一次告知申请人需补充的内容；对提供材料不符合规定不予受理的，应当书面说明理由。

运输第三类易制毒化学品的，应当在运输前向运出地的县级人民政府公安机关备案。公安机关应当在收到备案材料的当日发给备案证明。

第二十条　负责审批的公安机关对申请人提交的申请材料，应当核查其真实性和有效性，其中查验购销合同时，可以要求申请人出示购买许可证或者备案证明，核对是否相符；对营业执照和登记证书（或者成立批准文件），应当核查其生产范围、经营范围、使用范围、证照有效期等内容。

公安机关审查第一类易制毒化学品运输许可申请材料时，根据需要，可以进行实地核查。遇有下列情形之一的，应当进行实地核查：

（一）申请人第一次申请的；

（二）提供的申请材料不符合要求的；

（三）对提供的申请材料有疑问的。

第二十一条　对许可运输第一类易制毒化学品的，发给一次有效的运输许可证，有效期一个月。

对许可运输第二类易制毒化学品的，发给三个月多次使用有效的运输许可证；对第三类易制毒化学品运输备案的，发给三个月多次使用有效的备案证明；对于领取运输许可证或者运输备案证明后六个月内按照规定运输并保证运输安全的，可以发给有效期十二个月的运输许可证或者运输备案证明。

第二十二条　承运人接受货主委托运输，对应当凭证运输的，应当查验货主提供的运输许可证或者备案证明，并查验所运货物与运输许可证或者备案证明载明的易制毒化学品的品种、数量等情况是否相符；不相符的，不得承运。

承运人查验货主提供的运输许可证或者备案证明时，对不能确定其真实性的，可以请当地人民政府公安机关协助核查。公安机关应当当场予以核查，对于不能当场核实的，应当于三日内将核查结果告知承运人。

第二十三条　运输易制毒化学品时，运输车辆应当在明显部位张贴易制毒化学品标识；属于危险化学品的，应当由有危险化学品运输资质的单位运输；应当凭证运输的，运输人员应当自启运起全程携带运输许可证或者备案证明。承运单位应当派人押运或者采取其他有效措施，防止易制毒化学品丢失、被盗、被抢。

运输易制毒化学品时，还应当遵守国家有关货物运输的规定。

第二十四条　公安机关在易制毒化学品运输过程中应当对运输情况与运输许可证或者备案证明所载内容是否相符等情况进行检查。交警、治安、禁毒、边防等部门应当在交通重点路段和边境地区等加强易制毒化学品运输的检查。

第二十五条　易制毒化学品运出地与运入地公安机关应当建立情况通报制度。运出地负责审批或者备案的公安机关应当每季度末将办理的易制毒化学品运输许可或者备案情况通报运入地同级公安机关，运入地同级公安机关应当核查货物的实际运达情况后通报运出地公安机关。

第四章　监督检查

第二十六条　县级以上人民政府公安机关应当加强对易制毒化学品购销和运输等情况的监督检查，有关单位和个人应当积极配合。对发现非法购销和运输行为的，公安机关应当依法查处。

公安机关在进行易制毒化学品监督检查时，可以依法查看现场、查阅和复制有关资料、记录有关情况、扣押相关的证据材料和违法物品；必要时，可以临时查封有关场所。

被检查的单位或者个人应当如实提供有关情况和材料、物品，不得拒绝或者隐匿。

第二十七条　公安机关应当对依法收缴、查获的易制毒化学品安全保管。对于可以回收的，应当予以回收；对于不能回收的，应当依照环境保护法律、行政法规的有关规定，交由有资质的单位予以销毁，防止造成环境污染和人身伤亡。对收缴、查获的第一类中的药品类易制毒化学品的，一律销毁。

保管和销毁费用由易制毒化学品违法单位或者个人承担。违法单位或者个人无力承担的，该费用在回收所得中开支，或者在公安机关的禁毒经费中列支。

第二十八条　购买、销售和运输易制毒化学品的单位应当于每年三月三十一日前向所在地县级公安机关报告上年度的购买、销售和运输情况。公安机关发现可疑情况的，应当及时予以核对和检查，必要时可以进行实地核查。

有条件的购买、销售和运输单位，可以与当地公安机关建立计算机联网，及时通报有关情况。

第二十九条　易制毒化学品丢失、被盗、被抢的，发案单位应当立即向当地公安机关报告。接到报案的公安机关应当及时立案查处，并向上级公安机关报告。

第五章 法律责任

第三十条 违反规定购买易制毒化学品，有下列情形之一的，公安机关应当没收非法购买的易制毒化学品，对购买方处非法购买易制毒化学品货值十倍以上二十倍以下的罚款，货值的二十倍不足一万元的，按一万元罚款；构成犯罪的，依法追究刑事责任：

（一）未经许可或者备案擅自购买易制毒化学品的；

（二）使用他人的或者伪造、变造、失效的许可证或者备案证明购买易制毒化学品的。

第三十一条 违反规定销售易制毒化学品，有下列情形之一的，公安机关应当对销售单位处一万元以下罚款；有违法所得的，处三万元以下罚款，并对违法所得依法予以追缴；构成犯罪的，依法追究刑事责任：

（一）向无购买许可证或者备案证明的单位或者个人销售易制毒化学品的；

（二）超出购买许可证或者备案证明的品种、数量销售易制毒化学品的。

第三十二条 货主违反规定运输易制毒化学品，有下列情形之一的，公安机关应当没收非法运输的易制毒化学品或者非法运输易制毒化学品的设备、工具；处非法运输易制毒化学品货值十倍以上二十倍以下罚款，货值的二十倍不足一万元的，按一万元罚款；有违法所得的，没收违法所得；构成犯罪的，依法追究刑事责任：

（一）未经许可或者备案擅自运输易制毒化学品的；

（二）使用他人的或者伪造、变造、失效的许可证运输易制毒化学品的。

第三十三条 承运人违反规定运输易制毒化学品，有下列情形之一的，公安机关应当责令停运整改，处五千元以上五万元以下罚款：

（一）与易制毒化学品运输许可证或者备案证明载明的品种、数量、运入地、货主及收货人、承运人等情况不符的；

（二）运输许可证种类不当的；

（三）运输人员未全程携带运输许可证或者备案证明的。

个人携带易制毒化学品不符合品种、数量规定的，公安机关应当没收易制毒化学品，处一千元以上五千元以下罚款。

第三十四条 伪造申请材料骗取易制毒化学品购买、运输许可证或者备案证明的，公安机关应当处一万元罚款，并撤销许可证或者备案证明。

使用以伪造的申请材料骗取的易制毒化学品购买、运输许可证或者备案证明购买、运输易制毒化学品的，分别按照第三十条第一项和第三十二条第一项的规定处罚。

第三十五条 对具有第三十条、第三十二条和第三十四条规定违法行为的单位或个人，自做出行政处罚决定之日起三年内，公安机关可以停止受理其易制毒化学品购买或者运输许可申请。

第三十六条 违反易制毒化学品管理规定，有下列行为之一的，公安机关应当给予警告，责令限期改正，处一万元以上五万元以下罚款；对违反规定购买的易制毒化学品予以没收；逾期不改正的，责令限期停产停业整顿；逾期整顿不合格的，吊销相应的许可证：

（一）将易制毒化学品购买或运输许可证或者备案证明转借他人使用的；

（二）超出许可的品种、数量购买易制毒化学品的；

（三）销售、购买易制毒化学品的单位不记录或者不如实记录交易情况、不按规定保存交易记录或者不如实、不及时向公安机关备案销售情况的；

（四）易制毒化学品丢失、被盗、被抢后未及时报告，造成严重后果的；

（五）除个人合法购买第一类中的药品类易制毒化学品药品制剂以及第三类易制毒化学品外，使用现金或者实物进行易制毒化学品交易的；

（六）经营易制毒化学品的单位不如实或者不按时报告易制毒化学品年度经销和库存情况的。

第三十七条　经营、购买、运输易制毒化学品的单位或者个人拒不接受公安机关监督检查的，公安机关应当责令其改正，对直接负责的主管人员以及其他直接责任人员给予警告；情节严重的，对单位处一万元以上五万元以下罚款，对直接负责的主管人员以及其他直接责任人员处一千元以上五千元以下罚款；有违反治安管理行为的，依法给予治安管理处罚；构成犯罪的，依法追究刑事责任。

第三十八条　公安机关易制毒化学品管理工作人员在管理工作中有应当许可而不许可、不应当许可而滥许可，不依法受理备案，以及其他滥用职权、玩忽职守、徇私舞弊行为的，依法给予行政处分；构成犯罪的，依法追究刑事责任。

第三十九条　公安机关实施本章处罚，同时应当由其他行政主管机关实施处罚的，应当通报其他行政机关处理。

第六章　附则

第四十条　本办法所称“经营单位”，是指经营易制毒化学品的经销单位和经销自产易制毒化学品的生产单位。

第四十一条　本办法所称“运输”，是指通过公路、铁路、水上和航空等各种运输途径，使用车、船、航空器等各种运输工具，以及人力、畜力携带、搬运等各种运输方式使易制毒化学品货物发生空间位置的移动。

第四十二条　易制毒化学品购买许可证和备案证明、运输许可证和备案证明、易制毒化学品管理专用印章由公安部统一规定式样并监制。

第四十三条　本办法自 2006 年 10 月 1 日起施行。《麻黄素运输许可证管理规定》（公安部令第 52 号）同时废止。

第五节　危险化学品目录（2015 年版）

说　明

一、危险化学品的定义和确定原则

定义：具有毒害、腐蚀、爆炸、燃烧、助燃等性质，对人体、设施、环境具有危害的剧毒化

学品和其他化学品。

确定原则：危险化学品的品种依据化学品分类和标签国家标准，从下列危险和危害特性类别中确定：

（一）物理危险

爆炸物：不稳定爆炸物、1. 1、1. 2、1. 3、1. 4。

易燃气体：类别 1、类别 2、化学不稳定性气体类别 A、化学不稳定性气体类别 B。

气溶胶（又称气雾剂）：类别 1。

氧化性气体：类别 1。

加压气体：压缩气体、液化气体、冷冻液化气体、溶解气体。

易燃液体：类别 1、类别 2、类别 3。

易燃固体：类别 1、类别 2。

自反应物质和混合物：A 型、B 型、C 型、D 型、E 型。

自燃液体：类别 1。

自燃固体：类别 1。

自热物质和混合物：类别 1、类别 2。

遇水放出易燃气体的物质和混合物：类别 1、类别 2、类别 3。

氧化性液体：类别 1、类别 2、类别 3。

氧化性固体：类别 1、类别 2、类别 3。

有机过氧化物：A 型、B 型、C 型、D 型、E 型、F 型。

金属腐蚀物：类别 1。

（二）健康危害

急性毒性：类别 1、类别 2、类别 3。

皮肤腐蚀 / 刺激：类别 1A、类别 1B、类别 1C、类别 2。

严重眼损伤 / 眼刺激：类别 1、类别 2A、类别 2B。

呼吸道或皮肤致敏：呼吸道致敏物 1A、呼吸道致敏物 1B、皮肤致敏物 1A、皮肤致敏物 1B。

生殖细胞致突变性：类别 1A、类别 1B、类别 2。

致癌性：类别 1A、类别 1B、类别 2。

生殖毒性：类别 1A、类别 1B、类别 2、附加类别。

特异性靶器官毒性 - 一次接触：类别 1、类别 2、类别 3。

特异性靶器官毒性 - 反复接触：类别 1、类别 2。

吸入危害：类别 1。

3. 环境危害

危害水生环境 - 急性危害：类别 1、类别 2；危害水生环境 - 长期危害：类别 1、类别 2、类别 3。

危害臭氧层：类别 1。

二、剧毒化学品的定义和判定界限

定义：具有剧烈急性毒性危害的化学品，包括人工合成的化学品及其混合物和天然毒素，还包括具有急性毒性易造成公共安全危害的化学品。

剧烈急性毒性判定界限：急性毒性类别 1，即满足下列条件之一：大鼠实验，经口 $LD_{50} \leqslant 5$ mg/kg，经皮 $LD_{50} \leqslant 50$ mg/kg，吸入（4 h）$LC_{50} \leqslant 100$ mL/m^3（气体）或 0.5 mg/L（蒸气）或 0.05 mg/L（尘、雾）。经皮 LD_{50} 的实验数据，也可使用兔实验数据。

三、《危险化学品目录》各栏目的含义

（1）“序号”是指《危险化学品目录》（表 4-2）中化学品的顺序号。

（2）“品名”是指根据《化学命名原则》（1980）确定的名称。

（3）“别名”是指除“品名”以外的其他名称，包括通用名、俗名等。

（4）“CAS 号”是指美国化学文摘社对化学品的唯一登记号。

（5）“备注”是对剧毒化学品的特别注明。

四、其他事项

（1）《危险化学品目录》按“品名”汉字的汉语拼音排序。

（2）《危险化学品目录》中除列明的条目外，无机盐类同时包括无水和含有结晶水的化合物。

（3）序号 2828 是类属条目，《危险化学品目录》中除列明的条目外，符合相应条件的，属于危险化学品。

（4）《危险化学品目录》中除混合物之外无含量说明的条目，是指该条目的工业产品或者纯度高于工业产品的化学品，用作农药用途时，是指其原药。

（5）《危险化学品目录》中的农药条目结合其物理危险性、健康危害、环境危害及农药管理情况综合确定。

表 4-2　危险化学品目录

序号	品名	别名	CAS 号	备注
1	阿片	鸦片	8008-60-4	
2	氨	液氨；氨气	7664-41-7	
3	5-氨基-1，3，3-三甲基环己甲胺	异佛尔酮二胺；3，3，5-三甲基-4，6-二氨基-2-烯环己酮；1-氨基-3-氨基甲基-3，5，5-三甲基环己烷	2855-13-2	
4	5-氨基-3-苯基-1-[双（*N*，*N*-二甲基氨基氧膦基）]-1，2，4-三唑（含量＞20%）	威菌磷	1031-47-6	剧毒
5	4-[3-氨基-5-（1-甲基胍基）戊酰氨基]-1-[4-氨基-2-氧代-1（2H）-嘧啶基]-1，2，3，4-四脱氧-*β*，*D* 赤己-2-烯吡喃糖醛酸	灰瘟素	2079-00-7	

续表

序号	品名	别名	CAS 号	备注
6	4-氨基-*N*, *N*-二甲基苯胺	*N*, *N*-二甲基对苯二胺；对氨基-*N*, *N*-二甲基苯胺	99-98-9	
7	2-氨基苯酚	邻氨基苯酚	95-55-6	
8	3-氨基苯酚	间氨基苯酚	591-27-5	
9	4-氨基苯酚	对氨基苯酚	123-30-8	
10	3-氨基苯甲腈	间氨基苯甲腈；氰化氨基苯	2237-30-1	
11	2-氨基苯胂酸	邻氨基苯胂酸	2045-00-3	
12	3-氨基苯胂酸	间氨基苯胂酸	2038-72-4	
13	4-氨基苯胂酸	对氨基苯胂酸	98-50-0	
14	4-氨基苯胂酸钠	对氨基苯胂酸钠	127-85-5	
15	2-氨基吡啶	邻氨基吡啶	504-29-0	
16	3-氨基吡啶	间氨基吡啶	462-08-8	
17	4-氨基吡啶	对氨基吡啶；4-氨基氮杂苯；对氨基氮苯；*γ*-吡啶胺	504-24-5	
18	1-氨基丙烷	正丙胺	107-10-8	
19	2-氨基丙烷	异丙胺	75-31-0	
20	3-氨基丙烯	烯丙胺	107-11-9	剧毒
21	4-氨基二苯胺	对氨基二苯胺	101-54-2	
22	氨基胍重碳酸盐		2582-30-1	
23	氨基化钙	氨基钙	23321-74-6	
24	氨基化锂	氨基锂	7782-89-0	
25	氨基磺酸		5329-14-6	
26	5-(氨基甲基)-3-异噁唑醇	3-羟基-5-氨基甲基异噁唑；蝇蕈醇	2763-96-4	
27	氨基甲酸胺		1111-78-0	
28	(2-氨基甲酰氧乙基)三甲基氯化铵	氯化氨甲酰胆碱；卡巴考	51-83-2	
29	3-氨基喹啉		580-17-6	
30	2-氨基联苯	邻氨基联苯；邻苯基苯胺	90-41-5	
31	4-氨基联苯	对氨基联苯；对苯基苯胺	92-67-1	
32	1-氨基乙醇	乙醛合氨	75-39-8	
33	2-氨基乙醇	乙醇胺；2-羟基乙胺	141-43-5	
34	2-(2-氨基乙氧基)乙醇		929-06-6	
35	氨溶液(含氨＞10%)	氨水	1336-21-6	
36	*N*-氨基乙基哌嗪	1-哌嗪乙胺；*N*-(2-氨基乙基)哌嗪；2-(1-哌嗪基)乙胺	140-31-8	
37	八氟-2-丁烯	全氟-2-丁烯	360-89-4	

续表

序号	品名	别名	CAS号	备注
38	八氟丙烷	全氟丙烷	76-19-7	
39	八氟环丁烷	RC318	115-25-3	
40	八氟异丁烯	全氟异丁烯；1，1，3，3，3-五氟-2-（三氟甲基）-1-丙烯	382-21-8	剧毒
41	八甲基焦磷酰胺	八甲磷	152-16-9	剧毒
42	1，3，4，5，6，7，8，8-八氯-1，3，3*a*，4，7，7*a*-六氢-4，7-甲撑异苯并呋喃（含量＞1%）	八氯六氢亚甲基苯并呋喃；碳氯灵	297-78-9	剧毒
43	1，2，4，5，6，7，8，8-八氯-2，3，3*a*，4，7，7*a*-六氢-4，7-亚甲基茚	氯丹	57-74-9	
44	八氯莰烯	毒杀芬	8001-35-2	
45	八溴联苯		27858-07-7	
46	白磷	黄磷	12185-10-3	
47	钡	金属钡	7440-39-3	
48	钡合金			
49	苯	纯苯	71-43-2	
50	苯-1，3-二磺酰肼（糊状，浓度52%）		4547-70-0	
51	苯胺	氨基苯	62-53-3	
52	苯并呋喃	氧茚；香豆酮；古马隆	271-89-6	
53	1，2-苯二胺	邻苯二胺；1，2-二氨基苯	95-54-5	
54	1，3-苯二胺	间苯二胺；1，3-二氨基苯	108-45-2	
55	1，4-苯二胺	对苯二胺；1，4-二氨基苯；乌尔丝D	106-50-3	
56	1，2-苯二酚	邻苯二酚	120-80-9	
57	1，3-苯二酚	间苯二酚；雷琐酚	108-46-3	
58	1，4-苯二酚	对苯二酚；氢醌	123-31-9	
59	1，3-苯二磺酸溶液		98-48-6	
60	苯酚	酚；石炭酸	108-95-2	
	苯酚溶液			
61	苯酚二磺酸硫酸溶液			
62	苯酚磺酸		1333-39-7	
63	苯酚钠	苯氧基钠	139-02-6	
64	苯磺酰肼	发泡剂BSH	80-17-1	
65	苯磺酰氯	氯化苯磺酰	98-09-9	
66	4-苯基-1-丁烯		768-56-9	
67	*N*-苯基-2-萘胺	防老剂D	135-88-6	
68	2-苯基丙烯	异丙烯基苯；*α*-甲基苯乙烯	98-83-9	

续表

序号	品名	别名	CAS号	备注
69	2-苯基苯酚	邻苯基苯酚	90-43-7	
70	苯基二氯硅烷	二氯苯基硅烷	1631-84-1	
71	苯基硫醇	苯硫酚;巯基苯;硫代苯酚	108-98-5	剧毒
72	苯基氢氧化汞	氢氧化苯汞	100-57-2	
73	苯基三氯硅烷	苯代三氯硅烷	98-13-5	
74	苯基溴化镁(浸在乙醚中的)		100-58-3	
75	苯基氧氯化膦	苯磷酰二氯	824-72-6	
76	*N*-苯基乙酰胺	乙酰苯胺;退热冰	103-84-4	
77	*N*-苯甲基-*N*-(3,4-二氯苯基)-DL-丙氨酸乙酯	新燕灵	22212-55-1	
78	苯甲腈	氰化苯;苯基氰;氰基苯;苄腈	100-47-0	
79	苯甲醚	茴香醚;甲氧基苯	100-66-3	
80	苯甲酸汞	安息香酸汞	583-15-3	
81	苯甲酸甲酯	尼哦油	93-58-3	
82	苯甲酰氯	氯化苯甲酰	98-88-4	
83	苯甲氧基磺酰氯			
84	苯肼	苯基联胺	100-63-0	
85	苯胩化二氯	苯胩化氯;二氯化苯胩	622-44-6	
86	苯醌		106-51-4	
87	苯硫代二氯化膦	苯硫代磷酰二氯;硫代二氯化膦苯	3497-00-5	
88	苯胂化二氯	二氯化苯胂;二氯苯胂	696-28-6	剧毒
89	苯胂酸		98-05-5	
90	苯四甲酸酐	均苯四甲酸酐	89-32-7	
91	苯乙醇腈	苯甲氰醇;扁桃腈	532-28-5	
92	*N*-(苯乙基-4-哌啶基)丙酰胺柠檬酸盐	枸橼酸芬太尼	990-73-8	
93	2-苯乙基异氰酸酯		1943-82-4	
94	苯乙腈	氰化苄;苄基氰	140-29-4	
95	苯乙炔	乙炔苯	536-74-3	
96	苯乙烯(稳定的)	乙烯苯	100-42-5	
97	苯乙酰氯		103-80-0	
98	吡啶	氮杂苯	110-86-1	
99	1-(3-吡啶甲基)-3-(4-硝基苯基)脲	1-(4-硝基苯基)-3-(3-吡啶基甲基)脲;灭鼠优	53558-25-1	剧毒
100	吡咯	一氮二烯五环;氮杂茂	109-97-7	
101	2-吡咯酮		616-45-5	

续表

序号	品名	别名	CAS 号	备注
102	4-[苄基(乙基)氨基]-3-乙氧基苯重氮氯化锌盐			
103	*N*-苄基-*N*-乙基苯胺	*N*-乙基-*N*-苄基苯胺;苄乙基苯胺	92-59-1	
104	2-苄基吡啶	2-苯甲基吡啶	101-82-6	
105	4-苄基吡啶	4-苯甲基吡啶	2116-65-6	
106	苄硫醇	α-甲苯硫醇	100-53-8	
107	变性乙醇	变性酒精		
108	(1*R*,2*R*,4*R*)-冰片-2-硫氰基醋酸酯	敌稻瘟	115-31-1	
109	丙胺氟磷	*N*,*N'*-氟磷酰二异丙胺;双(二异丙氨基)磷酰氟	371-86-8	
110	1-丙醇	正丙醇	71-23-8	
111	2-丙醇	异丙醇	67-63-0	
112	1,2-丙二胺	1,2-二氨基丙烷;丙邻二胺	78-90-0	
113	1,3-丙二胺	1,3-二氨基丙烷	109-76-2	
114	丙二醇乙醚	1-乙氧基-2-丙醇	1569-02-4	
115	丙二腈	二氰甲烷;氰化亚甲基;缩苹果腈	109-77-3	
116	丙二酸铊	丙二酸亚铊	2757-18-8	
117	丙二烯(稳定的)		463-49-0	
118	丙二酰氯	缩苹果酰氯	1663-67-8	
119	丙基三氯硅烷		141-57-1	
120	丙基胂酸	丙胂酸	107-34-6	
121	丙腈	乙基氰	107-12-0	剧毒
122	丙醛		123-38-6	
123	2-丙炔-1-醇	丙炔醇;炔丙醇	107-19-7	剧毒
124	丙炔和丙二烯混合物(稳定的)	甲基乙炔和丙二烯混合物	59355-75-8	
125	丙炔酸		471-25-0	
126	丙酸		79-09-4	
127	丙酸酐	丙酐	123-62-6	
128	丙酸甲酯		554-12-1	
129	丙酸烯丙酯		2408-20-0	
130	丙酸乙酯		105-37-3	
131	丙酸异丙酯	丙酸-1-甲基乙基酯	637-78-5	
132	丙酸异丁酯	丙酸-2-甲基丙酯	540-42-1	
133	丙酸异戊酯		105-68-0	
134	丙酸正丁酯		590-01-2	

续表

序号	品名	别名	CAS 号	备注
135	丙酸正戊酯		624-54-4	
136	丙酸仲丁酯		591-34-4	
137	丙酮	二甲基酮	67-64-1	
138	丙酮氰醇	丙酮合氰化氢;2-羟基异丁腈;氰丙醇	75-86-5	剧毒
139	丙烷		74-98-6	
140	丙烯		115-07-1	
141	2-丙烯-1-醇	烯丙醇;蒜醇;乙烯甲醇	107-18-6	剧毒
142	2-丙烯-1-硫醇	烯丙基硫醇	870-23-5	
143	2-丙烯腈(稳定的)	丙烯腈;乙烯基氰;氰基乙烯	107-13-1	
144	丙烯醛(稳定的)	烯丙醛;败脂醛	107-02-8	
145	丙烯酸(稳定的)		79-10-7	
146	丙烯酸-2-硝基丁酯		5390-54-5	
147	丙烯酸甲酯(稳定的)		96-33-3	
148	丙烯酸羟丙酯		2918-23-2	
149	2-丙烯酸-1,1-二甲基乙基酯	丙烯酸叔丁酯	1663-39-4	
150	丙烯酸乙酯(稳定的)		140-88-5	
151	丙烯酸异丁酯(稳定的)		106-63-8	
152	2-丙烯酸异辛酯		29590-42-9	
153	丙烯酸正丁酯(稳定的)		141-32-2	
154	丙烯酰胺		79-06-1	
155	丙烯亚胺	2-甲基氮丙啶;2-甲基乙撑亚胺;丙撑亚胺	75-55-8	剧毒
156	丙酰氯	氯化丙酰	79-03-8	
157	草酸-4-氨基-*N*,*N*-二甲基苯胺	*N*,*N*-二甲基对苯二胺草酸;对氨基-*N*,*N*-二甲基苯胺草酸	24631-29-6	
158	草酸汞		3444-13-1	
159	超氧化钾		12030-88-5	
160	超氧化钠		12034-12-7	
161	次磷酸		6303-21-5	
162	次氯酸钡(含有效氯>22%)		13477-10-6	
163	次氯酸钙		7778-54-3	
164	次氯酸钾溶液(含有效氯>5%)		7778-66-7	
165	次氯酸锂		13840-33-0	
166	次氯酸钠溶液(含有效氯>5%)		7681-52-9	

续表

序号	品名	别名	CAS 号	备注
167	粗苯	动力苯;混合苯		
168	粗蒽			
169	醋酸三丁基锡		56-36-0	
170	代森锰		12427-38-2	
171	单过氧马来酸叔丁酯(含量> 52%)		1931-62-0	
	单过氧马来酸叔丁酯(含量≤ 52%,惰性固体含量≥ 48%)			
	单过氧马来酸叔丁酯(含量≤ 52%,含 A 型稀释剂≥ 48%)			
	单过氧马来酸叔丁酯(含量≤ 52%,糊状物)			
172	氮(压缩的或液化的)		7727-37-9	
173	氮化锂		26134-62-3	
174	氮化镁		12057-71-5	
175	10-氮杂蒽	吖啶	260-94-6	
176	氘	重氢	7782-39-0	
177	地高辛	地戈辛;毛地黄叶毒苷	20830-75-5	
178	碲化镉		1306-25-8	
179	3-碘-1-丙烯	3-碘丙烯;烯丙基碘;碘代烯丙基	556-56-9	
180	1-碘-2-甲基丙烷	异丁基碘;碘代异丁烷	513-38-2	
181	2-碘-2-甲基丙烷	叔丁基碘;碘代叔丁烷	558-17-8	
182	1-碘-3-甲基丁烷	异戊基碘;碘代异戊烷	541-28-6	
183	4-碘苯酚	4-碘酚;对碘苯酚	540-38-5	
184	1-碘丙烷	正丙基碘;碘代正丙烷	107-08-4	
185	2-碘丙烷	异丙基碘;碘代异丙烷	75-30-9	
186	1-碘丁烷	正丁基碘;碘代正丁烷	542-69-8	
187	2-碘丁烷	仲丁基碘;碘代仲丁烷	513-48-4	
188	碘化钾汞	碘化汞钾	7783-33-7	
189	碘化氢(无水)		10034-85-2	
190	碘化亚汞	一碘化汞	15385-57-6	
191	碘化亚铊	一碘化铊	7790-30-9	
192	碘化乙酰	碘乙酰;乙酰碘	507-02-8	
193	碘甲烷	甲基碘	74-88-4	
194	碘酸		7782-68-5	
195	碘酸铵		13446-09-8	

续表

序号	品名	别名	CAS 号	备注
196	碘酸钡		10567-69-8	
197	碘酸钙	碘钙石	7789-80-2	
198	碘酸镉		7790-81-0	
199	碘酸钾		7758-05-6	
200	碘酸钾合一碘酸	碘酸氢钾;重碘酸钾	13455-24-8	
201	碘酸钾合二碘酸			
202	碘酸锂		13765-03-2	
203	碘酸锰		25659-29-4	
204	碘酸钠		7681-55-2	
205	碘酸铅		25659-31-8	
206	碘酸锶		13470-01-4	
207	碘酸铁		29515-61-5	
208	碘酸锌		7790-37-6	
209	碘酸银		7783-97-3	
210	1- 碘戊烷	正戊基碘;碘代正戊烷	628-17-1	
211	碘乙酸	碘醋酸	64-69-7	
212	碘乙酸乙酯		623-48-3	
213	碘乙烷	乙基碘	75-03-6	
214	电池液(酸性的)			
215	电池液(碱性的)			
216	叠氮化钡	叠氮钡	18810-58-7	
217	叠氮化钠	三氮化钠	26628-22-8	剧毒
218	叠氮化铅(含水或水加乙醇≥20%)		13424-46-9	
219	2- 丁醇	仲丁醇	78-92-2	
220	丁醇钠	丁氧基钠	2372-45-4	
221	1,4- 丁二胺	1,4- 二氨基丁烷;四亚甲基二胺;腐肉碱	110-60-1	
222	丁二腈	1,2- 二氰基乙烷;琥珀腈	110-61-2	
223	1,3- 丁二烯(稳定的)	联乙烯	106-99-0	
224	丁二酰氯	氯化丁二酰;琥珀酰氯	543-20-4	
225	丁基甲苯			
226	丁基磷酸	酸式磷酸丁酯	12788-93-1	
227	2- 丁基硫醇	仲丁硫醇	513-53-1	
228	丁基三氯硅烷		7521-80-4	

续表

序号	品名	别名	CAS 号	备注
229	丁醛肟		110-69-0	
230	1-丁炔（稳定的）	乙基乙炔	107-00-6	
231	2-丁炔	巴豆炔；二甲基乙炔	503-17-3	
232	1-丁炔-3-醇		2028-63-9	
233	丁酸丙烯酯	丁酸烯丙酯；丁酸-2-丙烯酯	2051-78-7	
234	丁酸酐		106-31-0	
235	丁酸正戊酯	丁酸戊酯	540-18-1	
236	2-丁酮	丁酮；乙基甲基酮；甲乙酮	78-93-3	
237	2-丁酮肟		96-29-7	
238	1-丁烯		106-98-9	
239	2-丁烯		107-01-7	
240	2-丁烯-1-醇	巴豆醇；丁烯醇	6117-91-5	
241	3-丁烯-2-酮	甲基乙烯基酮；丁烯酮	78-94-4	剧毒
242	丁烯二酰氯（反式）	富马酰氯	627-63-4	
243	3-丁烯腈	烯丙基氰	109-75-1	
244	2-丁烯腈（反式）	巴豆腈；丙烯基氰	4786-20-3	
245	2-丁烯醛	巴豆醛；β-甲基丙烯醛	4170-30-3	
246	2-丁烯酸	巴豆酸	3724-65-0	
247	丁烯酸甲酯	巴豆酸甲酯	623-43-8	
248	丁烯酸乙酯	巴豆酸乙酯	623-70-1	
249	2-丁氧基乙醇	乙二醇丁醚；丁基溶纤剂	111-76-2	
250	毒毛旋花苷 G	羊角拗质	630-60-4	
251	毒毛旋花苷 K		11005-63-3	
252	杜廷	羟基马桑毒内酯；马桑苷	2571-22-4	
253	短链氯化石蜡(C10-13)	C10-13 氯代烃	85535-84-8	
254	对氨基苯磺酸	4-氨基苯磺酸	121-57-3	
255	对苯二甲酰氯		100-20-9	
256	对甲苯磺酰氯		98-59-9	
257	对硫氰酸苯胺	对硫氰基苯胺；硫氰酸对氨基苯酯	15191-25-0	
258	1-(对氯苯基)-2,8,9-三氧-5-氮-1-硅双环[3. 3. 3]十二烷	毒鼠硅；氯硅宁；硅灭鼠	29025-67-0	剧毒
259	对氯苯硫醇	4-氯硫酚；对氯硫酚	106-54-7	

续表

序号	品名	别名	CAS 号	备注
260	对蓋基化过氧氢（72%＜含量≤100%）	对蓋基过氧化氢	39811-34-2	
	对蓋基化过氧氢（含量≤72%，含A型稀释剂≥28%）			
261	对壬基酚		104-40-5	
262	对硝基苯酚钾	对硝基酚钾	1124-31-8	
263	对硝基苯酚钠	对硝基酚钠	824-78-2	
264	对硝基苯磺酸		138-42-1	
265	对硝基苯甲酰肼		636-97-5	
266	对硝基乙苯		100-12-9	
267	对异丙基苯酚	对异丙基酚	99-89-8	
268	多钒酸铵	聚钒酸铵	12207-63-5	
269	多聚甲醛	聚蚁醛；聚合甲醛	30525-89-4	
270	多聚磷酸	四磷酸	8017-16-1	
271	多硫化铵溶液		9080-17-5	
272	多氯二苯并对二噁英	PCDDs		
273	多氯二苯并呋喃	PCDFs		
274	多氯联苯	PCBs		
275	多氯三联苯		61788-33-8	
276	多溴二苯醚混合物			
277	苊	萘乙环	83-32-9	
278	蒽醌-1-胂酸	蒽醌-α-胂酸		
279	蒽油乳膏			
	蒽油乳剂			
280	二-(1-羟基环己基)过氧化物（含量≤100%）		2407-94-5	
281	二-(2-苯氧乙基)过氧重碳酸酯（85%＜含量≤100%）		41935-39-1	
	二-(2-苯氧乙基)过氧重碳酸酯（含量≤85%，含水≥15%）			
282	二(2-环氧丙基)醚	二缩水甘油醚；双环氧稀释剂；2,2'-[氧双(亚甲基)双环氧乙烷]；二环氧甘油醚	2238-07-5	

续表

序号	品名	别名	CAS 号	备注
283	二-(2-甲基苯甲酰)过氧化物(含量≤ 87%)	过氧化二-(2-甲基苯甲酰)	3034-79-5	
284	二-(2-羟基-3,5,6-三氯苯基)甲烷	2,2′-亚甲基-双(3,4,6-三氯苯酚);毒菌酚	70-30-4	
285	二-(2-新癸酰过氧异丙基)苯(含量≤ 52%,含A型稀释剂≥ 48%)			
286	二-(2-乙基己基)磷酸酯	2-乙基己基-2′-乙基己基磷酸酯	298-07-7	
287	二-(3,5,5-三甲基己酰)过氧化物(52%<含量≤ 82%,含A型稀释剂≥ 18%)		3851-87-4	
	二-(3,5,5-三甲基己酰)过氧化物(含量≤ 38%,含A型稀释剂≥ 62%)			
	二-(3,5,5-三甲基己酰)过氧化物(38%<含量≤ 52%,含A型稀释剂≥ 48%)			
	二-(3,5,5-三甲基己酰)过氧化物(含量≤ 52%,在水中稳定弥散)			
288	2,2-二-(4,4-二(叔丁基过氧环己基)丙烷(含量≤ 22%,含B型稀释剂≥ 78%)		1705-60-8	
	2,2-二-(4,4-二(叔丁基过氧环己基)丙烷(含量≤ 42%,含惰性固体≥ 58%)			
289	二-(4-甲基苯甲酰)过氧化物(硅油糊状物,含量≤ 52%)		895-85-2	
290	二-(4-叔丁基环己基)过氧重碳酸酯(含量≤ 100%)	过氧化二碳酸-二-(4-叔丁基环己基)酯	15520-11-3	
	二-(4-叔丁基环己基)过氧重碳酸酯(含量≤ 42%,在水中稳定弥散)			
291	二(苯磺酰肼)醚	4,4′-氧代双苯磺酰肼	80-51-3	
292	1,6-二-(过氧化叔丁基-羰基氧)己烷(含量≤ 72%,含A型稀释剂≥ 28%)		36536-42-2	
293	二(氯甲基)醚	二氯二甲醚;对称二氯二甲醚;氧代二氯甲烷	542-88-1	
294	二(三氯甲基)碳酸酯	三光气	32315-10-9	
295	1,1-二-(叔丁基过氧)-3,3,5-三甲基环己烷(90%<含量≤ 100%)		6731-36-8	
	1,1-二-(叔丁基过氧)-3,3,5-三甲基环己烷(57%<含量≤ 90%,含A型稀释剂≥ 10%)			
	1,1-二-(叔丁基过氧)-3,3,5-三甲基环己烷(含量≤ 32%,含A型稀释剂≥ 26%,含B型稀释剂≥ 42%)			

续表

序号	品名	别名	CAS 号	备注
295	1,1-二-(叔丁基过氧)-3,3,5-三甲基环己烷(含量≤57%,含A型稀释剂≥43%)			
	1,1-二-(叔丁基过氧)-3,3,5-三甲基环己烷(含量≤57%,含惰性固体≥43%)			
	1,1-二-(叔丁基过氧)-3,3,5-三甲基环己烷(含量≤77%,含B型稀释剂≥23%)			
	1,1-二-(叔丁基过氧)-3,3,5-三甲基环己烷(含量≤90%,含A型稀释剂≥10%)			
296	2,2-二-(叔丁基过氧)丙烷(含量≤42%,含A型稀释剂≥13%,惰性固体含量≥45%)		4262-61-7	
	2,2-二-(叔丁基过氧)丙烷(含量≤52%,含A型稀释剂≥48%)			
297	3,3-二-(叔丁基过氧)丁酸乙酯(77%<含量≤100%)	3,3-双-(过氧化叔丁基)丁酸乙酯	55794-20-2	
	3,3-二-(叔丁基过氧)丁酸乙酯(含量≤52%)			
	3,3-二-(叔丁基过氧)丁酸乙酯(含量≤77%,含A型稀释剂≥23%)			
298	2,2-二-(叔丁基过氧)丁烷(含量≤52%,含A型稀释剂≥48%)		2167-23-9	
299	1,1-二-(叔丁基过氧)环己烷(80%<含量≤100%)	1,1-双-(过氧化叔丁基)环己烷	3006-86-8	
	1,1-二-(叔丁基过氧)环己烷(52%<含量≤80%,含A型稀释剂≥20%)			
	1,1-二-(叔丁基过氧)环己烷(42%<含量≤52%,含A型稀释剂≥48%)			
	1,1-二-(叔丁基过氧)环己烷(含量≤13%,含A型稀释剂≥13%,含B型稀释剂≥74%)			
	1,1-二-(叔丁基过氧)环己烷(含量≤27%,含A型稀释剂≥25%)			
	1,1-二-(叔丁基过氧)环己烷(含量≤42%,含A型稀释剂≥13%,惰性固体含量≥45%)			
	1,1-二-(叔丁基过氧)环己烷(含量≤42%,含A型稀释剂≥58%)			
	1,1-二-(叔丁基过氧)环己烷(含量≤72%,含B型稀释剂≥28%)			
300	1,1-二-(叔丁基过氧)环己烷和过氧化(2-乙基己酸)叔丁酯的混合物[1,1-二-(叔丁基过氧)环己烷含量≤43%,过氧化(2-乙基己酸)叔丁酯含量≤16%,含A型稀释剂≥41%]			

续表

序号	品名	别名	CAS 号	备注
301	二-(叔丁基过氧)邻苯二甲酸酯(糊状,含量≤52%)			
	二-(叔丁基过氧)邻苯二甲酸酯(42%<含量52%,含A型稀释剂≥48%)			
	二-(叔丁基过氧)邻苯二甲酸酯(含量≤42%,含A型稀释剂≥58%)			
302	3,3-二-(叔戊基过氧)丁酸乙酯(含量≤67%,含A型稀释剂≥33%)		67567-23-1	
303	2,2-二-(叔戊基过氧)丁烷(含量≤57%,含A型稀释剂≥43%)		13653-62-8	
304	4,4′-二氨基-3,3′-二氯二苯基甲烷		101-14-4	
305	3,3′-二氨基二丙胺	二丙三胺;3,3′-亚氨基二丙胺;三丙撑三胺	56-18-8	
306	2,4-二氨基甲苯	甲苯-2,4-二胺;2,4-甲苯二胺	95-80-7	
307	2,5-二氨基甲苯	甲苯-2,5-二胺;2,5-甲苯二胺	95-70-5	
308	2,6-二氨基甲苯	甲苯-2,6-二胺;2,6-甲苯二胺	823-40-5	
309	4,4′-二氨基联苯	联苯胺;二氨基联苯	92-87-5	
310	二氨基镁		7803-54-5	
311	二苯胺		122-39-4	
312	二苯胺硫酸溶液			
313	二苯基胺氯胂	吩吡嗪化氯;亚当氏气	578-94-9	
314	二苯基二氯硅烷	二苯二氯硅烷	80-10-4	
315	二苯基二硒		1666-13-3	
316	二苯基汞	二苯汞	587-85-9	
317	二苯基甲烷二异氰酸酯	MDI	26447-40-5	
318	二苯基甲烷-4,4′-二异氰酸酯	亚甲基双(4,1-亚苯基)二异氰酸酯;4,4′-二异氰酸二苯甲烷	101-68-8	
319	二苯基氯胂	氯化二苯胂	712-48-1	
320	二苯基镁		555-54-4	
321	2-(二苯基乙酰基)-2,3-二氢-1,3-茚二酮	2-(2,2-二苯基乙酰基)-1,3-茚满二酮;敌鼠	82-66-6	剧毒
322	二苯甲基溴	溴二苯甲烷;二苯溴甲烷	776-74-9	
323	1,1-二苯肼	不对称二苯肼	530-50-7	
324	1,2-二苯肼	对称二苯肼	122-66-7	
325	二苄基二氯硅烷		18414-36-3	
326	二丙硫醚	正丙硫醚;二丙基硫;硫化二正丙基	111-47-7	
327	二碘化苯胂	苯基二碘胂	6380-34-3	

续表

序号	品名	别名	CAS 号	备注
328	二碘化汞	碘化汞;碘化高汞;红色碘化汞	7774-29-0	
329	二碘甲烷		75-11-6	
330	*N*,*N*-二丁基苯胺		613-29-6	
331	二丁基二(十二酸)锡	二丁基二月桂酸锡;月桂酸二丁基锡	77-58-7	
332	二丁基二氯化锡		683-18-1	
333	二丁基氧化锡	氧化二丁基锡	818-08-6	
334	*S*,*S'*-(1,4-二噁烷 2,3-二基) *O*,*O*,*O'*,*O'*-四乙基双(二硫代磷酸酯)	敌噁磷	78-34-2	
335	1,3-二氟-2-丙醇		453-13-4	
336	1,2-二氟苯	邻二氟苯	367-11-3	
337	1,3-二氟苯	间二氟苯	372-18-9	
338	1,4-二氟苯	对二氟苯	540-36-3	
339	1,3-二氟丙-2-醇(Ⅰ)与 1-氯-3-氟丙-2-醇(Ⅱ)的混合物	鼠甘伏;甘氟	8065-71-2	剧毒
340	二氟化氧	一氧化二氟	7783-41-7	剧毒
341	二氟甲烷	R32	75-10-5	
342	二氟磷酸(无水)	二氟代磷酸	13779-41-4	
343	1,1-二氟乙烷	R152a	75-37-6	
344	1,1-二氟乙烯	R1132a;偏氟乙烯	75-38-7	
345	二甘醇双(碳酸烯丙酯)和过二碳酸二异丙酯的混合物[二甘醇双(碳酸烯丙酯)≥88%,过二碳酸二异丙酯≤12%]			
346	二环庚二烯	2,5-降冰片二烯	121-46-0	
347	二环己胺		101-83-7	
348	1,3-二磺酰肼苯		26747-93-3	
349	*β*-二甲氨基丙腈	2-(二甲胺基)乙基氰	1738-25-6	
350	*O*-{4-[(二甲氨基)磺酰基]苯基}*O*,*O*-二甲基硫代磷酸酯	伐灭磷	52-85-7	
351	二甲氨基二氮硒杂茚			
352	二甲氨基甲酰氯		79-44-7	
353	4-二甲氨基偶氮苯-4'-胂酸	锆试剂	622-68-4	
354	二甲胺(无水)		124-40-3	
	二甲胺溶液			
355	1,2-二甲苯	邻二甲苯	95-47-6	
356	1,3-二甲苯	间二甲苯	108-38-3	

续表

序号	品名	别名	CAS 号	备注
357	1，4-二甲苯	对二甲苯	106-42-3	
358	二甲苯异构体混合物		1330-20-7	
359	2，3-二甲苯酚	1-羟基-2，3-二甲基苯；2，3-二甲酚	526-75-0	
360	2，4-二甲苯酚	1-羟基-2，4-二甲基苯；2，4-二甲酚	105-67-9	
361	2，5-二甲苯酚	1-羟基-2，5-二甲基苯；2，5-二甲酚	95-87-4	
362	2，6-二甲苯酚	1-羟基-2，6-二甲基苯；2，6-二甲酚	576-26-1	
363	3，4-二甲苯酚	1-羟基-3，4-二甲基苯	95-65-8	
364	3，5-二甲苯酚	1-羟基-3，5-二甲基苯	108-68-9	
365	*O*，*O*-二甲基-（2，2，2-三氯-1-羟基乙基）磷酸酯	敌百虫	52-68-6	
366	*O*，*O*-二甲基-*O*-（2，2-二氯乙烯基）磷酸酯	敌敌畏	62-73-7	
367	*O*-*O*-二甲基-*O*-（2-甲氧甲酰基-1-甲基）乙烯基磷酸酯（含量＞5%）	甲基-3-[（二甲氧基磷酰基）氧代]-2-丁烯酸酯；速灭磷	7786-34-7	剧毒
368	*N*，*N*-二甲基-1，3-丙二胺	3-二甲氨基-1-丙胺	109-55-7	
369	4，4-二甲基-1，3-二噁烷		766-15-4	
370	2，5-二甲基-1，4-二噁烷		15176-21-3	
371	2，5-二甲基-1，5-己二烯		627-58-7	
372	2，5-二甲基-2，4-己二烯		764-13-6	
373	2，3-二甲基-1-丁烯		563-78-0	
374	2，5-二甲基-2，5-二-（2-乙基己酰过氧）己烷（含量≤100%）	2，5-二甲基-2，5-双-（过氧化-2-乙基己酰）己烷	13052-09-0	
375	2，5-二甲基-2，5-二-（3，5，5-三甲基己酰过氧）己烷（含量≤77%，含A型稀释剂≥23%）	2，5-二甲基-2，5-双-（过氧化-3，5，5-三甲基己酰）己烷		
376	2，5-二甲基-2，5-二（叔丁基过氧）-3-己烷（52%<含量≤86%，含A型稀释剂≥14%）		1068-27-5	
	2，5-二甲基-2，5-二（叔丁基过氧）-3-己烷（86%<含量≤100%）			
	2，5-二甲基-2，5-二（叔丁基过氧）-3-己烷（含量≤52%，含惰性固体≥48%）			
377	2，5-二甲基-2，5-二（叔丁基过氧）己烷（90%<含量≤100%）			
	2，5-二甲基-2，5-二（叔丁基过氧）己烷（52%<含量≤90%，含A型稀释剂≥10%）			
	2，5-二甲基-2，5-二（叔丁基过氧）己烷（含量≤52%，含A型稀释剂≥48%）			

续表

序号	品名	别名	CAS 号	备注
377	2,5-二甲基-2,5-二(叔丁基过氧)己烷(含量≤77%)	2,5-二甲基-2,5-双-(过氧化叔丁基)己烷	78-63-7	
	2,5-二甲基-2,5-二(叔丁基过氧)己烷(糊状物,含量≤47%)			
378	2,5-二甲基-2,5-二氢过氧化己烷(含量≤82%)	2,5-二甲基-2,5-过氧化二氢己烷	3025-88-5	
379	2,5-二甲基-2,5-双(苯甲酰过氧)己烷(82%<含量≤100%)	2,5-二甲基-2,5-双-(过氧化苯甲酰)己烷	2618-77-1	
	2,5-二甲基-2,5-双(苯甲酰过氧)己烷(含量≤82%,惰性固体含量≥18%)			
	2,5-二甲基-2,5-双(苯甲酰过氧)己烷(含量≤82%,含水≥18%)			
380	2,5-二甲基-2,5-双-(过氧化叔丁基)-3-己炔(86%<含量≤100%)		1068-27-5	
	2,5-二甲基-2,5-双-(过氧化叔丁基)-3-己炔(含量≤52%,含惰性固体≥48%)			
	2,5-二甲基-2,5-双-(过氧化叔丁基)-3-己炔(52%<含量≤86% A型稀释剂≥14%)			
381	2,3-二甲基-2-丁烯	四甲基乙烯	563-79-1	
382	3-[2-(3,5-二甲基-2-氧代环己基)-2-羟基乙基]戊二酰胺	放线菌酮	66-81-9	
383	2,6-二甲基-3-庚烯		2738-18-3	
384	2,4-二甲基-3-戊酮	二异丙基甲酮	565-80-0	
385	二甲基-4-(甲基硫代)苯基磷酸酯	甲硫磷	3254-63-5	剧毒
386	1,1′-二甲基-4,4′-联吡啶阳离子	百草枯	4685-14-7	
387	3,3′-二甲基-4,4′-二氨基联苯	邻二氨基二甲基联苯;3,3′-二甲基联苯胺	119-93-7	
388	*N*′,*N*′-二甲基-*N*′-苯基-*N*′-(氟二氯甲硫基)磺酰胺	苯氟磺胺	1085-98-9	
389	*O*,*O*-二甲基-*O*-(1,2-二溴-2,2-二氯乙基)磷酸酯	二溴磷	300-76-5	
390	*O*,*O*-二甲基-*O*-(4-甲硫基-3-甲基苯基)硫代磷酸酯	倍硫磷	55-38-9	
391	*O*,*O*-二甲基-*O*-(4-硝基苯基)硫代磷酸酯	甲基对硫磷	298-00-0	
392	(*E*)-*O*,*O*-二甲基-*O*-[1-甲基-2-(1-苯基-乙氧基甲酰)乙烯基]磷酸酯	巴毒磷	7700-17-6	
393	(*E*)-*O*,*O*-二甲基-*O*-[1-甲基-2-(二甲基氨基甲酰)乙烯基]磷酸酯(含量>25%)	3-二甲氧基磷氧基-*N*,*N*-二甲基异丁烯酰胺;百治磷	141-66-2	剧毒
394	*O*,*O*-二甲基-*O*-[1-甲基-2-(甲基氨基甲酰)乙烯基]磷酸酯(含量>0.5%)	久效磷	6923-22-4	剧毒

续表

序号	品名	别名	CAS 号	备注
395	*O*, *O*-二甲基-*O*-[1-甲基-2氯-2-(二乙基氨基甲酰)乙烯基]磷酸酯	2-氯-3-(二乙氨基)-1-甲基-3-氧代-1-丙烯二甲基磷酸酯；磷胺	13171-21-6	
396	*O*, *O*-二甲基-*S*-(2, 3-二氢-5-甲氧基-2-氧代-1, 3, 4-噻二唑-3-基甲基)二硫代磷酸酯	杀扑磷	950-37-8	
397	*O*, *O*-二甲基-*S*-(2-甲硫基乙基)二硫代磷酸酯(Ⅱ)	二硫代田乐磷	2587-90-8	
398	*O*, *O*-二甲基-*S*-(2-乙硫基乙基)二硫代磷酸酯	甲基乙拌磷	640-15-3	
399	*O*, *O*-二甲基-*S*-(3, 4-二氢-4-氧代苯并[*d*]-[1, 2, 3]-三氮苯-3-基甲基)二硫代磷酸酯	保棉磷	86-50-0	
400	*O*, *O*-二甲基-*S*-(*N*-甲基氨基甲酰甲基)硫代磷酸酯	氧乐果	1113-02-6	
401	*O*, *O*-二甲基-*S*-(吗啉代甲酰甲基)二硫代磷酸酯	茂硫磷	144-41-2	
402	*O*, *O*-二甲基-*S*-(酞酰亚氨基甲基)二硫代磷酸酯	亚胺硫磷	732-11-6	
403	*O*, *O*-二甲基-*S*-(乙基氨基甲酰甲基)二硫代磷酸酯	益棉磷	2642-71-9	
404	*O*, *O*-二甲基-*S*-[1, 2-双(乙氧基甲酰)乙基]二硫代磷酸酯	马拉硫磷	121-75-5	
405	4-*N*, *N*-二甲基氨基-3, 5-二甲基苯基 *N*-甲基氨基甲酸酯	4-二甲氨基-3, 5-二甲苯基-*N*-甲基氨基甲酸酯；兹克威	315-18-4	
406	4-*N*, *N*-二甲基氨基-3-甲基苯基 *N*-甲基氨基甲酸酯	灭害威	2032-59-9	
407	4-二甲基氨基-6-(2-二甲基氨乙基氧基)甲苯-2-重氮氯化锌盐		135072-82-1	
408	8-(二甲基氨基甲基)-7-甲氧基氨基-3-甲基黄酮	二甲弗林	1165-48-6	
409	3-二甲基氨基亚甲基亚氨基苯基-*N*-甲基氨基甲酸酯(或其盐酸盐)	伐虫脒	22259-30-9；23422-53-9	
410	*N*, *N*-二甲基氨基乙腈	2-(二甲氨基)乙腈	926-64-7	剧毒
411	2, 3-二甲基苯胺	1-氨基-2, 3-二甲基苯	87-59-2	
412	2, 4-二甲基苯胺	1-氨基-2, 4-二甲基苯	95-68-1	
413	2, 5-二甲基苯胺	1-氨基-2, 5-二甲基苯	95-78-3	
414	2, 6-二甲基苯胺	1-氨基-2, 6-二甲基苯	87-62-7	
415	3, 4-二甲基苯胺	1-氨基-3, 4-二甲基苯	95-64-7	
416	3, 5-二甲基苯胺	1-氨基-3, 5-二甲基苯	108-69-0	
417	*N*, *N*-二甲基苯胺		121-69-7	
418	二甲基苯胺异构体混合物		1300-73-8	

续表

序号	品名	别名	CAS 号	备注
419	3,5-二甲基苯甲酰氯		6613-44-1	
420	2,4-二甲基吡啶	2,4-二甲基氮杂苯	108-47-4	
421	2,5-二甲基吡啶	2,5-二甲基氮杂苯	589-93-5	
422	2,6-二甲基吡啶	2,6-二甲基氮杂苯	108-48-5	
423	3,4-二甲基吡啶	3,4-二甲基氮杂苯	583-58-4	
424	3,5-二甲基吡啶	3,5-二甲基氮杂苯	591-22-0	
425	*N*,*N*-二甲基苄胺	*N*-苄基二甲胺;苄基二甲胺	103-83-3	
426	*N*,*N*-二甲基丙胺		926-63-6	
427	*N*,*N*-二甲基丙醇胺	3-(二甲氨基)-1-丙醇	3179-63-3	
428	2,2-二甲基丙酸甲酯	三甲基乙酸甲酯	598-98-1	
429	2,2-二甲基丙烷	新戊烷	463-82-1	
430	1,3-二甲基丁胺	2-氨基-4-甲基戊烷	108-09-8	
431	1,3-二甲基丁醇乙酸酯	乙酸仲己酯;2-乙酸-4-甲基戊酯	108-84-9	
432	2,2-二甲基丁烷	新己烷	75-83-2	
433	2,3-二甲基丁烷	二异丙基	79-29-8	
434	*O*,*O*-二甲基-对硝基苯基磷酸酯	甲基对氧磷	950-35-6	剧毒
435	二甲基二噁烷		25136-55-4	
436	二甲基二氯硅烷	二氯二甲基硅烷	75-78-5	
437	二甲基二乙氧基硅烷	二乙氧基二甲基硅烷	78-62-6	
438	2,5-二甲基呋喃	2,5-二甲基氧杂茂	625-86-5	
439	2,2-二甲基庚烷		1071-26-7	
440	2,3-二甲基庚烷		3074-71-3	
441	2,4-二甲基庚烷		2213-23-2	
442	2,5-二甲基庚烷		2216-30-0	
443	3,3-二甲基庚烷		4032-86-4	
444	3,4-二甲基庚烷		922-28-1	
445	3,5-二甲基庚烷		926-82-9	
446	4,4-二甲基庚烷		1068-19-5	
447	*N*,*N*-二甲基环己胺	二甲氨基环己烷	98-94-2	
448	1,1-二甲基环己烷		590-66-9	
449	1,2-二甲基环己烷		583-57-3	
450	1,3-二甲基环己烷		591-21-9	
451	1,4-二甲基环己烷		589-90-2	
452	1,1-二甲基环戊烷		1638-26-2	

续表

序号	品名	别名	CAS 号	备注
453	1,2-二甲基环戊烷		2452-99-5	
454	1,3-二甲基环戊烷		2453-00-1	
455	2,2-二甲基己烷		590-73-8	
456	2,3-二甲基己烷		584-94-1	
457	2,4-二甲基己烷		589-43-5	
458	3,3-二甲基己烷		563-16-6	
459	3,4-二甲基己烷		583-48-2	
460	*N,N*-二甲基甲酰胺	甲酰二甲胺	68-12-2	
461	1,1-二甲基肼	二甲基肼(不对称);*N,N*-二甲基肼	57-14-7	剧毒
462	1,2-二甲基肼	二甲基肼(对称)	540-73-8	剧毒
463	*O,O'*-二甲基硫代磷酰氯	二甲基硫代磷酰氯	2524-03-0	剧毒
464	二甲基氯乙缩醛		97-97-2	
465	2,6-二甲基吗啉		141-91-3	
466	二甲基镁		2999-74-8	
467	1,4-二甲基哌嗪		106-58-1	
468	二甲基胂酸钠	卡可酸钠	124-65-2	
469	2,3-二甲基戊醛		32749-94-3	
470	2,2-二甲基戊烷		590-35-2	
471	2,3-二甲基戊烷		565-59-3	
472	2,4-二甲基戊烷	二异丙基甲烷	108-08-7	
473	3,3-二甲基戊烷	2,2-二乙基丙烷	562-49-2	
474	*N,N*-二甲基硒脲	二甲基硒脲(不对称)	5117-16-8	
475	二甲基锌		544-97-8	
476	*N,N*-二甲基乙醇胺	*N,N*-二甲基-2-羟基乙胺;2-二甲氨基乙醇	108-01-0	
477	二甲基乙二酮	双乙酰;丁二酮	431-03-8	
478	*N,N*-二甲基异丙醇胺	1-(二甲氨基)-2-丙醇	108-16-7	
479	二甲醚	甲醚	115-10-6	
480	二甲胂酸	二甲次胂酸;二甲基胂酸;卡可地酸;卡可酸	75-60-5	
481	二甲双胍	双甲胍;马钱子碱	57-24-9	剧毒
482	2,6-二甲氧基苯甲酰氯		1989-53-3	
483	2,2-二甲氧基丙烷		77-76-9	
484	二甲氧基甲烷	二甲醇缩甲醛;甲缩醛;甲撑二甲醚	109-87-5	

续表

序号	品名	别名	CAS 号	备注
485	3，3′-二甲氧基联苯胺	邻联二茴香胺；3，3′-二甲氧基-4，4′-二氨基联苯	119-90-4	
486	二甲氧基马钱子碱	番木鳖碱	357-57-3	剧毒
487	1，1-二甲氧基乙烷	二甲醇缩乙醛；乙醛缩二甲醇	534-15-6	
488	1，2-二甲氧基乙烷	二甲基溶纤剂；乙二醇二甲醚	110-71-4	
489	二聚丙烯醛（稳定的）		100-73-2	
490	二聚环戊二烯	双茂；双环戊二烯；4，7-亚甲基-3*a*，4，7，7*a*-四氢茚	77-73-6	
491	二硫代-4，4′-二氨基代二苯	4，4′-二氨基二苯基二硫醚二硫代对氨基苯	722-27-0	
492	二硫化二甲基	二甲二硫；二甲基二硫；甲基化二硫	624-92-0	
493	二硫化钛		12039-13-3	
494	二硫化碳		75-15-0	
495	二硫化硒		7488-56-4	
496	2，3-二氯-1，4-萘醌	二氯萘醌	117-80-6	
497	1，1-二氯-1-硝基乙烷		594-72-9	
498	1，3-二氯-2-丙醇	1，3-二氯异丙醇；1，3-二氯代甘油	96-23-1	
499	1，3-二氯-2-丁烯		926-57-8	
500	1，4-二氯-2-丁烯		764-41-0	
501	1，2-二氯苯	邻二氯苯	95-50-1	
502	1，3-二氯苯	间二氯苯	541-73-1	
503	2，3-二氯苯胺		608-27-5	
504	2，4-二氯苯胺		554-00-7	
505	2，5-二氯苯胺		95-82-9	
506	2，6-二氯苯胺		608-31-1	
507	3，4-二氯苯胺		95-76-1	
508	3，5-二氯苯胺		626-43-7	
509	二氯苯胺异构体混合物		27134-27-6	
510	2，3-二氯苯酚	2，3-二氯酚	576-24-9	
511	2，4-二氯苯酚	2，4-二氯酚	120-83-2	
512	2，5-二氯苯酚	2，5-二氯酚	583-78-8	
513	2，6-二氯苯酚	2，6-二氯酚	87-65-0	
514	3，4-二氯苯酚	3，4-二氯酚	95-77-2	
515	3，4-二氯苯基偶氮硫脲	3，4-二氯苯偶氮硫代氨基甲酰胺；灭鼠肼	5836-73-7	

续表

序号	品名	别名	CAS 号	备注
516	二氯苯基三氯硅烷		27137-85-5	
517	2，4-二氯苯甲酰氯	2，4-二氯代氯化苯甲酰	89-75-8	
518	2-（2，4-二氯苯氧基）丙酸	2，4-滴丙酸	120-36-5	
519	3，4-二氯苄基氯	3，4-二氯氯化苄；氯化-3，4-二氯苄	102-47-6	
520	1，1-二氯丙酮		513-88-2	
521	1，3-二氯丙酮	α，γ-二氯丙酮	534-07-6	
522	1，2-二氯丙烷	二氯化丙烯	78-87-5	
523	1，3-二氯丙烷		142-28-9	
524	1，2-二氯丙烯	2-氯丙烯基氯	563-54-2	
525	1，3-二氯丙烯		542-75-6	
526	2，3-二氯丙烯		78-88-6	
527	1，4-二氯丁烷		110-56-5	
528	二氯二氟甲烷	R12	75-71-8	
529	二氯二氟甲烷和二氟乙烷的共沸物（含二氯二氟甲烷约 74%）	R500		
530	1，2-二氯二乙醚	乙基-1，2-二氯乙醚	623-46-1	
531	2，2-二氯二乙醚	对称二氯二乙醚	111-44-4	
532	二氯硅烷		4109-96-0	
533	二氯化膦苯	苯基二氯磷；苯膦化二氯	644-97-3	
534	二氯化硫		10545-99-0	
535	二氯化乙基铝	乙基二氯化铝	563-43-9	
536	2，4-二氯甲苯		95-73-8	
537	2，5-二氯甲苯		19398-61-9	
538	2，6-二氯甲苯		118-69-4	
539	3，4-二氯甲苯		95-75-0	
540	α，α-二氯甲苯	二氯化苄；二氯甲基苯；苄叉二氯；α，α-二氯甲基苯	98-87-3	
541	二氯甲烷	亚甲基氯；甲撑氯	75-09-2	
542	3，3′-二氯联苯胺		91-94-1	
543	二氯硫化碳	硫光气；硫代羰基氯	463-71-8	
544	二氯醛基丙烯酸	黏氯酸；二氯代丁烯醛酸；糠氯酸	87-56-9	
545	二氯四氟乙烷	R114	76-14-2	
546	1，5-二氯戊烷		628-76-2	
547	2，3-二氯硝基苯	1，2-二氯-3-硝基苯	3209-22-1	

续表

序号	品名	别名	CAS 号	备注
548	2，4-二氯硝基苯		611-06-3	
549	2，5-二氯硝基苯	1，4-二氯-2-硝基苯	89-61-2	
550	3，4-二氯硝基苯		99-54-7	
551	二氯一氟甲烷	R21	75-43-4	
552	二氯乙腈	氰化二氯甲烷	3018-12-0	
553	二氯乙酸	二氯醋酸	79-43-6	
554	二氯乙酸甲酯	二氯醋酸甲酯	116-54-1	
555	二氯乙酸乙酯	二氯醋酸乙酯	535-15-9	
556	1，1-二氯乙烷	乙叉二氯	75-34-3	
557	1，2-二氯乙烷	乙撑二氯；亚乙基二氯；1，2-二氯化乙烯	107-06-2	
558	1，1-二氯乙烯	偏二氯乙烯；乙烯叉二氯	75-35-4	
559	1，2-二氯乙烯	二氯化乙炔	540-59-0	
560	二氯乙酰氯		79-36-7	
561	二氯异丙基醚	二氯异丙醚	108-60-1	
562	二氯异氰尿酸		2782-57-2	
563	1，4-二羟基-2-丁炔	1，4-丁炔二醇；丁炔二醇	110-65-6	
564	1，5-二羟基-4，8-二硝基蒽醌		128-91-6	
565	3，4-二羟基-α-（甲氨基甲基）苄醇	肾上腺素；付肾碱；付肾素	51-43-4	
566	2，2′-二羟基二乙胺	二乙醇胺	111-42-2	
567	3，6-二羟基邻苯二甲腈	2，3-二氰基对苯二酚	4733-50-0	
568	2，3-二氢-2，2-二甲基苯并呋喃-7-基-*N*-甲基氨基甲酸酯	克百威	1563-66-2	剧毒
569	2，3-二氢吡喃		25512-65-6	
570	2，3-二氰-5，6-二氯氢醌		84-58-2	
571	二肉豆蔻基过氧重碳酸酯（含量≤100%） 二肉豆蔻基过氧重碳酸酯（含量≤42%，在水中稳定弥散）		53220-22-7	
572	2，6-二硫-1，3，5，7-四氮三环-[3，3，1，1（3，7）]癸烷-2，2，6，6-四氧化物	毒鼠强	80-12-6	剧毒
573	二叔丁基过氧化物（52%<含量≤100%） 二叔丁基过氧化物（含量≤52%，含B型稀释剂≥48%）	过氧化二叔丁基	110-05-4	
574	二叔丁基过氧壬二酸酯（含量≤52%，含A型稀释剂≥48%）		16580-06-6	
575	1，1-二叔戊过氧基环己烷（含量≤82%，含A型稀释剂≥18%）		15667-10-4	

续表

序号	品名	别名	CAS 号	备注
576	二-叔戊基过氧化物(含量≤100%)		10508-09-5	
577	二水合三氟化硼	三氟化硼水合物	13319-75-0	
578	二戊基磷酸	酸式磷酸二戊酯	3138-42-9	
579	二烯丙基胺	二烯丙胺	124-02-7	
580	二烯丙基代氰胺	*N*-氰基二烯丙基胺	538-08-9	
581	二烯丙基硫醚	硫化二烯丙基;烯丙基硫醚	592-88-1	
582	二烯丙基醚	烯丙基醚	557-40-4	
583	4,6-二硝基-2-氨基苯酚	苦氨酸;二硝基氨基苯酚	96-91-3	
584	4,6-二硝基-2-氨基苯酚锆	苦氨酸锆	63868-82-6	
585	4,6-二硝基-2-氨基苯酚钠	苦氨酸钠	831-52-7	
586	1,2-二硝基苯	邻二硝基苯	528-29-0	
587	1,3-二硝基苯	间二硝基苯	99-65-0	
588	1,4-二硝基苯	对二硝基苯	100-25-4	
589	2,4-二硝基苯胺		97-02-9	
590	2,6-二硝基苯胺		606-22-4	
591	3,5-二硝基苯胺		618-87-1	
592	二硝基苯酚(干的或含水<15%)		25550-58-7	
	二硝基苯酚溶液			
593	2,4-二硝基苯酚(含水≥15%)	1-羟基-2,4-二硝基苯	51-28-5	
594	2,5-二硝基苯酚(含水≥15%)		329-71-5	
595	2,6-二硝基苯酚(含水≥15%)		573-56-8	
596	二硝基苯酚碱金属盐(干的或含水<15%)	二硝基酚碱金属盐		
597	2,4-二硝基苯酚钠		1011-73-0	
598	2,4-二硝基苯磺酰氯		1656-44-6	
599	2,4-二硝基苯甲醚	2,4-二硝基茴香醚	119-27-7	
600	3,5-二硝基苯甲酰氯	3,5-二硝基氯化苯甲酰	99-33-2	
601	2,4-二硝基苯肼		119-26-6	
602	1,3-二硝基丙烷		6125-21-9	
603	2,2-二硝基丙烷		595-49-3	
604	2,4-二硝基二苯胺		961-68-2	
605	3,4-二硝基二苯胺			
606	二硝基甘脲		55510-04-8	
607	2,4-二硝基甲苯		121-14-2	
608	2,6-二硝基甲苯		606-20-2	

续表

序号	品名	别名	CAS号	备注
609	二硝基间苯二酚		519-44-8	
610	二硝基联苯		38094-35-8	
611	二硝基邻甲酚铵			
612	二硝基邻甲酚钾		5787-96-2	
613	4,6-二硝基邻甲苯酚钠		2312-76-7	
614	二硝基邻甲苯酚钠			
615	2,4-二硝基氯化苄	2,4-二硝基苯代氯甲烷	610-57-1	
616	1,5-二硝基萘		605-71-0	
617	1,8-二硝基萘		602-38-0	
618	2,4-二硝基萘酚		605-69-6	
619	2,4-二硝基萘酚钠	马汀氏黄;色淀黄	887-79-6	
620	2,7-二硝基芴		5405-53-8	
621	二硝基重氮苯酚(按质量含水或乙醇和水的混合物不低于40%)	重氮二硝基苯酚	4682-03-5	
622	1,2-二溴-3-丁酮		25109-57-3	
623	3,5-二溴-4-羟基苄腈	溴苯腈	1689-84-5	
624	1,2-二溴苯	邻二溴苯	583-53-9	
625	2,4-二溴苯胺		615-57-6	
626	2,5-二溴苯胺		3638-73-1	
627	1,2-二溴丙烷		78-75-1	
628	二溴二氟甲烷	二氟二溴甲烷	75-61-6	
629	二溴甲烷	二溴化亚甲基	74-95-3	
630	1,2-二溴乙烷	乙撑二溴;二溴化乙烯	106-93-4	
631	二溴异丙烷			
632	*N*,*N*′-二亚硝基-*N*,*N*′-二甲基对苯二酰胺		133-55-1	
633	二亚硝基苯		25550-55-4	
634	2,4-二亚硝基间苯二酚	1,3-二羟基-2,4-二亚硝基苯	118-02-5	
635	*N*,*N*′-二亚硝基五亚甲基四胺(减敏的)	发泡剂H	101-25-7	
636	二亚乙基三胺	二乙撑三胺	111-40-0	
637	二氧化氮		10102-44-0	
638	二氧化丁二烯	双环氧乙烷	298-18-0	
639	二氧化硫	亚硫酸酐	7446-09-5	
640	二氧化氯		10049-04-4	
641	二氧化铅	过氧化铅	1309-60-0	

续表

序号	品名	别名	CAS 号	备注
642	二氧化碳(压缩的或液化的)	碳酸酐	124-38-9	
643	二氧化碳和环氧乙烷混合物	二氧化碳和氧化乙烯混合物		
644	二氧化碳和氧气混合物			
645	二氧化硒	亚硒酐	7446-08-4	
646	1,3-二氧戊环	二氧戊环;乙二醇缩甲醛	646-06-0	
647	1,4-二氧杂环己烷	二噁烷;1,4-二氧己环	123-91-1	
648	*S*-[2-(二乙氨基)乙基]-*O*,*O*-二乙基硫赶磷酸酯	胺吸磷	78-53-5	剧毒
649	*N*-二乙氨基乙基氯	2-氯乙基二乙胺	100-35-6	剧毒
650	二乙胺		109-89-7	
651	二乙二醇二硝酸酯(含不挥发、不溶于水的减敏剂≥25%)	二甘醇二硝酸酯	693-21-0	
652	*N*,*N*-二乙基-1,3-丙二胺	*N*,*N*-二乙基-1,3-二氨基丙烷;3-二乙氨基丙胺	104-78-9	
653	*N*,*N*-二乙基-1-萘胺	*N*,*N*-二乙基-*α*-萘胺	84-95-7	
654	*O*,*O*-二乙基-*N*-(1,3-二硫戊环-2-亚基)磷酰胺(含量>15%)	2-(二乙氧基磷酰亚氨基)-1,3-二硫戊环;硫环磷	947-02-4	剧毒
655	*O*,*O*-二乙基-*N*-(4-甲基-1,3-二硫戊环-2-亚基)磷酰胺(含量>5%)	二乙基(4-甲基-1,3-二硫戊环-2-叉氨基)磷酸酯;地胺磷	950-10-7	剧毒
656	*O*,*O*-二乙基-*N*-1,3-二噻丁环-2-亚基磷酰胺	丁硫环磷	21548-32-3	剧毒
657	*O*,*O*-二乙基-*O*-(2,2-二氯-1-*β*-氯乙氧基乙烯基)-磷酸酯	彼氧磷	67329-01-5	
658	*O*,*O*-二乙基-*O*-(2-乙硫基乙基)硫代磷酸酯与*O*,*O*-二乙基-*S*-(2-乙硫基乙基)硫代磷酸酯的混合物(含量>3%)	内吸磷	8065-48-3	剧毒
659	*O*,*O*-二乙基-*O*-(3-氯-4-甲基香豆素-7-基)硫代磷酸酯	蝇毒磷	56-72-4	
660	*O*,*O*-二乙基-*O*-(4-甲基香豆素基-7)硫代磷酸酯	扑杀磷	299-45-6	剧毒
661	*O*,*O*-二乙基-*O*-(4-硝基苯基)磷酸酯	对氧磷	311-45-5	剧毒
662	*O*,*O*-二乙基-*O*-(4-硝基苯基)硫代磷酸酯(含量>4%)	对硫磷	56-38-2	剧毒
663	*O*,*O*-二乙基-*O*-(4-溴-2,5-二氯苯基)硫代磷酸酯	乙基溴硫磷	4824-78-6	
664	*O*,*O*-二乙基-*O*-(6-二乙胺次甲基-2,4-二氯)苯基硫逐磷酰酯盐酸盐			
665	*O*,*O*-二乙基-*O*-[2-氯-1-(2,4-二氯苯基)乙烯基]磷酸酯(含量>20%)	2-氯-1-(2,4-二氯苯基)乙烯基二乙基磷酸酯;毒虫畏	470-90-6	剧毒

续表

序号	品名	别名	CAS 号	备注
666	O,O-二乙基-O-2,5-二氯-4-甲硫基苯基硫代磷酸酯	O-[2,5-二氯-4-(甲硫基)苯基]-O,O-二乙基硫代磷酸酯;虫螨磷	21923-23-9;60238-56-4	
667	O,O-二乙基-O-2-吡嗪基硫代磷酸酯(含量>5%)	虫线磷	297-97-2	剧毒
668	O,O-二乙基-O-喹噁啉-2-基硫代磷酸酯	喹硫磷	13593-03-8	
669	O,O-二乙基-S-(2,5-二氯苯硫基甲基)二硫代磷酸酯	芬硫磷	2275-14-1	
670	O,O-二乙基-S-(2-氯-1-酞酰亚氨基乙基)二硫代磷酸酯	氯亚胺硫磷	10311-84-9	
671	O,O-二乙基-S-(2-乙基亚磺酰基乙基)二硫代磷酸酯	砜拌磷	2497-07-6	
672	O,O-二乙基-S-(2-乙硫基乙基)二硫代磷酸酯(含量>15%)	乙拌磷	298-04-4	剧毒
673	O,O-二乙基-S-(4-甲基亚磺酰基苯基)硫代磷酸酯(含量>4%)	丰索磷	115-90-2	剧毒
674	O,O-二乙基-S-(4-氯苯硫基甲基)二硫代磷酸酯	三硫磷	786-19-6	
675	O,O-二乙基-S-(对硝基苯基)硫代磷酸	硫代磷酸-O,O-二乙基-S-(4-硝基苯基)酯	3270-86-8	剧毒
676	O,O-二乙基-S-(乙硫基甲基)二硫代磷酸酯	甲拌磷	298-02-2	剧毒
677	O,O-二乙基-S-(异丙基氨基甲酰甲基)二硫代磷酸酯(含量>15%)	发硫磷	2275-18-5	剧毒
678	O,O-二乙基-S-[N-(1-氰基-1-甲基乙基)氨基甲酰甲基]硫代磷酸酯	S-{2-[(1-氰基-1-甲基乙基)氨基]-2-氧代乙基}-O,O-二乙基硫代磷酸酯;果虫磷	3734-95-0	
679	O,O-二乙基-S-氯甲基二硫代磷酸酯(含量>15%)	氯甲硫磷	24934-91-6	剧毒
680	O,O-二乙基-S-叔丁基硫甲基二硫代磷酸酯	特丁硫磷	13071-79-9	剧毒
681	O,O-二乙基-S-乙基亚磺酰基甲基二硫代磷酸酯	甲拌磷亚砜	2588-03-6	
682	1-二乙基氨基-4-氨基戊烷	2-氨基-5-二乙基氨基戊烷;N',N'-二乙基-1,4-戊二胺;2-氨基-5-二乙氨基戊烷	140-80-7	
683	二乙基氨基氰	氰化二乙胺	617-83-4	
684	1,2-二乙基苯	邻二乙基苯	135-01-3	
685	1,3-二乙基苯	间二乙基苯	141-93-5	
686	1,4-二乙基苯	对二乙基苯	105-05-5	

续表

序号	品名	别名	CAS 号	备注
687	*N*,*N*-二乙基苯胺	二乙氨基苯	91-66-7	
688	*N*-(2,6-二乙基苯基)-*N*-甲氧基甲基-氯乙酰胺	甲草胺	15972-60-8	
689	*N*,*N*-二乙基对甲苯胺	4-(二乙胺基)甲苯	613-48-9	
690	*N*,*N*-二乙基二硫代氨基甲酸-2-氯烯丙基酯	菜草畏	95-06-7	
691	二乙基二氯硅烷	二氯二乙基硅烷	1719-53-5	
692	二乙基汞	二乙汞	627-44-1	剧毒
693	1,2-二乙基肼	二乙基肼(不对称)	1615-80-1	
694	*N*,*N*-二乙基邻甲苯胺	2-(二乙胺基)甲苯	2728-04-3	
695	*O*,*O'*-二乙基硫代磷酰氯	二乙基硫代磷酰氯	2524-04-1	
696	二乙基镁		557-18-6	
697	二乙基硒		627-53-2	
698	二乙基锌		557-20-0	
699	*N*,*N*-二乙基乙撑二胺	*N*,*N*-二乙基乙二胺	100-36-7	
700	*N*,*N*-二乙基乙醇胺	2-(二乙胺基)乙醇	100-37-8	
701	二乙硫醚	硫代乙醚;二乙硫	352-93-2	
702	二乙烯基醚(稳定的)	乙烯基醚	109-93-3	
703	3,3-二乙氧基丙烯	丙烯醛二乙缩醛;二乙基缩醛丙烯醛	3054-95-3	
704	二乙氧基甲烷	甲醛缩二乙醇;二乙醇缩甲醛	462-95-3	
705	1,1-二乙氧基乙烷	乙叉二乙基醚;二乙醇缩乙醛;乙缩醛	105-57-7	
706	二异丙胺		108-18-9	
707	二异丙醇胺	2,2'-二羟基二丙胺	110-97-4	
708	*O*,*O*-二异丙基-*S*-(2-苯磺酰胺基)乙基二硫代磷酸酯	*S*-2-苯磺酰基氨基乙基-*O*,*O*-二异丙基二硫代磷酸酯;地散磷	741-58-2	
709	二异丙基二硫代磷酸锑			
710	*N*,*N*-二异丙基乙胺	*N*-乙基二异丙胺	7087-68-5	
711	*N*,*N*-二异丙基乙醇胺	*N*,*N*-二异丙氨基乙醇	96-80-0	
712	二异丁胺		110-96-3	
713	二异丁基酮	2,6-二甲基-4-庚酮	108-83-8	

续表

序号	品名	别名	CAS 号	备注
714	二异戊醚		544-01-4	
715	二异辛基磷酸	酸式磷酸二异辛酯	27215-10-7	
716	二正丙胺	二丙胺	142-84-7	
718	二正丙基过氧重碳酸酯（含量≤ 100%）		16066-38-9	
	二正丙基过氧重碳酸酯（含量≤ 77%，含 B 型稀释剂≥ 23%）			
718	二正丁胺	二丁胺	111-92-2	
719	*N*, *N*- 二正丁基氨基乙醇	*N*, *N*- 二正丁基乙醇胺；2- 二丁氨基乙醇	102-81-8	
720	二－正丁基过氧重碳酸酯（含量≤ 27%，含 B 型稀释剂≥ 73%）		16215-49-9	
	二－正丁基过氧重碳酸酯（27%＜含量≤ 52%，含 B 型稀释剂≥ 48%）			
	二－正丁基过氧重碳酸酯［含量≤ 42%，在水（冷冻）中稳定弥散］			
721	二正戊胺	二戊胺	2050-92-2	
722	二仲丁胺		626-23-3	
723	发烟硫酸	硫酸和三氧化硫的混合物；焦硫酸	8014-95-7	
724	发烟硝酸		52583-42-3	
725	钒酸铵钠		12055-09-3	
726	钒酸钾	钒酸三钾	14293-78-8	
727	放线菌素		1402-38-6	
728	放线菌素 D		50-76-0	
729	呋喃	氧杂茂	110-00-9	
730	2- 呋喃甲醇	糠醇	98-00-0	
731	呋喃甲酰氯	氯化呋喃甲酰	527-69-5	
732	氟		7782-41-4	剧毒
733	1- 氟 -2, 4- 二硝基苯	2, 4- 二硝基 -1- 氟苯	70-34-8	
734	2- 氟苯胺	邻氟苯胺；邻氨基氟化苯	348-54-9	
735	3- 氟苯胺	间氟苯胺；间氨基氟化苯	372-19-0	
736	4- 氟苯胺	对氟苯胺；对氨基氟化苯	371-40-4	
737	氟代苯	氟苯	462-06-6	

续表

序号	品名	别名	CAS 号	备注
738	氟代甲苯		25496-08-6	
739	氟锆酸钾	氟化锆钾	16923-95-8	
740	氟硅酸	硅氟酸	16961-83-4	
741	氟硅酸铵		1309-32-6	
742	氟硅酸钾		16871-90-2	
743	氟硅酸钠		16893-85-9	
744	氟化铵		12125-01-8	
745	氟化钡		7787-32-8	
746	氟化锆		7783-64-4	
747	氟化镉		7790-79-6	
748	氟化铬	三氟化铬	7788-97-8	
749	氟化汞	二氟化汞	7783-39-3	
750	氟化钴	三氟化钴	10026-18-3	
751	氟化钾		7789-23-3	
752	氟化镧	三氟化镧	13709-38-1	
753	氟化锂		7789-24-4	
754	氟化钠		7681-49-4	
755	氟化铅	二氟化铅	7783-46-2	
756	氟化氢(无水)		7664-39-3	
757	氟化氢铵	酸性氟化铵;二氟化氢铵	1341-49-7	
758	氟化氢钾	酸性氟化钾;二氟化氢钾	7789-29-9	
759	氟化氢钠	酸性氟化钠;二氟化氢钠	1333-83-1	
760	氟化铷		13446-74-7	
761	氟化铯		13400-13-0	
762	氟化铜	二氟化铜	7789-19-7	
763	氟化锌		7783-49-5	
764	氟化亚钴	二氟化钴	10026-17-2	
765	氟磺酸		7789-21-1	
766	2-氟甲苯	邻氟甲苯;邻甲基氟苯;2-甲基氟苯	95-52-3	

续表

序号	品名	别名	CAS 号	备注
767	3-氟甲苯	间氟甲苯;间甲基氟苯;3-甲基氟苯	352-70-5	
768	4-氟甲苯	对氟甲苯;对甲基氟苯;4-甲基氟苯	352-32-9	
769	氟甲烷	R41;甲基氟	593-53-3	
770	氟磷酸(无水)		13537-32-1	
771	氟硼酸		16872-11-0	
772	氟硼酸-3-甲基-4-(吡咯烷-1-基)重氮苯		36422-95-4	
773	氟硼酸镉		14486-19-2	
774	氟硼酸铅		13814-96-5	
	氟硼酸铅溶液(含量＞28%)			
775	氟硼酸锌		13826-88-5	
776	氟硼酸银		14104-20-2	
777	氟铍酸铵	氟化铍铵	14874-86-3	
778	氟铍酸钠		13871-27-7	
779	氟钽酸钾	钽氟酸钾;七氟化钽钾	16924-00-8	
780	氟乙酸	氟醋酸	144-49-0	剧毒
781	氟乙酸-2-苯酰肼	法尼林	2343-36-4	
782	氟乙酸钾	氟醋酸钾	23745-86-0	
783	氟乙酸甲酯		453-18-9	剧毒
784	氟乙酸钠	氟醋酸钠	62-74-8	剧毒
785	氟乙酸乙酯	氟醋酸乙酯	459-72-3	
786	氟乙烷	R161;乙基氟	353-36-6	
787	氟乙烯(稳定的)	乙烯基氟	75-02-5	
788	氟乙酰胺		640-19-7	剧毒
789	钙	金属钙	7440-70-2	
	金属钙粉	钙粉		
790	钙合金			
791	钙锰硅合金			
792	甘露糖醇六硝酸酯(湿的,按质量含水或乙醇和水的混合物不低于40%)	六硝基甘露醇	15825-70-4	
793	高碘酸	过碘酸;仲高碘酸	10450-60-9	

续表

序号	品名	别名	CAS 号	备注
794	高碘酸铵	过碘酸铵	13446-11-2	
795	高碘酸钡	过碘酸钡	13718-58-6	
796	高碘酸钾	过碘酸钾	7790-21-8	
797	高碘酸钠	过碘酸钠	7790-28-5	
798	高氯酸（浓度＞72%）	过氯酸	7601-90-3	
	高氯酸（浓度≤50%）			
	高氯酸（浓度 50%～72%）			
799	高氯酸铵	过氯酸铵	7790-98-9	
800	高氯酸钡	过氯酸钡	13465-95-7	
801	高氯酸醋酐溶液	过氯酸醋酐溶液		
802	高氯酸钙	过氯酸钙	13477-36-6	
803	高氯酸钾	过氯酸钾	7778-74-7	
804	高氯酸锂	过氯酸锂	7791-03-9	
805	高氯酸镁	过氯酸镁	10034-81-8	
806	高氯酸钠	过氯酸钠	7601-89-0	
807	高氯酸铅	过氯酸铅	13637-76-8	
808	高氯酸锶	过氯酸锶	13450-97-0	
809	高氯酸亚铁		13520-69-9	
810	高氯酸银	过氯酸银	7783-93-9	
811	高锰酸钡	过锰酸钡	7787-36-2	
812	高锰酸钙	过锰酸钙	10118-76-0	
813	高锰酸钾	过锰酸钾；灰锰氧	7722-64-7	
814	高锰酸钠	过锰酸钠	10101-50-5	
815	高锰酸锌	过锰酸锌	23414-72-4	
816	高锰酸银	过锰酸银	7783-98-4	
817	镉（非发火的）		7440-43-9	
818	铬硫酸			
819	铬酸钾		7789-00-6	
820	铬酸钠		7775-11-3	
821	铬酸铍		14216-88-7	
822	铬酸铅		7758-97-6	
823	铬酸溶液		7738-94-5	
824	铬酸叔丁酯四氯化碳溶液		1189-85-1	
825	庚二腈	1，5-二氰基戊烷	646-20-8	

续表

序号	品名	别名	CAS号	备注
826	庚腈	氰化正己烷	629-08-3	
827	1-庚炔	正庚炔	628-71-7	
828	庚酸	正庚酸	111-14-8	
829	2-庚酮	甲基戊基甲酮	110-43-0	
830	3-庚酮	乙基正丁基甲酮	106-35-4	
831	4-庚酮	乳酮;二丙基甲酮	123-19-3	
832	1-庚烯	正庚烯;正戊基乙烯	592-76-7	
833	2-庚烯		592-77-8	
834	3-庚烯		592-78-9	
835	汞	水银	7439-97-6	
836	挂-3-氯桥-6-氰基-2-降冰片酮-*O*-(甲基氨基甲酰基)肟	肟杀威	15271-41-7	
837	硅粉(非晶形的)		7440-21-3	
838	硅钙	二硅化钙	12013-56-8	
839	硅化钙		12013-55-7	
840	硅化镁		22831-39-6; 39404-03-0	
841	硅锂		68848-64-6	
842	硅铝		57485-31-1	
	硅铝粉(无涂层的)			
843	硅锰钙		12205-44-6	
844	硅酸铅		10099-76-0; 11120-22-2	
845	硅酸四乙酯	四乙氧基硅烷;正硅酸乙酯	78-10-4	
846	硅铁锂		64082-35-5	
847	硅铁铝(粉末状的)		12003-41-7	
848	癸二酰氯	氯化癸二酰	111-19-3	
849	癸硼烷	十硼烷;十硼氢	17702-41-9	剧毒
850	1-癸烯		872-05-9	
851	过二硫酸铵	高硫酸铵;过硫酸铵	7727-54-0	
852	过二硫酸钾	高硫酸钾;过硫酸钾	7727-21-1	
853	过二碳酸二-(2-乙基己)酯(77%<含量≤100%)		16111-62-9	
	过二碳酸二-(2-乙基己)酯[含量≤52%,在水(冷冻)中稳定弥散]			
	过二碳酸二-(2-乙基己)酯(含量≤62%,在水中稳定弥散)			

续表

序号	品名	别名	CAS 号	备注
853	过二碳酸二－(2-乙基己)酯(含量≤77%,含B型稀释剂≥23%)			
854	过二碳酸二－(2-乙氧乙)酯(含量≤52%,含B型稀释剂≥48%)			
855	过二碳酸二－(3-甲氧丁)酯(含量≤52%,含B型稀释剂≥48%)		52238-68-3	
856	过二碳酸钠		3313-92-6	
857	过二碳酸异丙仲丁酯、过二碳酸二仲丁酯和过二碳酸二异丙酯的混合物(过二碳酸异丙仲丁酯≤32%,15%≤过二碳酸二仲丁酯≤18%,12%≤过二碳酸二异丙酯≤15%,含A型稀释剂≥38%)			
	过二碳酸异丙仲丁酯、过二碳酸二仲丁酯和过二碳酸二异丙酯的混合物(过二碳酸异丙仲丁酯≤52%,过二碳酸二仲丁酯≤28%,过二碳酸二异丙酯≤22%)			
858	过硫酸钠	过二硫酸钠;高硫酸钠	7775-27-1	
859	过氯酰氟	氟化过氯氧;氟化过氯酰	7616-94-6	
860	过硼酸钠	高硼酸钠	15120-21-5; 7632-04-4; 11138-47-9	
861	过新庚酸-1,1-二甲基-3-羟丁酯(含量≤52%,含A型稀释剂≥48%)		110972-57-1	
862	过新庚酸枯酯(含量≤77%,含A型稀释剂≥23%)		104852-44-0	
863	过新癸酸叔己酯(含量≤71%,含A型稀释剂≥29%)		26748-41-4	
864	过氧-3,5,5-三甲基己酸叔丁酯(32%<含量≤100%)	叔丁基过氧化-3,5,5-三甲基己酸酯	13122-18-4	
	过氧-3,5,5-三甲基己酸叔丁酯(含量≤32%,含B型稀释剂≥68%)			
	过氧-3,5,5-三甲基己酸叔丁酯(含量≤42%,惰性固体含量≥58%)			
865	过氧苯甲酸叔丁酯(77%<含量≤100%)		614-45-9	
	过氧苯甲酸叔丁酯(52%<含量≤77%,含A型稀释剂≥23%)			
	过氧苯甲酸叔丁酯(含量≤52%,惰性固体含量≥48%)			
866	过氧丁烯酸叔丁酯(含量≤77%,含A型稀释剂≥23%)	过氧化叔丁基丁烯酸酯;过氧化巴豆酸叔丁酯	23474-91-1	

续表

序号	品名	别名	CAS 号	备注
867	过氧化钡	二氧化钡	1304-29-6	
868	过氧化苯甲酸叔戊酯(含量≤ 100%)	叔戊基过氧苯甲酸酯	4511-39-1	
869	过氧化丙酰(含量≤ 27%,含 B 型稀释剂≥ 73%)	过氧化二丙酰	3248-28-0	
870	过氧化二 -(2,4- 二氯苯甲酰)(糊状物,含量≤ 52%)		133-14-2	
	过氧化二 -(2,4- 二氯苯甲酰)(含硅油糊状,含量≤ 52%)			
	过氧化二 -(2,4- 二氯苯甲酰)(含量≤ 77%,含水≥ 23%)			
871	过氧化 - 二 -(3,5,5- 三甲基 -1,2- 二氧戊环)(糊状物,含量≤ 52%)			
872	过氧化二(3- 甲基苯甲酰)、过氧化(3- 甲基苯甲酰)苯甲酰和过氧化二苯甲酰的混合物[过氧化二(3- 甲基苯甲酰)≤ 20%,过氧化(3- 甲基苯甲酰)苯甲酰≤ 18%,过氧化二苯甲酰≤ 4%,含 B 型稀释剂≥ 58%]			
873	过氧化二 -(4- 氯苯甲酰)(含量≤ 77%)		94-17-7	
	过氧化二 -(4- 氯苯甲酰)(糊状物,含量≤ 52%)			
874	过氧化二苯甲酰(51%<含量≤ 100%,惰性固体含量≤ 48%)		94-36-0	
	过氧化二苯甲酰(35%<含量≤ 52%,惰性固体含量≥ 48%)			
	过氧化二苯甲酰(36%<含量≤ 42%,含 A 型稀释剂≥ 18%,含水≤ 40%)			
	过氧化二苯甲酰(77%<含量≤ 94%,含水≥ 6%)		94-36-0	
	过氧化二苯甲酰(含量≤ 42%,在水中稳定弥散)			
	过氧化二苯甲酰(含量≤ 62%,惰性固体含量≥ 28%,含水≥ 10%)			
	过氧化二苯甲酰(含量≤ 77%,含水≥ 23%)			
	过氧化二苯甲酰(糊状物,52%<含量≤ 62%)			
	过氧化二苯甲酰(糊状物,含量≤ 52%)			
	过氧化二苯甲酰(糊状物,含量≤ 56.5%,含水≥ 15%)			
	过氧化二苯甲酰(含量≤ 35%,含惰性固体≥ 65%)			
875	过氧化二癸酰(含量≤ 100%)		762-12-9	

续表

序号	品名	别名	CAS 号	备注
876	过氧化二琥珀酸（72%＜含量≤ 100%）	过氧化双丁二酸；过氧化丁二酰	123-23-9	
	过氧化二琥珀酸（含量≤ 72%）			
877	2，2- 过氧化二氢丙烷（含量≤ 27%，含惰性固体≥ 73%）		2614-76-8	
878	过氧化二碳酸二（十八烷基）酯（含量≤ 87%，含有十八烷醇）	过氧化二（十八烷基）二碳酸酯；过氧化二碳酸二硬脂酰酯	52326-66-6	
879	过氧化二碳酸二苯甲酯（含量≤ 87%，含水）	过氧化苄基二碳酸酯	2144-45-8	
880	过氧化二碳酸二乙酯（在溶液中，含量≤ 27%）	过氧化二乙基二碳酸酯	14666-78-5	
881	过氧化二碳酸二异丙酯（52%＜含量≤ 100%）	过氧重碳酸二异丙酯	105-64-6	
	过氧化二碳酸二异丙酯（含量≤ 52%，含 B 型稀释剂≥ 48%）			
	过氧化二碳酸二异丙酯（含量≤ 32%，含 A 型稀释剂≥ 68%）			
882	过氧化二乙酰（含量≤ 27%，含 B 型稀释剂≥ 73%）		110-22-5	
883	过氧化二异丙苯（52%＜含量≤ 100%）	二枯基过氧化物；硫化剂 DCP	80-43-3	
	过氧化二异丙苯（含量≤ 52%，含惰性固体≥ 48%）			
884	过氧化二异丁酰（含量≤ 32%，含 B 型稀释剂≥ 68%）		3437-84-1	
	过氧化二异丁酰（32%＜含量≤ 52%，含 B 型稀释剂≥ 48%）			
885	过氧化二月桂酰（含量≤ 100%）		105-74-8	
	过氧化二月桂酰（含量≤ 42%，在水中稳定弥散）			
886	过氧化二正壬酰（含量≤ 100%）			
887	过氧化二正辛酰（含量≤ 100%）	过氧化正辛酰	762-16-3	
888	过氧化钙	二氧化钙	1305-79-9	
889	过氧化环己酮（含量≤ 72%，含 A 型稀释剂≥ 28%）		78-18-2	
	过氧化环己酮（含量≤ 91%，含水≥ 9%）			
	过氧化环己酮（糊状物，含量≤ 72%）			
890	过氧化甲基环己酮（含量≤ 67%，含 B 型稀释剂≤ 33%）		11118-65-3	

续表

<table>
<tr><th>序号</th><th>品名</th><th>别名</th><th>CAS 号</th><th>备注</th></tr>
<tr><td rowspan="3">891</td><td>过氧化甲基乙基酮(10%<有效氧含量≤10.7%，含A型稀释剂≥48%)</td><td rowspan="3"></td><td rowspan="3">1338-23-4</td><td rowspan="3"></td></tr>
<tr><td>过氧化甲基乙基酮(有效氧含量≤10%，含A型稀释剂≥55%)</td></tr>
<tr><td>过氧化甲基乙基酮(有效氧含量≤8.2%，含A型稀释剂≥60%)</td></tr>
<tr><td>892</td><td>过氧化甲基异丙酮(活性氧含量≤6.7%，含A型稀释剂≥70%)</td><td></td><td>182893-11-4</td><td></td></tr>
<tr><td>893</td><td>过氧化甲基异丁基酮(含量≤62%，含A型稀释剂≥19%)</td><td></td><td>28056-59-9</td><td></td></tr>
<tr><td>894</td><td>过氧化钾</td><td></td><td>17014-71-0</td><td></td></tr>
<tr><td>895</td><td>过氧化锂</td><td></td><td>12031-80-0</td><td></td></tr>
<tr><td>896</td><td>过氧化邻苯二甲酸叔丁酯</td><td>过氧化叔丁基邻苯二甲酸酯</td><td>15042-77-0</td><td></td></tr>
<tr><td>897</td><td>过氧化镁</td><td>二氧化镁</td><td>1335-26-8</td><td></td></tr>
<tr><td>898</td><td>过氧化钠</td><td>双氧化钠；二氧化钠</td><td>1313-60-6</td><td></td></tr>
<tr><td>899</td><td>过氧化脲</td><td>过氧化氢尿素；过氧化氢脲</td><td>124-43-6</td><td></td></tr>
<tr><td>900</td><td>过氧化氢苯甲酰</td><td>过苯甲酸</td><td>93-59-4</td><td></td></tr>
<tr><td>901</td><td>过氧化氢对孟烷</td><td>过氧化氢孟烷</td><td>80-47-7</td><td></td></tr>
<tr><td rowspan="2">902</td><td>过氧化氢二叔丁基异丙基苯(42%<含量≤100%，惰性固体含量≤57%)</td><td rowspan="2">二-(叔丁基过氧)异丙基苯</td><td rowspan="2">25155-25-3</td><td rowspan="2"></td></tr>
<tr><td>过氧化氢二叔丁基异丙基苯(含量≤42%，惰性固体含量≥58%)</td></tr>
<tr><td>903</td><td>过氧化氢溶液(含量>8%)</td><td></td><td>7722-84-1</td><td></td></tr>
<tr><td rowspan="4">904</td><td>过氧化氢叔丁基(79%<含量≤90%，含水≥10%)</td><td rowspan="4">过氧化叔丁醇；过氧化氢第三丁基；叔丁基过氧化氢</td><td rowspan="4">75-91-2</td><td rowspan="4"></td></tr>
<tr><td>过氧化氢叔丁基(含量≤80%，含A型稀释剂≥20%)</td></tr>
<tr><td>过氧化氢叔丁基(含量≤79%，含水>14%)</td></tr>
<tr><td>过氧化氢叔丁基(含量≤72%，含水≥28%)</td></tr>
<tr><td>905</td><td>过氧化氢四氢化萘</td><td></td><td>771-29-9</td><td></td></tr>
<tr><td rowspan="2">906</td><td>过氧化氢异丙苯(90%<含量≤98%，含A型稀释剂≤10%)</td><td rowspan="2"></td><td rowspan="2">80-15-9</td><td rowspan="2"></td></tr>
<tr><td>过氧化氢异丙苯(含量≤90%，含A型稀释剂≥10%)</td></tr>
<tr><td>907</td><td>过氧化十八烷酰碳酸叔丁酯</td><td>叔丁基过氧化硬脂酰碳酸酯</td><td></td><td></td></tr>
</table>

续表

序号	品名	别名	CAS 号	备注
908	过氧化叔丁基异丙基苯(42%＜含量≤100%)	1，1-二甲基乙基-1-甲基-1-苯基乙基过氧化物	3457-61-2	
	过氧化叔丁基异丙基苯(含量≤52%，惰性固体含量≥48%)			
909	过氧化双丙酮醇(含量≤57%，含B型稀释剂≥26%，含水≥8%)		54693-46-8	
910	过氧化锶	二氧化锶	1314-18-7	
911	过氧化碳酸钠水合物	过碳酸钠	15630-89-4	
912	过氧化锌	二氧化锌	1314-22-3	
913	过氧化新庚酸叔丁酯(含量≤42%，在水中稳定弥散)		26748-38-9	
	过氧化新庚酸叔丁酯(含量≤77%，含A型稀释剂≥23%)			
914	1-(2-过氧化乙基己醇)-1，3-二甲基丁基过氧化新戊酸酯(含量≤52%，含A型稀释剂≥45%，含B型稀释剂≥10%)		228415-62-1	
915	过氧化乙酰苯甲酰(在溶液中含量≤45%)	乙酰过氧化苯甲酰	644-31-5	
916	过氧化乙酰丙酮(糊状物，含量≤32%，含溶剂≥44%，含水≥9%，带有惰性固体≥11%)		37187-22-7	
	过氧化乙酰丙酮(在溶液中，含量≤42%，含水≥8%，含A型稀释剂≥48%，含有效氧≤4.7%)			
917	过氧化异丁基甲基甲酮(在溶液中，含量≤62%，含A型稀释剂≥19%，含甲基异丁基酮)		37206-20-5	
918	过氧化月桂酸(含量≤100%)		2388-12-7	
919	过氧化二异壬酰(含量≤100%)	过氧化二-(3，5，5-三甲基)己酰	3851-87-4	
920	过氧新癸酸枯酯(含量≤52%，在水中稳定弥散)	过氧化新癸酸异丙基苯酯；过氧化异丙苯基新癸酸酯	26748-47-0	
	过氧新癸酸枯酯(含量≤77%，含B型稀释剂≥23%)			
	过氧新癸酸枯酯(含量≤87%，含A型稀释剂≥13%)			
921	过氧新戊酸枯酯(含量≤77%，含B型稀释剂≥23%)		23383-59-7	
922	1，1，3，3-过氧新戊酸四甲叔丁酯(含量≤77%，含A型稀释剂≥23%)		22288-41-1	
923	过氧异丙基碳酸叔丁酯(含量≤77%，含A型稀释剂≥23%)		2372-21-6	

续表

序号	品名	别名	CAS 号	备注
924	过氧重碳酸二环己酯(91%<含量≤100%)	过氧化二碳酸二环己酯	1561-49-5	
	过氧重碳酸二环己酯(含量≤42%,在水中稳定弥散)			
	过氧重碳酸二环己酯(含量≤91%)			
925	过氧重碳酸二仲丁酯(52%<含量<100%)	过氧化二碳酸二仲丁酯	19910-65-7	
	过氧重碳酸二仲丁酯(含量≤52%,含B型稀释剂≥48%)			
926	过乙酸(含量≤16%,含水≥39%,含乙酸≥15%,含过氧化氢≤24%,含有稳定剂)	过醋酸;过氧乙酸;乙酰过氧化氢	79-21-0	
	过乙酸(含量≤43%,含水≥5%,含乙酸≥35%,含过氧化氢≤6%,含有稳定剂)			
927	过乙酸叔丁酯(32%<含量≤52%,含A型稀释剂≥48%)		107-71-1	
	过乙酸叔丁酯(52%<含量≤77%,含A型稀释剂≥23%)			
	过乙酸叔丁酯(含量≤32%,含B型稀释剂≥68%)			
928	海葱糖甙	红海葱甙	507-60-8	
929	氦(压缩的或液化的)		7440-59-7	
930	氨肥料(溶液,含游离氨>35%)			
931	核酸汞		12002-19-6	
932	红磷	赤磷	7723-14-0	
933	苄胺	苯甲胺	100-46-9	
934	花青甙	矢车菊甙	581-64-6	
935	环丙基甲醇		2516-33-8	
936	环丙烷		75-19-4	
937	环丁烷		287-23-0	
938	1,3,5-环庚三烯	环庚三烯	544-25-2	
939	环庚酮	软木酮	502-42-1	
940	环庚烷		291-64-5	
941	环庚烯		628-92-2	
942	环己胺	六氢苯胺;氨基环己烷	108-91-8	

续表

序号	品名	别名	CAS 号	备注
943	环己二胺	1，2- 二氨基环己烷	694-83-7	
944	1，3- 环己二烯	1，2- 二氢苯	592-57-4	
945	1，4- 环己二烯	1，4- 二氢苯	628-41-1	
946	2- 环己基丁烷	仲丁基环己烷	7058-01-7	
947	*N*- 环己基环己胺亚硝酸盐	二环己胺亚硝酸；亚硝酸二环己胺	3129-91-7	
948	环己基硫醇		1569-69-3	
949	环己基三氯硅烷		98-12-4	
950	环己基异丁烷	异丁基环己烷	1678-98-4	
951	1- 环己基正丁烷	正丁基环己烷	1678-93-9	
952	环己酮		108-94-1	
953	环己烷	六氢化苯	110-82-7	
954	环己烯	1，2，3，4- 四氢化苯	110-83-8	
955	2- 环己烯 -1- 酮	环己烯酮	930-68-7	
956	环己烯基三氯硅烷		10137-69-6	
957	环三亚甲基三硝胺（含水≥ 15%）	黑索金；旋风炸药	121-82-4	
	环三亚甲基三硝胺（减敏的）			
958	环三亚甲基三硝胺与环四亚甲基四硝胺混合物（含水≥ 15%或含减敏剂≥ 10%）	黑索金与奥克托金混合物		
959	环三亚甲基三硝胺与三硝基甲苯和铝粉混合物	黑索金与梯恩梯和铝粉混合炸药；黑索托纳尔		
960	环三亚甲基三硝胺与三硝基甲苯混合物（干的或含水＜ 15%）	黑索雷特		
961	环四亚甲基四硝胺（含水≥ 15%）	奥克托今（HMX）	2691-41-0	
	环四亚甲基四硝胺（减敏的）			
962	环四亚甲基四硝胺与三硝基甲苯混合物（干的或含水＜ 15%）	奥克托金与梯恩梯混合炸药；奥克雷特		
963	环烷酸钴（粉状的）	萘酸钴	61789-51-3	
964	环烷酸锌	萘酸锌	12001-85-3	
965	环戊胺	氨基环戊烷	1003-03-8	
966	环戊醇	羟基环戊烷	96-41-3	
967	1，3- 环戊二烯	环戊间二烯；环戊二烯	542-92-7	

续表

序号	品名	别名	CAS 号	备注
968	环戊酮		120-92-3	
969	环戊烷		287-92-3	
970	环戊烯		142-29-0	
971	1，3-环辛二烯		3806-59-5	
972	1，5-环辛二烯		111-78-4	
973	1，3，5，7-环辛四烯	环辛四烯	629-20-9	
974	环辛烷		292-64-8	
975	环辛烯		931-87-3	
976	2，3-环氧-1-丙醛	缩水甘油醛	765-34-4	
977	1，2-环氧-3-乙氧基丙烷		4016-11-9	
978	2，3-环氧丙基苯基醚	双环氧丙基苯基醚	122-60-1	
979	1，2-环氧丙烷	氧化丙烯；甲基环氧乙烷	75-56-9	
980	1，2-环氧丁烷	氧化丁烯	106-88-7	
981	环氧乙烷	氧化乙烯	75-21-8	
982	环氧乙烷和氧化丙烯混合物（含环氧乙烷≤30%）	氧化乙烯和氧化丙烯混合物		
983	1，8-环氧对孟烷	桉叶油醇	470-82-6	
984	4，9-环氧，3-（2-羟基-2-甲基丁酸酯）15-（*S*）2-甲基丁酸酯），[3β（*S*），4α，7α，15α（*R*），16β]-瑟文-3，4，7，14，15，16，20-庚醇	杰莫灵	63951-45-1	
985	黄原酸盐			
986	磺胺苯汞	磺胺汞		
987	磺化煤油			
988	混胺-02			
989	己醇钠		19779-06-7	
990	1，6-己二胺	1，6-二氨基己烷；己撑二胺	124-09-4	
991	己二腈	1，4-二氰基丁烷；氰化四亚甲基	111-69-3	
992	1，3-己二烯		592-48-3	
993	1，4-己二烯		592-45-0	
994	1，5-己二烯		592-42-7	
995	2，4-己二烯		592-46-1	
996	己二酰二氯	己二酰氯	111-50-2	
997	己基三氯硅烷		928-65-4	
998	己腈	戊基氰；氰化正戊烷	628-73-9	
999	己硫醇	巯基己烷	111-31-9	

续表

序号	品名	别名	CAS 号	备注
1 000	1- 己炔		693-02-7	
1 001	2- 己炔		764-35-2	
1 002	3- 己炔		928-49-4	
1 003	己酸		142-62-1	
1 004	2- 己酮	甲基丁基甲酮	591-78-6	
1 005	3- 己酮	乙基丙基甲酮	589-38-8	
1 006	1- 己烯	丁基乙烯	592-41-6	
1 007	2- 己烯		592-43-8	
1 008	4- 己烯 -1- 炔 -3- 醇		10138-60-0	剧毒
1 009	5- 己烯 -2- 酮	烯丙基丙酮	109-49-9	
1 010	己酰氯	氯化己酰	142-61-0	
1 011	季戊四醇四硝酸酯（含蜡≥ 7%） 季戊四醇四硝酸酯（含水≥ 25%或含减敏剂≥ 15%）	泰安；喷梯尔；P. E. T. N.	78-11-5	
1 012	季戊四醇四硝酸酯与三硝基甲苯混合物（干的或含水＜ 15%）	泰安与梯恩梯混合炸药；彭托雷特		
1 013	镓	金属镓	7440-55-3	
1 014	甲苯	甲基苯；苯基甲烷	108-88-3	
1 015	甲苯 -2，4- 二异氰酸酯	2，4- 二异氰酸甲苯酯；2，4-TDI	584-84-9	
1 016	甲苯 -2，6- 二异氰酸酯	2，6- 二异氰酸甲苯酯；2，6-TDI	91-08-7	
1 017	甲苯二异氰酸酯	二异氰酸甲苯酯；TDI	26471-62-5	
1 018	甲苯 -3，4- 二硫酚	3，4- 二巯基甲苯	496-74-2	
1 019	2- 甲苯硫酚	邻甲苯硫酚；2- 巯基甲苯	137-06-4	
1 020	3- 甲苯硫酚	间甲苯硫酚；3- 巯基甲苯	108-40-7	
1 021	4- 甲苯硫酚	对甲苯硫酚；4- 巯基甲苯	106-45-6	
1 022	甲醇	木醇；木精	67-56-1	
1 023	甲醇钾		865-33-8	
1 024	甲醇钠	甲氧基钠	124-41-4	
1 025	甲醇钠甲醇溶液	甲醇钠合甲醇		
1 026	2- 甲酚	1- 羟基 -2- 甲苯；邻甲酚	95-48-7	
1 027	3- 甲酚	1- 羟基 -3- 甲苯；间甲酚	108-39-4	
1 028	4- 甲酚	1- 羟基 -4- 甲苯；对甲酚	106-44-5	
1 029	甲酚	甲苯基酸；克利沙酸；甲苯酚异构体混合物	1319-77-3	
1 030	甲硅烷	硅烷；四氢化硅	7803-62-5	

续表

序号	品名	别名	CAS 号	备注
1 031	2-甲基-1,3-丁二烯(稳定的)	异戊间二烯;异戊二烯	78-79-5	
1 032	6-甲基-1,4-二氮萘基-2,3-二硫代碳酸酯	6-甲基-1,3-二硫杂环戊烯并(4,5-*b*)喹喔啉-2-二酮;灭螨猛	2439-01-2	
1 033	2-甲基-1-丙醇	异丁醇	78-83-1	
1 034	2-甲基-1-丙硫醇	异丁硫醇	513-44-0	
1 035	2-甲基-1-丁醇	活性戊醇;旋性戊醇	137-32-6	
1 036	3-甲基-1-丁醇	异戊醇	123-51-3	
1 037	2-甲基-1-丁硫醇		1878-18-8	
1 038	3-甲基-1-丁硫醇	异戊硫醇	541-31-1	
1 039	2-甲基-1-丁烯		563-46-2	
1 040	3-甲基-1-丁烯	α-异戊烯;异丙基乙烯	563-45-1	
1 041	3-(1-甲基-2-四氢吡咯基)吡啶硫酸盐	硫酸化烟碱	65-30-5	剧毒
1 042	4-甲基-1-环己烯		591-47-9	
1 043	1-甲基-1-环戊烯		693-89-0	
1 044	2-甲基-1-戊醇		105-30-6	
1 045	3-甲基-1-戊炔-3-醇	2-乙炔-2-丁醇	77-75-8	
1 046	2-甲基-1-戊烯		763-29-1	
1 047	3-甲基-1-戊烯		760-20-3	
1 048	4-甲基-1-戊烯		691-37-2	
1 049	2-甲基-2-丙醇	叔丁醇;三甲基甲醇;特丁醇	75-65-0	
1 050	2-甲基-2-丁醇	叔戊醇	75-85-4	
1 051	3-甲基-2-丁醇		598-75-4	
1 052	2-甲基-2-丁硫醇	叔戊硫醇;特戊硫醇	1679-09-0	
1 053	3-甲基-2-丁酮	甲基异丙基甲酮	563-80-4	
1 054	2-甲基-2-丁烯	β-异戊烯	513-35-9	
1 055	5-甲基-2-己酮		110-12-3	
1 056	2-甲基-2-戊醇		590-36-3	
1 057	4-甲基-2-戊醇	甲基异丁基甲醇	108-11-2	
1 058	3-甲基-2-戊酮	甲基仲丁基甲酮	565-61-7	
1 059	4-甲基-2-戊酮	甲基异丁基酮;异己酮	108-10-1	
1 060	2-甲基-2-戊烯		625-27-4	
1 061	3-甲基-2-戊烯		922-61-2	
1 062	4-甲基-2-戊烯		4461-48-7	
1 063	3-甲基-2-戊烯-4-炔醇		105-29-3	

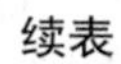

续表

序号	品名	别名	CAS 号	备注
1 064	1-甲基-3-丙基苯	3-丙基甲苯	1074-43-7	
1 065	2-甲基-3-丁炔-2-醇		115-19-5	
1 066	2-甲基-3-戊醇		565-67-3	
1 067	3-甲基-3-戊醇		77-74-7	
1 068	2-甲基-3-戊酮	乙基异丙基甲酮	565-69-5	
1 069	4-甲基-3-戊烯-2-酮	异丙叉丙酮;异亚丙基丙酮	141-79-7	
1 070	2-甲基-3-乙基戊烷		609-26-7	
1 071	2-甲基-4,6-二硝基酚	4,6-二硝基邻甲苯酚;二硝酚	534-52-1	剧毒
1 072	1-甲基-4-丙基苯	4-丙基甲苯	1074-55-1	
1 073	2-甲基-5-乙基吡啶		104-90-5	
1 074	3-甲基-6-甲氧基苯胺	邻氨基对甲苯甲醚	120-71-8	
1 075	*S*-甲基-*N*-[(甲基氨基甲酰基)-氧基]硫代乙酰胺酸酯	灭多威;*O*-甲基氨基甲酰酯-2-甲硫基乙醛肟	16752-77-5	
1 076	*O*-甲基-*O*-(2-异丙氧基甲酰基苯基)硫代磷酰胺	水胺硫磷	24353-61-5	
1 077	*O*-甲基-*O*-(4-溴-2,5-二氯苯基)苯基硫代磷酸酯	溴苯膦	21609-90-5	
1 078	*O*-甲基-*O*-[(2-异丙氧基甲酰)苯基]-*N*-异丙基硫代磷酰胺	甲基异柳磷	99675-03-3	
1 079	*O*-甲基-*S*-甲基-硫代磷酰胺	甲胺磷	10265-92-6	剧毒
1 080	*O*-(甲基氨基甲酰基)-1-二甲氨基甲酰-1-甲硫基甲醛肟	杀线威	23135-22-0	
1 081	*O*-甲基氨基甲酰基-2-甲基-2-(甲硫基)丙醛肟	涕灭威	116-06-3	剧毒
1 082	*O*-甲基氨基甲酰基-3,3-二甲基-1-(甲硫基)丁醛肟	*O*-甲基氨基甲酰基-3,3-二甲基-1-(甲硫基)丁醛肟;久效威	39196-18-4	剧毒
1 083	2-甲基苯胺	邻甲苯胺;2-氨基甲苯;邻氨基甲苯	95-53-4	
1 084	3-甲基苯胺	间甲苯胺;3-氨基甲苯;间氨基甲苯	108-44-1	
1 085	4-甲基苯胺	对甲基苯胺;4-氨甲苯;对氨基甲苯	106-49-0	
1 086	*N*-甲基苯胺		100-61-8	
1 087	甲基苯基二氯硅烷		149-74-6	
1 088	α-甲基苯基甲醇	苯基甲基甲醇;α-甲基苄醇	98-85-1	
1 089	2-甲基苯甲腈	邻甲苯基氰;邻甲基苯甲腈	529-19-1	
1 090	3-甲基苯甲腈	间甲苯基氰;间甲基苯甲腈	620-22-4	
1 091	4-甲基苯甲腈	对甲苯基氰;对甲基苯甲腈	104-85-8	

续表

序号	品名	别名	CAS 号	备注
1 092	4-甲基苯乙烯(稳定的)	对甲基苯乙烯	622-97-9	
1 093	2-甲基吡啶	α-皮考林	109-06-8	
1 094	3-甲基吡啶	β-皮考林	108-99-6	
1 095	4-甲基吡啶	γ-皮考林	108-89-4	
1 096	3-甲基吡唑-5-二乙基磷酸酯	吡唑磷	108-34-9	
1 097	(*S*)-3-(1-甲基吡咯烷-2-基)吡啶	烟碱;尼古丁;1-甲基-2-(3-吡啶基)吡咯烷	54-11-5	剧毒
1 098	甲基苄基溴	甲基溴化苄;α-溴代二甲苯	89-92-9	
1 099	甲基苄基亚硝胺	*N*-甲基-*N*-亚磷基苯甲胺	937-40-6	
1 100	甲基丙基醚	甲丙醚	557-17-5	
1 101	2-甲基丙烯腈(稳定的)	异丁烯腈	126-98-7	
1 102	α-甲基丙烯醛	异丁烯醛	78-85-3	
1 103	甲基丙烯酸(稳定的)	异丁烯酸	79-41-4	
1 104	甲基丙烯酸-2-二甲氨乙酯	二甲氨基乙基异丁烯酸酯	2867-47-2	
1 105	甲基丙烯酸甲酯(稳定的)	牙托水;有机玻璃单体;异丁烯酸甲酯	80-62-6	
1 106	甲基丙烯酸三硝基乙酯			
1 107	甲基丙烯酸烯丙酯	2-甲基-2-丙烯酸-2-丙烯基酯	96-05-9	
1 108	甲基丙烯酸乙酯(稳定的)	异丁烯酸乙酯	97-63-2	
1 109	甲基丙烯酸异丁酯(稳定的)		97-86-9	
1 110	甲基丙烯酸正丁酯(稳定的)		97-88-1	
1 111	甲基狄戈辛		30685-43-9	
1 112	3-(1-甲基丁基)苯基-*N*-甲基氨基甲酸酯 和 3-(1-乙基丙基)苯基-*N*-甲基氨基甲酸酯	合杀威	8065-36-9	
1 113	3-甲基丁醛	异戊醛	590-86-3	
1 114	2-甲基丁烷	异戊烷	78-78-4	
1 115	甲基二氯硅烷	二氯甲基硅烷	75-54-7	
1 116	2-甲基呋喃		534-22-5	
1 117	2-甲基庚烷		592-27-8	
1 118	3-甲基庚烷		589-81-1	
1 119	4-甲基庚烷		589-53-7	
1 120	甲基环己醇	六氢甲酚	25639-42-3	
1 121	甲基环己酮		1331-22-2	
1 122	甲基环己烷	六氢化甲苯;环己基甲烷	108-87-2	
1 123	甲基环戊二烯		26519-91-5	

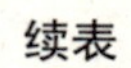

续表

序号	品名	别名	CAS 号	备注
1 124	甲基环戊烷		96-37-7	
1 125	甲基磺酸		75-75-2	
1 126	甲基磺酰氯	氯化硫酰甲烷；甲烷磺酰氯	124-63-0	剧毒
1 127	3-甲基己烷		589-34-4	
1 128	甲基肼	一甲肼；甲基联氨	60-34-4	剧毒
1 129	2-甲基喹啉		91-63-4	
1 130	4-甲基喹啉		491-35-0	
1 131	6-甲基喹啉		91-62-3	
1 132	7-甲基喹啉		612-60-2	
1 133	8-甲基喹啉		611-32-5	
1 134	甲基氯硅烷	氯甲基硅烷	993-00-0	
1 135	*N*-甲基吗啉		109-02-4	
1 136	1-甲基萘	α-甲基萘	90-12-0	
1 137	2-甲基萘	β-甲基萘	91-57-6	
1 138	2-甲基哌啶	2-甲基六氢吡啶	109-05-7	
1 139	3-甲基哌啶	3-甲基六氢吡啶	626-56-2	
1 140	4-甲基哌啶	4-甲基六氢吡啶	626-58-4	
1141	*N*-甲基哌啶	*N*-甲基六氢吡啶；1-甲基哌啶	626-67-5	
1142	*N*-甲基全氟辛基磺酰胺		31506-32-8	
1143	3-甲基噻吩	甲基硫茂	616-44-4	
1144	甲基三氯硅烷	三氯甲基硅烷	75-79-6	
1145	甲基三乙氧基硅烷	三乙氧基甲基硅烷	2031-67-6	
1146	甲基胂酸锌	稻脚青	20324-26-9	
1147	甲基叔丁基甲酮	3，3-二甲基-2-丁酮；1，1，1-三甲基丙酮；甲基特丁基酮	75-97-8	
1148	甲基叔丁基醚	2-甲氧基-2-甲基丙烷；MTBE	1634-04-4	
1149	2-甲基四氢呋喃	四氢-2-甲基呋喃	96-47-9	
1150	1-甲基戊醇	仲己醇；2-己醇	626-93-7	
1151	甲基戊二烯		54363-49-4	
1152	4-甲基戊腈	异戊基氰；氰化异戊烷；异己腈	542-54-1	
1153	2-甲基戊醛	α-甲基戊醛	123-15-9	
1154	2-甲基戊烷	异己烷	107-83-5	
1155	3-甲基戊烷		96-14-0	
1156	2-甲基烯丙醇	异丁烯醇	513-42-8	

续表

序号	品名	别名	CAS 号	备注
1157	甲基溴化镁(浸在乙醚中)		75-16-1	
1158	甲基乙烯醚(稳定的)	乙烯基甲醚	107-25-5	
1159	2-甲基己烷		591-76-4	
1160	甲基异丙基苯	伞花烃	99-87-6	
1161	甲基异丙烯甲酮(稳定的)		814-78-8	
1162	1-甲基异喹啉		1721-93-3	
1163	3-甲基异喹啉		1125-80-0	
1164	4-甲基异喹啉		1196-39-0	
1165	5-甲基异喹啉		62882-01-3	
1166	6-甲基异喹啉		42398-73-2	
1167	7-甲基异喹啉		54004-38-5	
1168	8-甲基异喹啉		62882-00-2	
1169	*N*-甲基正丁胺	*N*-甲基丁胺	110-68-9	
1170	甲基正丁基醚	1-甲氧基丁烷;甲丁醚	628-28-4	
1171	甲硫醇	巯基甲烷	74-93-1	
1172	甲硫醚	二甲硫;二甲基硫醚	75-18-3	
1 173	甲醛溶液	福尔马林溶液	50-00-0	
1 174	甲胂酸	甲基胂酸;甲次砷酸	56960-31-7	
1 175	甲酸	蚁酸	64-18-6	
1 176	甲酸环己酯		4351-54-6	
1 177	甲酸甲酯		107-31-3	
1 178	甲酸烯丙酯		1838-59-1	
1 179	甲酸亚铊	甲酸铊;蚁酸铊	992-98-3	
1 180	甲酸乙酯		109-94-4	
1 181	甲酸异丙酯		625-55-8	
1 182	甲酸异丁酯		542-55-2	
1 183	甲酸异戊酯		110-45-2	
1 184	甲酸正丙酯		110-74-7	
1 185	甲酸正丁酯		592-84-7	
1 186	甲酸正己酯		629-33-4	
1 187	甲酸正戊酯		638-49-3	
1 188	甲烷		74-82-8	
1 189	甲烷磺酰氟	甲磺氟酰;甲基磺酰氟	558-25-8	剧毒
1 190	*N*-甲酰-2-硝甲基-1,3-全氢化噻嗪			

续表

序号	品名	别名	CAS 号	备注
1 191	4-甲氧基-4-甲基-2-戊酮		107-70-0	
1 192	2-甲氧基苯胺	邻甲氧基苯胺;邻氨基苯甲醚;邻茴香胺	90-04-0	
1 193	3-甲氧基苯胺	间甲氧基苯胺;间氨基苯甲醚;间茴香胺	536-90-3	
1 194	4-甲氧基苯胺	对氨基苯甲醚;对甲氧基苯胺;对茴香胺	104-94-9	
1 195	甲氧基苯甲酰氯	茴香酰氯	100-07-2	
1 196	4-甲氧基二苯胺-4′-氯化重氮苯	凡拉明蓝盐 B;安安蓝 B 色盐	101-69-9	
1 197	3-甲氧基乙酸丁酯	3-甲氧基丁基乙酸酯	4435-53-4	
1 198	甲氧基乙酸甲酯		6290-49-9	
1 199	2-甲氧基乙酸乙酯	乙酸甲基溶纤剂;乙二醇甲醚乙酸酯;乙酸乙二醇甲醚	110-49-6	
1 200	甲氧基异氰酸甲酯	甲氧基甲基异氰酸酯	6427-21-0	
1 201	甲乙醚	乙甲醚;甲氧基乙烷	540-67-0	
1 202	甲藻毒素(二盐酸盐)	石房蛤毒素(盐酸盐)	35523-89-8	剧毒
1 203	钾	金属钾	7440-09-7	
1 204	钾汞齐		37340-23-1	
1 205	钾合金			
1 206	钾钠合金	钠钾合金	11135-81-2	
1 207	间苯二甲酰氯	二氯化间苯二甲酰	99-63-8	
1 208	间苯三酚	1,3,5-三羟基苯;均苯三酚	108-73-6	
1 209	间硝基苯磺酸		98-47-5	
1 210	间异丙基苯酚		618-45-1	
1 211	碱土金属汞齐			
1 212	焦硫酸汞		1537199-53-3	
1 213	焦砷酸		13453-15-1	
1 214	焦油酸			
1 215	金属锆		7440-67-7	
	金属锆粉(干燥的)	锆粉		
1 216	金属铪粉	铪粉	7440-58-6	
1 217	金属镧(浸在煤油中的)		7439-91-0	
1 218	金属锰粉(含水≥25%)	锰粉	7439-96-5	
1 219	金属钕(浸在煤油中的)		7440-00-8	
1 220	金属铷	铷	7440-17-7	

续表

序号	品名	别名	CAS 号	备注
1 221	金属铯	铯	7440-46-2	
1 222	金属锶	锶	7440-24-6	
1 223	金属钛粉(干的) 金属钛粉(含水不低于 25%,机械方法生产的,粒径小于 53 μm;化学方法生产的,粒径小于 840 μm)		7440-32-6	
1 224	精蒽		120-12-7	
1 225	肼水溶液(含肼≤ 64%)			
1 226	酒石酸化烟碱		65-31-6	
1 227	酒石酸锑钾	吐酒石;酒石酸钾锑;酒石酸氧锑钾	28300-74-5	
1 228	聚苯乙烯珠体(可发性的)			
1 229	聚醚聚过氧叔丁基碳酸酯(含量≤ 52%,含 B 型稀释剂≥ 48%)			
1 230	聚乙醛		9002-91-9	
1 231	聚乙烯聚胺	多乙烯多胺;多乙撑多胺	29320-38-5	
1 232	2-莰醇	冰片;龙脑	507-70-0	
1 233	莰烯	樟脑萜;莰芬	79-92-5	
1 234	糠胺	2-呋喃甲胺;麸胺	617-89-0	
1 235	糠醛	呋喃甲醛	98-01-1	
1 236	抗霉素 A		1397-94-0	剧毒
1 237	氪(压缩的或液化的)		7439-90-9	
1 238	喹啉	苯并吡啶;氮杂萘	91-22-5	
1 239	雷汞(湿的,按质量含水或乙醇和水的混合物不低于 20%)	二雷酸汞;雷酸汞	628-86-4	
1 240	锂	金属锂	7439-93-2	
1 241	连二亚硫酸钙		15512-36-4	
1 242	连二亚硫酸钾	低亚硫酸钾	14293-73-3	
1 243	连二亚硫酸钠	保险粉;低亚硫酸钠	7775-14-6	
1 244	连二亚硫酸锌	亚硫酸氢锌	7779-86-4	
1 245	联苯		92-52-4	
1 246	3-[(3-联苯-4-基)-1, 2, 3, 4-四氢-1-萘]-4-羟基香豆素	鼠得克	56073-07-5	
1 247	联十六烷基过氧重碳酸酯(含量≤ 100%) 联十六烷基过氧重碳酸酯(含量≤ 42%,在水中稳定弥散)	过氧化二(十六烷基)二碳酸酯	26322-14-5	
1 248	镰刀菌酮 X		23255-69-8	剧毒

续表

序号	品名	别名	CAS 号	备注
1 249	邻氨基苯硫醇	2-氨基硫代苯酚;2-巯基胺;邻氨基苯硫酚苯	137-07-5	
1 250	邻苯二甲酸苯胺		50930-79-5	
1 251	邻苯二甲酸二异丁酯		84-69-5	
1 252	邻苯二甲酸酐(含马来酸酐大于 0.05%)	苯酐;酞酐	85-44-9	
1 253	邻苯二甲酰氯	二氯化邻苯二甲酰	88-95-9	
1 254	邻苯二甲酰亚胺	酞酰亚胺	85-41-6	
1 255	邻甲苯磺酰氯		133-59-5	
1 256	邻硝基苯酚钾	邻硝基酚钾	824-38-4	
1 257	邻硝基苯磺酸		80-82-0	
1 258	邻硝基乙苯		612-22-6	
1 259	邻异丙基苯酚	邻异丙基酚	88-69-7	
1 260	磷化钙	二磷化三钙	1305-99-3	
1 261	磷化钾		20770-41-6	
1 262	磷化铝		20859-73-8	
1 263	磷化铝镁			
1 264	磷化镁	二磷化三镁	12057-74-8	
1 265	磷化钠		12058-85-4	
1 266	磷化氢	磷化三氢;膦	7803-51-2	剧毒
1 267	磷化锶		12504-13-1	
1 268	磷化锡		25324-56-5	
1 269	磷化锌		1314-84-7	
1 270	磷酸二乙基汞	谷乐生;谷仁乐生;乌斯普龙汞制剂	2235-25-8	
1 271	磷酸三甲苯酯	磷酸三甲酚酯;增塑剂 TCP	1330-78-5	
1 272	磷酸亚铊		13453-41-3	
1 273	9-磷杂双环壬烷	环辛二烯膦		
1 274	膦酸		10294-56-1	
1 275	β,β'-硫代二丙腈		111-97-7	
1 276	2-硫代呋喃甲醇	糠硫醇	98-02-2	
1 277	硫代甲酰胺		115-08-2	
1 278	硫代磷酰氯	硫代氯化磷酰;三氯化硫磷;三氯硫磷	3982-91-0	剧毒
1 279	硫代氯甲酸乙酯	氯硫代甲酸乙酯	2941-64-2	
1 280	4-硫代戊醛	甲基巯基丙醛	3268-49-3	
1 281	硫代乙酸	硫代醋酸	507-09-5	

续表

序号	品名	别名	CAS 号	备注
1 282	硫代异氰酸甲酯	异硫氰酸甲酯；甲基芥子油	556-61-6	
1 283	硫化铵溶液			
1 284	硫化钡		21109-95-5	
1 285	硫化镉		1306-23-6	
1 286	硫化汞	朱砂	1344-48-5	
1 287	硫化钾	硫化二钾	1312-73-8	
1 288	硫化钠	臭碱	1313-82-2	
1 289	硫化氢		7783-06-4	
1 290	硫黄	硫	7704-34-9	
1 291	硫脲	硫代尿素	62-56-6	
1 292	硫氢化钙		12133-28-7	
1 293	硫氢化钠	氢硫化钠	16721-80-5	
1 294	硫氰酸苄	硫氰化苄；硫氰酸苄酯	3012-37-1	
1 295	硫氰酸钙	硫氰化钙	2092-16-2	
1 296	硫氰酸汞		592-85-8	
1 297	硫氰酸汞铵		20564-21-0	
1 298	硫氰酸汞钾		14099-12-8	
1 299	硫氰酸甲酯		556-64-9	
1 300	硫氰酸乙酯		542-90-5	
1 301	硫氰酸异丙酯		625-59-2	
1 302	硫酸		7664-93-9	
1 303	硫酸-2，4-二氨基甲苯	2，4-二氨基甲苯硫酸	65321-67-7	
1 304	硫酸-2，5-二氨基甲苯	2，5-二氨基甲苯硫酸	615-50-9	
1 305	硫酸-2，5-二乙氧基-4-（4-吗啉基）-重氮苯		32178-39-5	
1 306	硫酸-4，4′-二氨基联苯	硫酸联苯胺；联苯胺硫酸	531-86-2	
1 307	硫酸-4-氨基-*N*，*N*-二甲基苯胺	*N*，*N*-二甲基对苯二胺硫酸；对氨基-*N*，*N*-二甲基苯胺硫酸	536-47-0	
1 308	硫酸苯胺		542-16-5	
1 309	硫酸苯肼	苯肼硫酸	2545-79-1	
1 310	硫酸对苯二胺	硫酸对二氨基苯	16245-77-5	
1 311	硫酸二甲酯	硫酸甲酯	77-78-1	
1 312	硫酸二乙酯	硫酸乙酯	64-67-5	
1 313	硫酸镉		10124-36-4	
1 314	硫酸汞	硫酸高汞	7783-35-9	

续表

序号	品名	别名	CAS号	备注
1 315	硫酸钴		10124-43-3	
1 316	硫酸间苯二胺	硫酸间二氨基苯	541-70-8	
1 317	硫酸马钱子碱	二甲氧基士的宁硫酸盐	4845-99-2	
1 318	硫酸镍		7786-81-4	
1 319	硫酸铍		13510-49-1	
1 320	硫酸铍钾		53684-48-3	
1 321	硫酸铅(含游离酸＞3%)		7446-14-2	
1 322	硫酸羟胺	硫酸胲	10039-54-0	
1 323	硫酸氢-2-(*N*-乙羰基甲按基)-4-(3,4-二甲基苯磺酰)重氮苯			
1 324	硫酸氢铵	酸式硫酸铵	7803-63-6	
1 325	硫酸氢钾	酸式硫酸钾	7646-93-7	
1 326	硫酸氢钠	酸式硫酸钠	7681-38-1	
	硫酸氢钠溶液	酸式硫酸钠溶液		
1 327	硫酸三乙基锡		57-52-3	剧毒
1 328	硫酸铊	硫酸亚铊	7446-18-6	剧毒
1 329	硫酸亚汞		7783-36-0	
1 330	硫酸氧钒	硫酸钒酰	27774-13-6	
1 331	硫酰氟	氟化磺酰	2699-79-8	
1 332	六氟-2,3-二氯-2-丁烯	2,3-二氯六氟-2-丁烯	303-04-8	剧毒
1 333	六氟丙酮	全氟丙酮	684-16-2	
1 334	六氟丙酮水合物	全氟丙酮水合物;水合六氟丙酮	13098-39-0	
1 335	六氟丙烯	全氟丙烯	116-15-4	
1 336	六氟硅酸镁	氟硅酸镁	16949-65-8	
1 337	六氟合硅酸钡	氟硅酸钡	17125-80-3	
1 338	六氟合硅酸锌	氟硅酸锌	16871-71-9	
1 339	六氟合磷氢酸(无水)	六氟代磷酸	16940-81-1	
1 340	六氟化碲		7783-80-4	
1 341	六氟化硫		2551-62-4	
1 342	六氟化钨		7783-82-6	
1 343	六氟化硒		7783-79-1	
1 344	六氟乙烷	R116;全氟乙烷	76-16-4	

续表

序号	品名	别名	CAS 号	备注
1 345	3,3,6,6,9,9-六甲基-1,2,4,5-四氧环壬烷［含量52%～100%］		22397-33-7	
	3,3,6,6,9,9-六甲基-1,2,4,5-四氧环壬烷［含量≤52%,含*A*型稀释剂≥48%］			
	3,3,6,6,9,9-六甲基-1,2,4,5-四氧环壬烷［含量≤52%,含B型稀释剂≥48%］			
1 346	六甲基二硅醚	六甲基氧二硅烷	107-46-0	
1 347	六甲基二硅烷		1450-14-2	
1 348	六甲基二硅烷胺	六甲基二硅亚胺	999-97-3	
1 349	六氢-3*a*,7*a*-二甲基-4,7-环氧异苯并呋喃-1,3-二酮	斑蝥素	56-25-7	
1 350	六氯-1,3-丁二烯	六氯丁二烯;全氯-1,3-丁二烯	87-68-3	
1 351	(1*R*,4*S*,4*aS*,5*R*,6*R*,7*S*,8*S*,8*aR*)-1,2,3,4,10,10-六氯-1,4,4*a*,5,6,7,8,8*a*-八氢-6,7-环氧-1,4,5,8-二亚甲基萘(含量2%～90%)	狄氏剂	60-57-1	剧毒
1 352	(1*R*,4*S*,5*R*,8*S*)-1,2,3,4,10,10-六氯-1,4,4*a*,5,6,7,8,8*a*-八氢-6,7-环氧-1,4;5,8-二亚甲基萘(含量>5%)	异狄氏剂	72-20-8	剧毒
1 353	1,2,3,4,10,10-六氯-1,4,4*a*,5,8,8*a*-六氢-1,4-挂-5,8-挂二亚甲基萘(含量>10%)	异艾氏剂	465-73-6	剧毒
1 354	1,2,3,4,10,10-六氯-1,4,4*a*,5,8,8*a*-六氢-1,4:5,8-桥,挂-二甲撑萘(含量>75%)	六氯-六氢-二甲撑萘;艾氏剂	309-00-2	剧毒
1 355	(1,4,5,6,7,7-六氯-8,9,10-三降冰片-5-烯-2,3-亚基双亚甲基)亚硫酸酯	1,2,3,4,7,7-六氯双环［2.2.1］庚烯-(2)-双羟甲基-5,6-亚硫酸酯;硫丹	115-29-7	
1 356	六氯苯	六氯代苯;过氯苯;全氯代苯	118-74-1	
1 357	六氯丙酮		116-16-5	
1 358	六氯环戊二烯	全氯环戊二烯	77-47-4	剧毒
1 359	α-六氯环己烷		319-84-6	
1 360	β-六氯环己烷		319-85-7	
1 361	γ-(1,2,4,5/3,6)-六氯环己烷	林丹	58-89-9	
1 362	1,2,3,4,5,6-六氯环己烷	六氯化苯;六六六	608-73-1	
1 363	六氯乙烷	全氯乙烷;六氯化碳	67-72-1	
1 364	六硝基-1,2-二苯乙烯	六硝基芪	20062-22-0	
1 365	六硝基二苯胺	六硝炸药;二苦基胺	131-73-7	
1 366	六硝基二苯胺铵盐	曙黄	2844-92-0	
1 367	六硝基二苯硫	二苦基硫	28930-30-5	
1 368	六溴二苯醚		36483-60-0	

续表

序号	品名	别名	CAS 号	备注
1 369	2，2′，4，4′，5，5′- 六溴二苯醚		68631-49-2	
1 370	2，2′，4，4′，5，6′- 六溴二苯醚		207122-15-4	
1 371	六溴环十二烷			
1 372	六溴联苯		36355-01-8	
1 373	六亚甲基二异氰酸酯	六甲撑二异氰酸酯；1，6- 二异氰酸己烷；己撑二异氰酸酯；1，6- 己二异氰酸酯	822-06-0	
1 374	*N*，*N*- 六亚甲基硫代氨基甲酸 -*S*- 乙酯	禾草敌	2212-67-1	
1 375	六亚甲基四胺	六甲撑四胺；乌洛托品	100-97-0	
1 376	六亚甲基亚胺	高哌啶	111-49-9	
1 377	铝粉		7429-90-5	
1 378	铝镍合金氢化催化剂			
1 379	铝酸钠（固体）		1302-42-7	
	铝酸钠（溶液）			
1 380	铝铁熔剂			
1 381	氯	液氯；氯气	7782-50-5	剧毒
1 382	1- 氯 -1，1- 二氟乙烷	R142；二氟氯乙烷	75-68-3	
1 383	3- 氯 -1，2- 丙二醇	*α*- 氯代丙二醇；3- 氯 -1，2- 二羟基丙烷；*α*- 氯甘油；3- 氯代丙二醇	96-24-2	
1 384	2- 氯 -1，3- 丁二烯（稳定的）	氯丁二烯	126-99-8	
1 385	2- 氯 -1- 丙醇	2- 氯 -1- 羟基丙烷	78-89-7	
1 386	3- 氯 -1- 丙醇	三亚甲基氯醇	627-30-5	
1 387	3- 氯 -1- 丁烯		563-52-0	
1 388	1- 氯 -1- 硝基丙烷	1- 硝基 -1- 氯丙烷	600-25-9	
1 389	2- 氯 -1- 溴丙烷	1- 溴 -2- 氯丙烷	3017-96-7	
1 390	1- 氯 -2，2，2- 三氟乙烷	R133a	75-88-7	
1 391	1- 氯 -2，3- 环氧丙烷	环氧氯丙烷；3- 氯 -1，2- 环氧丙烷	106-89-8	
1 392	1- 氯 -2，4- 二硝基苯	2，4- 二硝基氯苯	97-00-7	
1 393	4- 氯 -2- 氨基苯酚	2- 氨基 -4- 氯苯酚；对氯邻氨基苯酚	95-85-2	
1 394	1- 氯 -2- 丙醇	氯异丙醇；丙氯仲醇	127-00-4	
1 395	1- 氯 -2- 丁烯		591-97-9	
1 396	5- 氯 -2- 甲基苯胺	5- 氯邻甲苯胺；2- 氨基 -4- 氯甲苯	95-79-4	
1 397	*N*-（4- 氯 -2- 甲基苯基）-*N*′，*N*′- 二甲基甲脒	杀虫脒	6164-98-3	

续表

序号	品名	别名	CAS 号	备注
1 398	3-氯-2-甲基丙烯	2-甲基-3-氯丙烯；甲基烯丙基氯；氯化异丁烯；1-氯-2-甲基-2-丙烯	563-47-3	
1 399	2-氯-2-甲基丁烷	叔戊基氯；氯代叔戊烷	594-36-5	
1 400	5-氯-2-甲氧基苯胺	4-氯-2-氨基苯甲醚	95-03-4	
1 401	4-氯-2-硝基苯胺	对氯邻硝基苯胺	89-63-4	
1 402	4-氯-2-硝基苯酚		89-64-5	
1 403	4-氯-2-硝基苯酚钠盐		52106-89-5	
1 404	4-氯-2-硝基甲苯	对氯邻硝基甲苯	89-59-8	
1 405	1-氯-2-溴丙烷	2-溴-1-氯丙烷	3017-95-6	
1 406	1-氯-2-溴乙烷	1-溴-2-氯乙烷；氯乙基溴	107-04-0	
1 407	4-氯间甲酚	2-氯-5-羟基甲苯；4-氯-3-甲酚	59-50-7	
1 408	1-氯-3-甲基丁烷	异戊基氯；氯代异戊烷	107-84-6	
1 409	1-氯-3-溴丙烷	3-溴-1-氯丙烷	109-70-6	
1 410	2-氯-4，5-二甲基苯基-*N*-甲基氨基甲酸酯	氯灭杀威	671-04-5	
1 411	2-氯-4-二甲氨基-6-甲基嘧啶	鼠立死	535-89-7	
1 412	3-氯-4-甲氧基苯胺	2-氯-4-氨基苯甲醚；邻氯对氨基苯甲醚	5345-54-0	
1 413	2-氯-4-硝基苯胺	邻氯对硝基苯胺	121-87-9	
1 414	氯苯	一氯化苯	108-90-7	
1 415	2-氯苯胺	邻氯苯胺；邻氨基氯苯	95-51-2	
1 416	3-氯苯胺	间氨基氯苯；间氯苯胺	108-42-9	
1 417	4-氯苯胺	对氯苯胺；对氨基氯苯	106-47-8	
1 418	2-氯苯酚	2-羟基氯苯；2-氯-1-羟基苯；邻氯苯酚；邻羟基氯苯	95-57-8	
1 419	3-氯苯酚	3-羟基氯苯；3-氯-1-羟基苯；间氯苯酚；间羟基氯苯	108-43-0	
1 420	4-氯苯酚	4-羟基氯苯；4-氯-1-羟基苯；对氯苯酚；对羟基氯苯	106-48-9	
1 421	3-氯苯过氧甲酸（57%＜含量≤ 86%，惰性固体含量≥ 14%） 3-氯苯过氧甲酸（含量≤ 57%，惰性固体含量≤ 3%，含水≥ 40%） 3-氯苯过氧甲酸（含量≤ 77%，惰性固体含量≥ 6%，含水≥ 17%）		937-14-4	
1 422	2-[（*RS*）-2-（4-氯苯基）-2-苯基乙酰基]-2，3-二氢-1，3-茚二酮（含量＞ 4%）	2-（苯基对氯苯基乙酰）茚满-1，3-二酮；氯鼠酮	3691-35-8	剧毒

续表

序号	品名	别名	CAS 号	备注
1 423	N-（3-氯苯基）氨基甲酸（4-氯丁炔-2-基）脂	燕麦灵	101-27-9	
1 424	氯苯基三氯硅烷		26571-79-9	
1 425	2-氯苯甲酰氯	邻氯苯甲酰氯；氯化邻氯苯甲酰	609-65-4	
1 426	4-氯苯甲酰氯	对氯苯甲酰氯；氯化对氯苯甲酰	122-01-0	
1 427	2-氯苯乙酮	氯乙酰苯；氯苯乙酮；苯基氯甲基甲酮；苯酰甲基氯；α-氯苯乙酮	532-27-4	
1 428	2-氯吡啶		109-09-1	
1 429	4-氯苄基氯	对氯苄基氯；对氯苯甲基氯	104-83-6	
1 430	3-氯丙腈	β-氯丙腈；氰化-β-氯乙烷	542-76-7	
1 431	2-氯丙酸	2-氯代丙酸	598-78-7	
1 432	3-氯丙酸	3-氯代丙酸	107-94-8	
1 433	2-氯丙酸甲酯		17639-93-9；77287-29-7	
1 434	2-氯丙酸乙酯		535-13-7	
1 435	3-氯丙酸乙酯		623-71-2	
1 436	2-氯丙酸异丙酯		40058-87-5；79435-04-4	
1 437	1-氯丙烷	氯正丙烷；丙基氯	540-54-5	
1 438	2-氯丙烷	氯异丙烷；异丙基氯	75-29-6	
1 439	2-氯丙烯	异丙烯基氯	557-98-2	
1 440	3-氯丙烯	α-氯丙烯；烯丙基氯	107-05-1	
1 441	氯铂酸		16941-12-1	
1 442	氯代膦酸二乙酯	氯化磷酸二乙酯	814-49-3	剧毒
1 443	氯代叔丁烷	叔丁基氯；特丁基氯	507-20-0	
1 444	氯代异丁烷	异丁基氯	513-36-0	
1 445	氯代正己烷	氯代己烷；己基氯	544-10-5	
1 446	1-氯丁烷	正丁基氯；氯代正丁烷	109-69-3	
1 447	2-氯丁烷	仲丁基氯；氯代仲丁烷	78-86-4	
1 448	氯锇酸铵	氯化锇铵	12125-08-5	
1 449	氯二氟甲烷和氯五氟乙烷共沸物	R502		
1 450	氯二氟溴甲烷	R12B1；二氟氯溴甲烷；溴氯二氟甲烷；哈龙-1211	353-59-3	
1 451	2-氯氟苯	邻氯氟苯；2-氟氯苯；邻氟氯苯	348-51-6	
1 452	3-氯氟苯	间氯氟苯；3-氟氯苯；间氟氯苯	625-98-9	
1 453	4-氯氟苯	对氯氟苯；4-氟氯苯；对氟氯苯	352-33-0	

续表

序号	品名	别名	CAS号	备注
1 454	2-氯汞苯酚		90-03-9	
1 455	4-氯汞苯甲酸	对氯化汞苯甲酸	59-85-8	
1 456	氯化铵汞	白降汞，氯化汞铵	10124-48-8	
1 457	氯化钡		10361-37-2	
1 458	氯化苯汞		100-56-1	
1 459	氯化苄	α-氯甲苯；苄基氯	100-44-7	
1 460	氯化二硫酰	二硫酰氯；焦硫酰氯	7791-27-7	
1 461	氯化二烯丙托锡弗林		15180-03-7	
1 462	氯化二乙基铝		96-10-6	
1 463	氯化镉		10108-64-2	
1 464	氯化汞	氯化高汞；二氯化汞；升汞	7487-94-7	剧毒
1 465	氯化钴		7646-79-9	
1 466	氯化琥珀胆碱	司克林；氯琥珀胆碱；氯化琥珀酰胆碱	71-27-2	
1 467	氯化环戊烷		930-28-9	
1 468	氯化甲基汞		115-09-3	
1 469	氯化甲氧基乙基汞		123-88-6	
1 470	氯化钾汞	氯化汞钾	20582-71-2	
1 471	4-氯化联苯	对氯化联苯；联苯基氯	2051-62-9	
1 472	1-氯化萘	α-氯化萘	90-13-1	
1 473	氯化镍	氯化亚镍	7718-54-9	
1 474	氯化铍		7787-47-5	
1 475	氯化氢(无水)		7647-01-0	
1 476	氯化氰	氰化氯；氯甲腈	506-77-4	剧毒
1 477	氯化铜		7447-39-4	
1 478	α-氯化筒箭毒碱	氯化南美防己碱；氢氧化吐巴寇拉令碱；氯化箭毒块茎碱；氯化管箭毒碱	57-94-3	
1 479	氯化硒	二氯化二硒	10025-68-0	
1 480	氯化锌		7646-85-7	
	氯化锌溶液			
1 481	氯化锌-2-(2-羟乙氧基)-1(吡咯烷-1-基)重氮苯			
1 482	氯化锌-2-(*N*-氧羰基苯氨基)-3-甲氧基-4-(*N*-甲基环己氨基)重氮苯			
1 483	氯化锌-2，5-二乙氧基-4-(4-甲苯磺酰)重氮苯			

续表

序号	品名	别名	CAS号	备注
1 484	氯化锌-2,5-二乙氧基-4-苯璜酰重氮苯			
1 485	氯化锌-2,5-二乙氧基-4-吗啉代重氮苯		26123-91-1	
1 486	氯化锌-3-(2-羟乙氧基)-4(吡咯烷-1-基)重氮苯		105185-95-3	
1 487	氯化锌-3-氯-4-二乙氨基重氮苯	晒图盐BG	15557-00-3	
1 488	氯化锌-4-苄甲氨基-3-乙氧基重氮苯		4421-50-5	
1 489	氯化锌-4-苄乙氨基-3-乙氧基重氮苯		21723-86-4	
1 490	氯化锌-4-二丙氨基重氮苯		33864-17-4	
1 491	氯化锌-4-二甲氧基-6-(2-二甲氨乙氧基)-2-重氮甲苯			
1 492	氯化溴	溴化氯	13863-41-7	
1 493	氯化亚砜	亚硫酰二氯;二氯氧化硫;亚硫酰氯	7719-09-7	
1 494	氯化亚汞	甘汞	10112-91-1	
1 495	氯化亚铊	一氯化铊;一氧化二铊	7791-12-0	
1 496	氯化乙基汞		107-27-7	
1 497	氯磺酸	氯化硫酸;氯硫酸	7790-94-5	
1 498	2-氯甲苯	邻氯甲苯	95-49-8	
1 499	3-氯甲苯	间氯甲苯	108-41-8	
1 500	4-氯甲苯	对氯甲苯	106-43-4	
1 501	氯甲苯胺异构体混合物			
1 502	氯甲基甲醚	甲基氯甲醚;氯二甲醚	107-30-2	剧毒
1 503	氯甲基三甲基硅烷	三甲基氯甲硅烷	2344-80-1	
1 504	氯甲基乙醚	氯甲基乙基醚	3188-13-4	
1 505	氯甲酸-2-乙基己酯		24468-13-1	
1 506	氯甲酸苯酯		1885-14-9	
1 507	氯甲酸苄酯	苯甲氧基碳酰氯	501-53-1	
1 508	氯甲酸环丁酯		81228-87-7	
1 509	氯甲酸甲酯	氯碳酸甲酯	79-22-1	剧毒
1 510	氯甲酸氯甲酯		22128-62-7	
1 511	氯甲酸三氯甲酯	双光气	503-38-8	
1 512	氯甲酸烯丙基酯(稳定的)		2937-50-0	
1 513	氯甲酸乙酯	氯碳酸乙酯	541-41-3	剧毒
1 514	氯甲酸异丙酯		108-23-6	
1 515	氯甲酸异丁酯		543-27-1	
1 516	氯甲酸正丙酯	氯甲酸丙酯	109-61-5	

续表

序号	品名	别名	CAS 号	备注
1 517	氯甲酸正丁酯	氯甲酸丁酯	592-34-7	
1 518	氯甲酸仲丁酯		17462-58-7	
1 519	氯甲烷	R40；甲基氯；一氯甲烷	74-87-3	
1 520	氯甲烷和二氯甲烷混合物			
1 521	2-氯间甲酚	2-氯-3-羟基甲苯	608-26-4	
1 522	6-氯间甲酚	4-氯-5-羟基甲苯	615-74-7	
1 523	4-氯邻甲苯胺盐酸盐	盐酸-4-氯-2-甲苯胺	3165-93-3	
1 524	*N*-（4-氯邻甲苯基）-*N*, *N*-二甲基甲脒盐酸盐	杀虫脒盐酸盐	19750-95-9	
1 525	2-氯三氟甲苯	邻氯三氟甲苯	88-16-4	
1 526	3-氯三氟甲苯	间氯三氟甲苯	98-15-7	
1 527	4-氯三氟甲苯	对氯三氟甲苯	98-56-6	
1 528	氯三氟甲烷和三氟甲烷共沸物	R503		
1 529	氯四氟乙烷	R124	63938-10-3	
1 530	氯酸铵		10192-29-7	
1 531	氯酸钡		13477-00-4	
1 532	氯酸钙		10137-74-3	
	氯酸钙溶液			
1 533	氯酸钾		3811-04-9	
	氯酸钾溶液			
1 534	氯酸镁		10326-21-3	
1 535	氯酸钠		7775-09-9	
	氯酸钠溶液			
1 536	氯酸溶液（浓度≤10%）		7790-93-4	
1 537	氯酸铯		13763-67-2	
1 538	氯酸锶		7791-10-8	
1 539	氯酸铊		13453-30-0	
1 540	氯酸铜		26506-47-8	
1 541	氯酸锌		10361-95-2	
1 542	氯酸银		7783-92-8	
1 543	1-氯戊烷	氯代正戊烷	543-59-9	
1 544	2-氯硝基苯	邻氯硝基苯	88-73-3	
1 545	3-氯硝基苯	间氯硝基苯	121-73-3	
1 546	4-氯硝基苯	对氯硝基苯；1-氯-4-硝基苯	100-00-5	
1 547	氯硝基苯异构体混合物	混合硝基氯化苯；冷母液	25167-93-5	

续表

序号	品名	别名	CAS 号	备注
1 548	氯溴甲烷	甲撑溴氯;溴氯甲烷	74-97-5	
1 549	2-氯乙醇	乙撑氯醇;氯乙醇	107-07-3	剧毒
1 550	氯乙腈	氰化氯甲烷;氯甲基氰	107-14-2	
1 551	氯乙酸	氯醋酸;一氯醋酸	79-11-8	
1 552	氯乙酸丁酯	氯醋酸丁酯	590-02-3	
1 553	氯乙酸酐	氯醋酸酐	541-88-8	
1 554	氯乙酸甲酯	氯醋酸甲酯	96-34-4	
1 555	氯乙酸钠		3926-62-3	
1 556	氯乙酸叔丁酯	氯醋酸叔丁酯	107-59-5	
1 557	氯乙酸乙烯酯	氯醋酸乙烯酯;乙烯基氯乙酸酯	2549-51-1	
1 558	氯乙酸乙酯	氯醋酸乙酯	105-39-5	
1 559	氯乙酸异丙酯	氯醋酸异丙酯	105-48-6	
1 560	氯乙烷	乙基氯	75-00-3	
1 561	氯乙烯(稳定的)	乙烯基氯	75-01-4	
1 562	2-氯乙酰-*N*-乙酰苯胺	邻氯乙酰-*N*-乙酰苯胺	93-70-9	
1 563	氯乙酰氯	氯化氯乙酰	79-04-9	
1 564	4-氯正丁酸乙酯		3153-36-4	
1 565	马来酸酐	马来酐;失水苹果酸酐;顺丁烯二酸酐	108-31-6	
1 566	吗啉		110-91-8	
1 567	煤焦酚	杂酚;粗酚	65996-83-0	
1 568	煤焦沥青	焦油沥青;煤沥青;煤膏	65996-93-2	
1 569	煤焦油		8007-45-2	
1 570	煤气			
1 571	煤油	火油;直馏煤油	8008-20-6	
1 572	镁		7439-95-4	
1 573	镁合金(片状、带状或条状,含镁> 50%)			
1 574	镁铝粉			
1 575	锰酸钾		10294-64-1	
1 576	迷迭香油		8000-25-7	
1 577	米许合金(浸在煤油中的)			
1 578	脒基亚硝氨基脒基叉肼(含水≥ 30%)			
1 579	脒基亚硝氨基脒基四氮烯(湿的,按质量含水或乙醇和水的混合物不低于 30%)	四氮烯;特屈拉辛	109-27-3	
1 580	木防己苦毒素	苦毒浆果(木防己属)	124-87-8	

续表

序号	品名	别名	CAS 号	备注
1 581	木馏油	木焦油	8021-39-4	
1 582	钠	金属钠	7440-23-5	
1 583	钠石灰(含氢氧化钠＞4%)	碱石灰	8006-28-8	
1 584	氖(压缩的或液化的)		7440-01-9	
1 585	萘	粗萘;精萘;萘饼	91-20-3	
1 586	1-萘胺	α-萘胺;1-氨基萘	134-32-7	
1 587	2-萘胺	β-萘胺;2-氨基萘	91-59-8	
1 588	1,8-萘二甲酸酐	萘酐	81-84-5	
1 589	萘磺汞	双苯汞亚甲基二萘磺酸酯;汞加芬;双萘磺酸苯汞	14235-86-0	
1 590	1-萘基硫脲	α-萘硫脲;安妥	86-88-4	
1 591	1-萘甲腈	萘甲腈;α-萘甲腈	86-53-3	
1 592	1-萘氧基二氯化膦		91270-74-5	
1 593	镍催化剂(干燥的)			
1 594	2,2′-偶氮-二-(2,4-二甲基-4-甲氧基戊腈)		15545-97-8	
1 595	2,2′-偶氮-二-(2,4-二甲基戊腈)	偶氮二异庚腈	4419-11-8	
1 596	2,2′-偶氮二-(2-甲基丙酸乙酯)		3879-07-0	
1 597	2,2′-偶氮-二-(2-甲基丁腈)		13472-08-7	
1 598	1,1′-偶氮-二-(六氢苄腈)	1,1′-偶氮二(环己基甲腈)	2094-98-6	
1 599	偶氮二甲酰胺	发泡剂 AC;二氮烯二甲酰胺	123-77-3	
1 600	2,2′-偶氮二异丁腈	发泡剂 N;ADIN;2-甲基丙腈	78-67-1	
1 601	哌啶	六氢吡啶;氮己环	110-89-4	
1 602	哌嗪	对二氮己环	110-85-0	
1 603	α-蒎烯	α-松油萜	80-56-8	
1 604	β-蒎烯		127-91-3	
1 605	硼氢化钾	氢硼化钾	13762-51-1	
1 606	硼氢化锂	氢硼化锂	16949-15-8	
1 607	硼氢化铝	氢硼化铝	16962-07-5	
1 608	硼氢化钠	氢硼化钠	16940-66-2	
1 609	硼酸		10043-35-3	
1610	硼酸三甲酯	三甲氧基硼烷	121-43-7	
1611	硼酸三乙酯	三乙氧基硼烷	150-46-9	
1612	硼酸三异丙酯	硼酸异丙酯	5419-55-6	
1613	铍粉		7440-41-7	

续表

序号	品名	别名	CAS 号	备注
1 614	偏钒酸铵		7803-55-6	
1 615	偏钒酸钾		13769-43-2	
1 616	偏高碘酸钾			
1 617	偏高碘酸钠			
1 618	偏硅酸钠	三氧硅酸二钠	6834-92-0	
1 619	偏砷酸		10102-53-1	
1 620	偏砷酸钠		15120-17-9	
1 621	漂白粉			
1 622	漂粉精(含有效氯> 39%)	高级晒粉		
1 623	葡萄糖酸汞		63937-14-4	
1 624	七氟丁酸	全氟丁酸	375-22-4	
1 625	七硫化四磷	七硫化磷	12037-82-0	
1 626	七溴二苯醚		68928-80-3	
1 627	2, 2′, 3, 3′, 4, 5′, 6′- 七溴二苯醚		446255-22-7	
1 628	2, 2′, 3, 4, 4′, 5′, 6- 七溴二苯醚		207122-16-5	
1 629	1, 4, 5, 6, 7, 8, 8- 七氯 -3*a*, 4, 7, 7*a*- 四氢 -4, 7- 亚甲基茚	七氯	76-44-8	
1 630	汽油		86290-81-5	
	乙醇汽油			
	甲醇汽油			
1 631	铅汞齐			
1 632	1- 羟环丁 -1- 烯 -3, 4- 二酮	半方形酸	31876-38-7	
1 633	3- 羟基 -1, 1- 二甲基丁基过氧新癸酸(含量≤ 52%, 含 A 型稀释剂≥ 48%)		95718-78-8	
	3- 羟基 -1, 1- 二甲基丁基过氧新癸酸(含量≤ 52%, 在水中稳定弥散)			
	3- 羟基 -1, 1- 二甲基丁基过氧新癸酸(含量≤ 77%, 含 A 型稀释剂≥ 23%)			
1 634	*N*-3-[1- 羟基 -2-(甲氨基)乙基)苯基甲烷磺酰胺甲磺酸盐	酰胺福林 - 甲烷磺酸盐	1421-68-7	
1 635	3- 羟基 -2- 丁酮	乙酰甲基甲醇	513-86-0	
1 636	4- 羟基 -4- 甲基 -2- 戊酮	双丙酮醇	123-42-2	
1 637	2- 羟基丙腈	乳腈	78-97-7	剧毒
1 638	2- 羟基丙酸甲酯	乳酸甲酯	547-64-8	
1 639	2- 羟基丙酸乙酯	乳酸乙酯	97-64-3	
1 640	3- 羟基丁醛	3- 丁醇醛; 丁间醇醛	107-89-1	

续表

序号	品名	别名	CAS 号	备注
1 641	羟基甲基汞		1184-57-2	
1 642	羟基乙腈	乙醇腈	107-16-4	剧毒
1 643	羟基乙硫醚	α-乙硫基乙醇	110-77-0	
1 644	3-(2-羟基乙氧基)-4-吡咯烷基-1-苯重氮氯化锌盐			
1 645	2-羟基异丁酸乙酯	2-羟基-2-甲基丙酸乙酯	80-55-7	
1 646	羟间唑啉(盐酸盐)		2315-02-8	剧毒
1 647	*N*-(2-羟乙基)-*N*-甲基全氟辛基磺酰胺		24448-09-7	
1 648	氢	氢气	1333-74-0	
1 649	氢碘酸	碘化氢溶液	10034-85-2	
1 650	氢氟酸	氟化氢溶液	7664-39-3	
1 651	氢过氧化蒎烷(56%<含量≤100%)		28324-52-9	
	氢过氧化蒎烷(含量≤56%,含A型稀释剂≥44%)			
1 652	氢化钡		13477-09-3	
1 653	氢化钙		7789-78-8	
1 654	氢化锆		7704-99-6	
1 655	氢化钾		7693-26-7	
1 656	氢化锂		7580-67-8	
1 657	氢化铝		7784-21-6	
1 658	氢化铝锂	四氢化铝锂	16853-85-3	
1 659	氢化铝钠	四氢化铝钠	13770-96-2	
1 660	氢化镁	二氢化镁	7693-27-8	
1 661	氢化钠		7646-69-7	
1 662	氢化钛		7704-98-5	
1 663	氢气和甲烷混合物			
1 664	氢氰酸(含量≤20%)		74-90-8	
	氢氰酸蒸熏剂			
1 665	氢溴酸	溴化氢溶液	10035-10-6	
1 666	氢氧化钡		17194-00-2	
1 667	氢氧化钾	苛性钾	1310-58-3	
	氢氧化钾溶液(含量≥30%)			
1 668	氢氧化锂		1310-65-2	
	氢氧化锂溶液			

续表

序号	品名	别名	CAS 号	备注
1 669	氢氧化钠	苛性钠;烧碱	1310-73-2	
	氢氧化钠溶液(含量≥30%)			
1 670	氢氧化铍		13327-32-7	
1 671	氢氧化铷		1310-82-3	
	氢氧化铷溶液			
1 672	氢氧化铯		21351-79-1	
	氢氧化铯溶液			
1 673	氢氧化铊		17026-06-1	
1 674	柴油(闭杯闪点≤60 ℃)			
1 675	氰	氰气	460-19-5	
1 676	氰氨化钙(含碳化钙>0.1%)	石灰氮	156-62-7	
1 677	氰胍甲汞	氰甲汞胍	502-39-6	剧毒
1 678	氰化钡		542-62-1	
1 679	氰化碘	碘化氰	506-78-5	
1 680	氰化钙		592-01-8	
1 681	氰化镉		542-83-6	剧毒
1 682	氰化汞	氰化高汞;二氰化汞	592-04-1	
1 683	氰化汞钾	汞氰化钾;氰化钾汞	591-89-9	
1 684	氰化钴(Ⅱ)		542-84-7	
1 685	氰化钴(Ⅲ)		14965-99-2	
1 686	氰化钾	山奈钾	151-50-8	剧毒
1 687	氰化金		506-65-0	
1 688	氰化钠	山奈	143-33-9	剧毒
1 689	氰化钠铜锌			
1 690	氰化镍	氰化亚镍	557-19-7	
1 691	氰化镍钾	氰化钾镍	14220-17-8	
1 692	氰化铅		592-05-2	
1 693	氰化氢	无水氢氰酸	74-90-8	剧毒
1 694	氰化铈			
1 695	氰化铜	氰化高铜	14763-77-0	
1 696	氰化锌		557-21-1	
1 697	氰化溴	溴化氰	506-68-3	
1 698	氰化金钾		14263-59-3	
1 699	氰化亚金钾		13967-50-5	

续表

序号	品名	别名	CAS号	备注
1 700	氰化亚铜		544-92-3	
1 701	氰化亚铜三钾	氰化亚铜钾	13682-73-0	
1 702	氰化亚铜三钠	紫铜盐;紫铜矾;氰化铜钠	14264-31-4	
	氰化亚铜三钠溶液			
1 703	氰化银		506-64-9	
1 704	氰化银钾	银氰化钾	506-61-6	剧毒
1 705	(*RS*)-*α*-氰基-3-苯氧基苄基(*SR*)-3-(2,2-二氯乙烯基)-2,2-二甲基环丙烷羧酸酯	氯氰菊酯	52315-07-8	
1 706	4-氰基苯甲酸	对氰基苯甲酸	619-65-8	
1 707	氰基乙酸	氰基醋酸	372-09-8	
1 708	氰基乙酸乙酯	氰基醋酸乙酯;乙基氰基乙酸酯	105-56-6	
1 709	氰尿酰氯	三聚氰酰氯;三聚氯化氰	108-77-0	
1 710	氰熔体			
1 711	2-巯基丙酸	硫代乳酸	79-42-5	
1 712	5-巯基四唑并-1-乙酸			
1 713	2-巯基乙醇	硫代乙二醇;2-羟基-1-乙硫醇	60-24-2	
1 714	巯基乙酸	氢硫基乙酸;硫代乙醇酸	68-11-1	
1 715	全氟辛基磺酸		1763-23-1	
1 716	全氟辛基磺酸铵		29081-56-9	
1 717	全氟辛基磺酸二癸二甲基铵		251099-16-8	
1 718	全氟辛基磺酸二乙醇铵		70225-14-8	
1 719	全氟辛基磺酸钾		2795-39-3	
1 720	全氟辛基磺酸锂		29457-72-5	
1 721	全氟辛基磺酸四乙基铵		56773-42-3	
1 722	全氟辛基磺酰氟		307-35-7	
1 723	全氯甲硫醇	三氯硫氯甲烷;过氯甲硫醇;四氯硫代碳酰	594-42-3	剧毒
1 724	全氯五环癸烷	灭蚁灵	2385-85-5	
1 725	壬基酚	壬基苯酚	25154-52-3	
1 726	壬基酚聚氧乙烯醚		9016-45-9	
1 727	壬基三氯硅烷		5283-67-0	
1 728	壬烷及其异构体			
1 729	1-壬烯		124-11-8	
1 730	2-壬烯		2216-38-8	
1 731	3-壬烯		20063-92-7	

续表

序号	品名	别名	CAS 号	备注
1 732	4-壬烯		2198-23-4	
1 733	溶剂苯			
1 734	溶剂油(闭杯闪点≤60 ℃)			
1 735	乳酸苯汞三乙醇铵		23319-66-6	剧毒
1 736	乳酸锑		58164-88-8	
1 737	乳香油		8016-36-2	
1 738	噻吩	硫杂茂;硫代呋喃	110-02-1	
1 739	三-(1-吖丙啶基)氧化膦	三吖啶基氧化膦	545-55-1	
1 740	三(2,3-二溴丙磷酸脂)磷酸盐		126-72-7	
1 741	三(2-甲基氮丙啶)氧化磷	三(2-甲基氮杂环丙烯)氧化膦	57-39-6	
1 742	三(环己基)-1,2,4-三唑-1-基)锡	三唑锡	41083-11-8	
1 743	三苯基磷		603-35-0	
1 744	三苯基氯硅烷		76-86-8	
1 745	三苯基氢氧化锡	三苯基羟基锡	76-87-9	
1 746	三苯基乙酸锡		900-95-8	
1 747	三丙基铝		102-67-0	
1 748	三丙基氯化锡	氯丙锡;三丙锡氯	2279-76-7	
1 749	三碘化砷	碘化亚砷	7784-45-4	
1 750	三碘化铊		13453-37-7	
1 751	三碘化锑		64013-16-7	
1 752	三碘甲烷	碘仿	75-47-8	
1 753	三碘乙酸	三碘醋酸	594-68-3	
1 754	三丁基氟化锡		1983-10-4	
1 755	三丁基铝		1116-70-7	
1 756	三丁基氯化锡		1461-22-9	
1 757	三丁基硼		122-56-5	
1 758	三丁基氢化锡		688-73-3	
1 759	*S*,*S*,*S*-三丁基三硫代磷酸酯	三硫代磷酸三丁酯;脱叶磷	78-48-8	
1 760	三丁基锡苯甲酸		4342-36-3	
1 761	三丁基锡环烷酸		85409-17-2	
1 762	三丁基锡亚油酸		24124-25-2	
1 763	三丁基氧化锡		56-35-9	
1 764	三丁锡甲基丙烯酸		2155-70-6	
1 765	三氟丙酮		421-50-1	

续表

序号	品名	别名	CAS 号	备注
1 766	三氟化铋		7787-61-3	
1 767	三氟化氮		7783-54-2	
1 768	三氟化磷		7783-55-3	
1 769	三氟化氯		7790-91-2	
1 770	三氟化硼	氟化硼	7637-07-2	
1 771	三氟化硼丙酸络合物			
1 772	三氟化硼甲醚络合物		353-42-4	
1 773	三氟化硼乙胺		75-23-0	
1 774	三氟化硼乙醚络合物		109-63-7	
1 775	三氟化硼乙酸酐	三氟化硼醋酸酐	591-00-4	
1 776	三氟化硼乙酸络合物	乙酸三氟化硼	7578-36-1	
1 777	三氟化砷	氟化亚砷	7784-35-2	
1 778	三氟化锑	氟化亚锑	7783-56-4	
1 779	三氟化溴		7787-71-5	
1 780	三氟甲苯		98-08-8	
1 781	(*RS*)-2-[4-(5-三氟甲基-2-吡啶氧基)苯氧基]丙酸丁酯	吡氟禾草灵丁酯	69806-50-4	
1 782	2-三氟甲基苯胺	2-氨基三氟甲苯	88-17-5	
1 783	3-三氟甲基苯胺	3-氨基三氟甲苯;间三氟甲基苯胺	98-16-8	
1 784	三氟甲烷	R23;氟仿	75-46-7	
1 785	三氟氯化甲苯	三氟甲基氯苯		
1 786	三氟氯乙烯(稳定的)	R1113;氯三氟乙烯	79-38-9	
1 787	三氟溴乙烯	溴三氟乙烯	598-73-2	
1 788	2,2,2-三氟乙醇		75-89-8	
1 789	三氟乙酸	三氟醋酸	76-05-1	
1 790	三氟乙酸酐	三氟醋酸酐	407-25-0	
1 791	三氟乙酸铬	三氟醋酸铬	16712-29-1	
1 792	三氟乙酸乙酯	三氟醋酸乙酯	383-63-1	
1 793	1,1,1-三氟乙烷	R143	420-46-2	
1 794	三氟乙酰氯	氯化三氟乙酰	354-32-5	
1 795	三环己基氢氧化锡	三环锡	13121-70-5	
1 796	三甲胺(无水)		75-50-3	
	三甲胺溶液			
1 797	2,4,4-三甲基-1-戊烯		107-39-1	

续表

序号	品名	别名	CAS 号	备注
1 798	2,4,4-三甲基-2-戊烯		107-40-4	
1 799	1,2,3-三甲基苯	连三甲基苯	526-73-8	
1 800	1,2,4-三甲基苯	假枯烯	95-63-6	
1 801	1,3,5-三甲基苯	均三甲苯	108-67-8	
1 802	2,2,3-三甲基丁烷		464-06-2	
1 803	三甲基环己胺		15901-42-5	
1 804	3,3,5-三甲基己撑二胺	3,3,5-三甲基六亚甲基二胺	25620-58-0; 25513-64-8	
1 805	三甲基己基二异氰酸酯	二异氰酸三甲基六亚甲基酯		
1 806	2,2,4-三甲基己烷		16747-26-5	
1 807	2,2,5-三甲基己烷		3522-94-9	
1 808	三甲基铝		75-24-1	
1 809	三甲基氯硅烷	氯化三甲基硅烷	75-77-4	
1 810	三甲基硼	甲基硼	593-90-8	
1 811	2,4,4-三甲基戊基-2-过氧化苯氧基乙酸酯(在溶液中,含量≤37%)	2,4,4-三甲基戊基-2-过氧化苯氧基醋酸酯	59382-51-3	
1 812	2,2,3-三甲基戊烷		564-02-3	
1 813	2,2,4-三甲基戊烷		540-84-1	
1 814	2,3,4-三甲基戊烷		565-75-3	
1 815	三甲基乙酰氯	三甲基氯乙酰;新戊酰氯	3282-30-2	
1 816	三甲基乙氧基硅烷	乙氧基三甲基硅烷	1825-62-3	
1 817	三聚丙烯	三丙烯	13987-01-4	
1 818	三聚甲醛	三氧杂环己烷;三聚蚁醛;对称三噁烷	110-88-3	
1 819	三聚氰酸三烯丙酯		101-37-1	
1 820	三聚乙醛	仲乙醛;三聚醋醛	123-63-7	
1 821	三聚异丁烯	三异丁烯	7756-94-7	
1 822	三硫化二磷	三硫化磷	12165-69-4	
1 823	三硫化二锑	硫化亚锑	1345-04-6	
1 824	三硫化四磷		1314-85-8	
1 825	1,1,2-三氯-1,2,2-三氟乙烷	R113;1,2,2-三氯三氟乙烷	76-13-1	
1 826	2,3,4-三氯-1-丁烯	三氯丁烯	2431-50-7	
1 827	1,1,1-三氯-2,2-双(4-氯苯基)乙烷	滴滴涕	50-29-3	
1 828	2,4,5-三氯苯胺	1-氨基-2,4,5-三氯苯	636-30-6	
1 829	2,4,6-三氯苯胺	1-氨基-2,4,6-三氯苯	634-93-5	

续表

序号	品名	别名	CAS号	备注
1 830	2,4,5-三氯苯酚	2,4,5-三氯酚	95-95-4	
1 831	2,4,6-三氯苯酚	2,4,6-三氯酚	88-06-2	
1 832	2-(2,4,5-三氯苯氧基)丙酸	2,4,5-涕丙酸	93-72-1	
1 833	2,4,5-三氯苯氧乙酸	2,4,5-涕	93-76-5	
1 834	1,2,3-三氯丙烷		96-18-4	
1 835	1,2,3-三氯代苯	1,2,3-三氯苯	87-61-6	
1 836	1,2,4-三氯代苯	1,2,4-三氯苯	120-82-1	
1 837	1,3,5-三氯代苯	1,3,5-三氯苯	108-70-3	
1 838	三氯硅烷	硅仿;硅氯仿;三氯氢硅	10025-78-2	
1 839	三氯化碘		865-44-1	
1 840	三氯化钒		7718-98-1	
1 841	三氯化磷	氯化磷,氯化亚磷	7719-12-2	
1 842	三氯化铝(无水)	氯化铝	7446-70-0	
	三氯化铝溶液	氯化铝溶液		
1 843	三氯化钼		13478-18-7	
1 844	三氯化硼		10294-34-5	
1 845	三氯化三甲基二铝	三氯化三甲基铝	12542-85-7	
1 846	三氯化三乙基二铝	三氯三乙基络铝	12075-68-2	
1 847	三氯化砷	氯化亚砷	7784-34-1	
1 848	三氯化钛	氯化亚钛	7705-07-9	
	三氯化钛溶液	氯化亚钛溶液		
	三氯化钛混合物			
1 849	三氯化锑		10025-91-9	
1 850	三氯化铁	氯化铁	7705-08-0	
	三氯化铁溶液	氯化铁溶液		
1 851	三氯甲苯	三氯化苄;苯基三氯甲烷;α,α,α-三氯甲苯	98-07-7	
1 852	三氯甲烷	氯仿	67-66-3	
1 853	三氯三氟丙酮	1,1,3-三氯-1,3,3-三氟丙酮	79-52-7	
1 854	三氯硝基甲烷	氯化苦;硝基三氯甲烷	76-06-2	剧毒
1 855	1-三氯锌酸-4-二甲氨基重氮苯			
1 856	1,2-*O*-[(1*R*)-2,2,2-三氯亚乙基]-α-D-呋喃葡糖	α-氯醛糖	15879-93-3	
1 857	三氯氧化钒	三氯化氧钒	7727-18-6	

续表

序号	品名	别名	CAS 号	备注
1 858	三氯氧磷	氧氯化磷；氯化磷酰；磷酰氯；三氯化磷酰；磷酰三氯	10025-87-3	
1 859	三氯一氟甲烷	R11	75-69-4	
1 860	三氯乙腈	氰化三氯甲烷	545-06-2	
1 861	三氯乙醛(稳定的)	氯醛；氯油	75-87-6	
1 862	三氯乙酸	三氯醋酸	76-03-9	
1 863	三氯乙酸甲酯	三氯醋酸甲酯	598-99-2	
1 864	1，1，1-三氯乙烷	甲基氯仿	71-55-6	
1 865	1，1，2-三氯乙烷		79-00-5	
1 866	三氯乙烯		79-01-6	
1 867	三氯乙酰氯		76-02-8	
1 868	三氯异氰脲酸		87-90-1	
1 869	三烯丙基胺	三烯丙胺；三(2-丙烯基)胺	102-70-5	
1 870	1，3，5-三硝基苯	均三硝基苯	99-35-4	
1 871	2，4，6-三硝基苯胺	苦基胺	489-98-5	
1 872	2，4，6-三硝基苯酚	苦味酸	88-89-1	
1 873	2，4，6-三硝基苯酚铵(干的或含水＜10%) 2，4，6-三硝基苯酚铵(含水≥10%)	苦味酸铵	131-74-8	
1 874	2，4，6-三硝基苯酚钠	苦味酸钠	3324-58-1	
1 875	2，4，6-三硝基苯酚银(含水≥30%)	苦味酸银	146-84-9	
1 876	三硝基苯磺酸		2508-19-2	
1 877	2，4，6-三硝基苯磺酸钠		5400-70-4	
1 878	三硝基苯甲醚	三硝基茴香醚	28653-16-9	
1 879	2，4，6-三硝基苯甲酸	三硝基安息香酸	129-66-8	
1 880	2，4，6-三硝基苯甲硝胺	特屈儿	479-45-8	
1 881	三硝基苯乙醚		4732-14-3	
1 882	2，4，6-三硝基二甲苯	2，4，6-三硝基间二甲苯	632-92-8	
1 883	2，4，6-三硝基甲苯	梯恩梯；TNT	118-96-7	
1 884	三硝基甲苯与六硝基-1，2-二苯乙烯混合物	三硝基甲苯与六硝基芪混合物		
1 885	2，4，6-三硝基甲苯与铝混合物	特里托纳尔		
1 886	三硝基甲苯与三硝基苯和六硝基-1，2-二苯乙烯混合物	三硝基甲苯与三硝基苯和六硝基芪混合物		
1 887	三硝基甲苯与三硝基苯混合物			
1 888	三硝基甲苯与硝基萘混合物	梯萘炸药		

续表

序号	品名	别名	CAS 号	备注
1 889	2，4，6-三硝基间苯二酚	收敛酸	82-71-3	
1890	2，4，6-三硝基间苯二酚铅(湿的，按质量含水或乙醇和水的混合物不低于 20%)	收敛酸铅	15245-44-0	
1891	三硝基间甲酚		602-99-3	
1892	2，4，6-三硝基氯苯	苦基氯	88-88-0	
1893	三硝基萘		55810-17-8	
1894	三硝基芴酮		129-79-3	
1895	2，4，6-三溴苯胺		147-82-0	
1896	三溴化碘		7789-58-4	
1897	三溴化磷		7789-60-8	
1898	三溴化铝(无水)	溴化铝	7727-15-3	
	三溴化铝溶液	溴化铝溶液		
1899	三溴化硼		10294-33-4	
1900	三溴化三甲基二铝	三溴化三甲基铝	12263-85-3	
1901	三溴化砷	溴化亚砷	7784-33-0	
1902	三溴化锑		7789-61-9	
1903	三溴甲烷	溴仿	75-25-2	
1904	三溴乙醛	溴醛	115-17-3	
1905	三溴乙酸	三溴醋酸	75-96-7	
1906	三溴乙烯		598-16-3	
1907	2，4，6-三亚乙基氨基-1，3，5-三嗪	曲他胺	51-18-3	
1908	三亚乙基四胺	二缩三乙二胺；三乙撑四胺	112-24-3	
1909	三氧化二氮	亚硝酐	10544-73-7	
1910	三氧化二钒		1314-34-7	
1911	三氧化二磷	亚磷酸酐	1314-24-5	
1912	三氧化二砷	白砒；砒霜；亚砷酸酐	1327-53-3	剧毒
1913	三氧化铬(无水)	铬酸酐	1333-82-0	
1914	三氧化硫(稳定的)	硫酸酐	7446-11-9	
1915	三乙胺		121-44-8	
1916	3，6，9-三乙基-3，6，9-三甲基-1，4，7-三过氧壬烷(含量≤42%，含 A 型稀释剂≥58%)		24748-23-0	
1917	三乙基铝		97-93-8	
1918	三乙基硼		97-94-9	
1919	三乙基砷酸酯		15606-95-8	
1920	三乙基锑		617-85-6	

续表

序号	品名	别名	CAS 号	备注
1921	三异丁基铝		100-99-2	
1922	三正丙胺	*N*, *N*-二丙基-1-丙胺	102-69-2	
1923	三正丁胺	三丁胺	102-82-9	剧毒
1924	砷		7440-38-2	
1925	砷化汞		749262-24-6	
1926	砷化镓		1303-00-0	
1927	砷化氢	砷化三氢;胂	7784-42-1	剧毒
1928	砷化锌		12006-40-5	
1929	砷酸		7778-39-4	
1930	砷酸铵		24719-13-9	
1931	砷酸钡		13477-04-8	
1932	砷酸二氢钾			
1933	砷酸二氢钠		10103-60-3	
1934	砷酸钙	砷酸三钙	7778-44-1	
1935	砷酸汞	砷酸氢汞	7784-37-4	
1936	砷酸钾		7784-41-0	
1937	砷酸镁		10103-50-1	
1938	砷酸钠	砷酸三钠	13464-38-5	
1939	砷酸铅		7645-25-2	
1940	砷酸氢二铵		7784-44-3	
1941	砷酸氢二钠		7778-43-0	
1942	砷酸锑		28980-47-4	
1943	砷酸铁		10102-49-5	
1944	砷酸铜		10103-61-4	
1945	砷酸锌		1303-39-5	
1946	砷酸亚铁		10102-50-8	
1947	砷酸银		13510-44-6	
1948	生漆	大漆		
1949	生松香	焦油松香;松脂		
1950	十八烷基三氯硅烷		112-04-9	
1851	十八烷基乙酰胺	十八烷醋酸酰胺		
1952	十八烷酰氯	硬脂酰氯	112-76-5	
1953	十二烷基硫醇	月桂硫醇;十二硫醇	112-55-0	
1954	十二烷基三氯硅烷		4484-72-4	

续表

序号	品名	别名	CAS 号	备注
1 955	十二烷酰氯	月桂酰氯	112-16-3	
1 956	十六烷基三氯硅烷		5894-60-0	
1 957	十六烷酰氯	棕榈酰氯	112-67-4	
1 958	十氯酮	十氯代八氢－亚甲基－环丁异［cd］戊搭烯-2-酮；开蓬	143-50-0	
1 959	1，1，2，2，3，3，4，4，5，5，6，6，7，7，8，8，8-十七氟-1-辛烷磺酸		45298-90-6	
1 960	十氢化萘	萘烷	91-17-8	
1 961	十四烷酰氯	肉豆蔻酰氯	112-64-1	
1 962	十溴联苯		13654-09-6	
1 963	石棉（含阳起石石棉、铁石棉、透闪石石棉、直闪石石棉、青石棉）		1332-21-4	
1 964	石脑油		8030-30-6	
1 965	石油醚	石油精	8032-32-4	
1 966	石油气	原油气		
1 967	石油原油	原油	8002-05-9	
1 968	铈（粉、屑）		7440-45-1	
	金属铈（浸在煤油中的）			
1 969	铈镁合金粉			
1 970	叔丁胺	2-氨基-2-甲基丙烷；特丁胺	75-64-9	
1 971	5-叔丁基-2，4，6-三硝基间二甲苯	二甲苯麝香；1-（1，1-二甲基乙基）-3，5-二甲基-2，4，6-三硝基苯	81-15-2	
1 972	叔丁基苯	叔丁苯	98-06-6	
1 973	2-叔丁基苯酚	邻叔丁基苯酚	88-18-6	
1 974	4-叔丁基苯酚	对叔丁基苯酚；对特丁基苯酚；4-羟基-1-叔丁基苯	98-54-4	
1 975	叔丁基过氧-2-甲基苯甲酸酯（含量≤ 100%）		22313-62-8	
1 976	叔丁基过氧-2-乙基己酸酯（52%＜含量≤ 100%）	过氧化-2-乙基己酸叔丁酯	3006-82-4	
	叔丁基过氧-2-乙基己酸酯（32%＜含量≤ 52%，含 B 型稀释剂≥ 48%）			
	叔丁基过氧-2-乙基己酸酯（含量≤ 32%，含 B 型稀释剂≥ 68%）			
	叔丁基过氧-2-乙基己酸酯（含量≤ 52%，惰性固体含量≥ 48%）			

续表

序号	品名	别名	CAS号	备注
1 977	叔丁基过氧-2-乙基己酸酯和2，2-二-（叔丁基过氧）丁烷的混合物［叔丁基过氧-2-乙基己酸酯≤12%，2，2-二-（叔丁基过氧）丁烷的混合物≤14%，含A型稀释剂≥14%，含惰性固体≥60%］			
	叔丁基过氧-2-乙基己酸酯和2，2-二-（叔丁基过氧）丁烷的混合物［叔丁基过氧-2-乙基己酸酯≤31%，2，2-二-（叔丁基过氧）丁烷≤36%，含B型稀释剂≥33%］			
1 978	叔丁基过氧-2-乙基己碳酸酯（含量≤100%）		34443-12-4	
1 979	叔丁基过氧丁基延胡索酸酯（含量≤52%，含A型稀释剂≥48%）			
1 980	叔丁基过氧二乙基乙酸酯（含量≤100%）	过氧化二乙基乙酸叔丁酯；过氧化叔丁基二乙基乙酸酯		
1 981	叔丁基过氧新癸酸酯（77%＜含量≤100%）			
	叔丁基过氧新癸酸酯（含量≤32%，含A型稀释剂≥68%）			
	叔丁基过氧新癸酸酯［含量≤42%，在水（冷冻）中稳定弥散］			
	叔丁基过氧新癸酸酯（含量≤52%，在水中稳定弥散）			
	叔丁基过氧新癸酸酯（含量≤77%）			
1 982	叔丁基过氧新戊酸酯（27%＜含量≤67%，含B型稀释剂≥33%）		927-07-1	
	叔丁基过氧新戊酸酯（67%＜含量≤77%，含A型稀释剂≥23%）			
	叔丁基过氧新戊酸酯（含量≤27%，含B型稀释剂≥73%）			
1 983	1-（2-叔丁基过氧异丙基）-3-异丙烯基苯（含量≤42%，惰性固体含量≥58%）		96319-55-0	
	1-（2-叔丁基过氧异丙基）-3-异丙烯基苯（含量≤77%，含A型稀释剂≥23%）			
1 984	叔丁基过氧异丁酸酯（52%＜含量≤77%，含B型稀释剂≥23%）	过氧化异丁酸叔丁酯	109-13-7	
	叔丁基过氧异丁酸酯（含量≤52%，含B型稀释剂≥48%）			
1 985	叔丁基过氧硬酯酰碳酸酯（含量≤100%）			
1 986	叔丁基环己烷	环己基叔丁烷；特丁基环己烷	3178-22-1	
1 987	叔丁基硫醇	叔丁硫醇	75-66-1	

续表

序号	品名	别名	CAS 号	备注
1 988	叔戊基过氧-2-乙基己酸酯(含量≤100%)	过氧化-2-乙基己酸叔戊酯	686-31-7	
1 989	叔戊基过氧化氢(含量≤88%,含A型稀释剂≥6%,含水≥6%)		3425-61-4	
1 990	叔戊基过氧戊酸酯(含量≤77%,含B型稀释剂≥23%)	过氧化叔戊基新戊酸酯	29240-17-3	
1 991	叔戊基过氧新癸酸酯(含量≤77%,含B型稀释剂≥23%)	过氧化叔戊基新癸酸酯	68299-16-1	
1 992	叔辛胺		107-45-9	
1 993	树脂酸钙		9007-13-0	
1 994	树脂酸钴		68956-82-1	
1 995	树脂酸铝		61789-65-9	
1 996	树脂酸锰		9008-34-8	
1 997	树脂酸锌		9010-69-9	
1 998	双(1-甲基乙基)氟磷酸酯	二异丙基氟磷酸酯;丙氟磷	55-91-4	剧毒
1 999	双(2-氯乙基)甲胺	氮芥;双(氯乙基)甲胺	51-75-2	剧毒
2 000	5-[(双(2-氯乙基)氨基]-2,4-(1H,3H)嘧啶二酮	尿嘧啶芳芥;嘧啶苯芥	66-75-1	剧毒
2 001	2,2-双-[4,4-二(叔丁基过氧化)环己基]丙烷(含量≤42%,惰性固体含量≥58%)			
	2,2-双-[4,4-二(叔丁基过氧化)环己基]丙烷(含量≤22%,含B型稀释剂≥78%)			
2 002	2,2-双(4-氯苯基)-2-羟基乙酸乙酯	4,4'-二氯二苯乙醇酸乙酯;乙酯杀螨醇	510-15-6	
2 003	*O*,*O*-双(4-氯苯基)*N*-(1-亚氨基)乙基硫代磷酸胺	毒鼠磷	4104-14-7	剧毒
2 004	双(*N*,*N*-二甲基甲硫酰)二硫化物	四甲基二硫代秋兰姆;四甲基硫代过氧化二碳酸二酰胺;福美双	137-26-8	
2 005	双(二甲氨基)磷酰氟(含量>2%)	甲氟磷	115-26-4	剧毒
2 006	双(二甲基二硫代氨基甲酸)锌	福美锌	137-30-4	
2 007	4,4-双-(过氧化叔丁基)戊酸正丁酯(52%<含量≤100%)	4,4-二(叔丁基过氧化)戊酸正丁酯	995-33-5	
	4,4-双-(过氧化叔丁基)戊酸正丁酯(含量≤52%,含惰性固体≥48%)			
2 009	双过氧化壬二酸(含量≤27%,惰性固体含量≥73%)		1941-79-3	
2 009	双过氧化十二烷二酸(含量≤42%,含硫酸钠≥56%)		66280-55-5	
2 010	双戊烯	苎烯;二聚戊烯;1,8-萜二烯	138-86-3	

续表

序号	品名	别名	CAS 号	备注
2 011	2, 5- 双(1- 吖丙啶基)-3-(2- 氨甲酰氧 -1- 甲氧乙基)-6- 甲基 -1, 4- 苯醌	卡巴醌	24279-91-2	
2 012	水合肼(含肼≤ 64%)	水合联氨	10217-52-4	
2 013	水杨醛	2- 羟基苯甲醛；邻羟基苯甲醛	90-02-8	
2 014	水杨酸汞		5970-32-1	
2 015	水杨酸化烟碱		29790-52-1	
2 016	丝裂霉素 C	自力霉素	50-07-7	
2 017	四苯基锡		595-90-4	
2 018	四碘化锡		7790-47-8	
2 019	四丁基氢氧化铵		2052-49-5	
2 020	四丁基氢氧化磷		14518-69-5	
2 021	四丁基锡		1461-25-2	
2 022	四氟代肼	四氟肼	10036-47-2	
2 023	四氟化硅	氟化硅	7783-61-1	
2 024	四氟化硫		7783-60-0	
2 025	四氟化铅		7783-59-7	
2 026	四氟甲烷	R14	75-73-0	
2 027	四氟硼酸 -2, 5- 二乙氧基 -4- 吗啉代重氮苯		4979-72-0	
2 028	四氟乙烯(稳定的)		116-14-3	
2 029	1, 2, 4, 5- 四甲苯	均四甲苯	95-93-2	
2 030	1, 1, 3, 3- 四甲基 -1- 丁硫醇	特辛硫醇；叔辛硫醇	141-59-3	
2 031	1, 1, 3, 3- 四甲基丁基过氧 -2- 乙基己酸酯(含量≤ 100%)	过氧化 -2- 乙基己酸 -1, 1, 3, 3- 四甲基丁酯；过氧化 -1, 1, 3, 3- 四甲基丁基 -2- 乙基乙酸酯；过氧化 -2- 乙基己酸叔辛酯	22288-43-3	
2 032	1, 1, 3, 3- 四甲基丁基过氧新癸酸酯(含量≤ 52%，在水中稳定弥散) 1, 1, 3, 3- 四甲基丁基过氧新癸酸酯(含量≤ 72%，含 B 型稀释剂≥ 28%)		51240-95-0	
2 033	1, 1, 3, 3- 四甲基丁基氢过氧化物(含量≤ 100%)	过氧化氢叔辛基	5809-08-5	
2 034	2, 2, 3′, 3′- 四甲基丁烷	六甲基乙烷；双叔丁基	594-82-1	
2 035	四甲基硅烷	四甲基硅	75-76-3	
2 036	四甲基铅		75-74-1	
2 037	四甲基氢氧化铵		75-59-2	
2 038	*N*, *N*, *N*′, *N*′- 四甲基乙二胺	1, 2- 双(二甲基氨基)乙烷	110-18-9	
2 039	四聚丙烯	四丙烯	6842-15-5	

续表

序号	品名	别名	CAS 号	备注
2 040	四磷酸六乙酯	乙基四磷酸酯	757-58-4	
2 041	四磷酸六乙酯和压缩气体混合物			
2 042	2，3，4，6-四氯苯酚	2，3，4，6-四氯酚	58-90-2	
2 043	1，1，3，3-四氯丙酮	1，1，3，3-四氯-2-丙酮	632-21-3	
2 044	1，2，3，4-四氯代苯		634-66-2	
2 045	1，2，3，5-四氯代苯		634-90-2	
2 046	1，2，4，5-四氯代苯		95-94-3	
2 047	2，3，7，8-四氯二苯并对二噁英	二噁英；2，3，7，8-TCDD；四氯二苯二噁英	1746-01-6	剧毒
2 048	四氯化碲		10026-07-0	
2 049	四氯化钒		7632-51-1	
2 050	四氯化锆		10026-11-6	
2 051	四氯化硅	氯化硅	10026-04-7	
2 052	四氯化硫		13451-08-6	
2 053	1，2，3，4-四氯化萘	四氯化萘	1335-88-2	
2 054	四氯化铅		13463-30-4	
2 055	四氯化钛		7550-45-0	
2 056	四氯化碳	四氯甲烷	56-23-5	
2 057	四氯化硒		10026-03-6	
2 058	四氯化锡（无水）	氯化锡	7646-78-8	
2 059	四氯化锡五水合物		10026-06-9	
2 060	四氯化锗	氯化锗	10038-98-9	
2 061	四氯邻苯二甲酸酐		117-08-8	
2 062	四氯锌酸-2，5-二丁氧基-4-（4-吗啉基）-重氮苯（2:1）		14726-58-0	
2 063	1，1，2，2-四氯乙烷		79-34-5	
2 064	四氯乙烯	全氯乙烯	127-18-4	
2 065	*N*-四氯乙硫基四氢酞酰亚胺	敌菌丹	2425-06-1	
2 066	5，6，7，8-四氢-1-萘胺	1-氨基-5，6，7，8-四氢萘	2217-41-6	
2 067	3-（1，2，3，4-四氢-1-萘基）-4-羟基香豆素	杀鼠醚	5836-29-3	剧毒
2 068	1，2，5，6-四氢吡啶		694-05-3	
2 069	四氢吡咯	吡咯烷；四氢氮杂茂	123-75-1	
2 070	四氢吡喃	氧己环	142-68-7	
2 071	四氢呋喃	氧杂环戊烷	109-99-9	
2 072	1，2，3，6-四氢化苯甲醛		100-50-5	

续表

序号	品名	别名	CAS 号	备注
2 073	四氢糠胺		4795-29-3	
2 074	四氢邻苯二甲酸酐(含马来酐＞0.05%)	四氢酞酐	2426-02-0	
2 075	四氢噻吩	四甲撑硫;四氢硫杂茂	110-01-0	
2 076	四氰基代乙烯	四氰代乙烯	670-54-2	
2 077	2,3,4,6-四硝基苯胺		3698-54-2	
2 078	四硝基甲烷		509-14-8	剧毒
2 079	四硝基萘		28995-89-3	
2 080	四硝基萘胺			
2 081	四溴二苯醚		40088-47-9	
2 082	四溴化硒		7789-65-3	
2 083	四溴化锡		7789-67-5	
2 084	四溴甲烷	四溴化碳	558-13-4	
2 085	1,1,2,2-四溴乙烷		79-27-6	
2 086	四亚乙基五胺	三缩四乙二胺;四乙撑五胺	112-57-2	
2 087	四氧化锇	锇酸酐	20816-12-0	剧毒
2 088	四氧化二氮		10544-72-6	
2 089	四氧化三铅	红丹;铅丹;铅橙	1314-41-6	
2 090	*O*,*O*,*O'*,*O'*-四乙基-*S*,*S'*-亚甲基双(二硫代磷酸酯)	乙硫磷	563-12-2	
2 091	*O*,*O*,*O'*,*O'*-四乙基二硫代焦磷酸酯	治螟磷	3689-24-5	剧毒
2 092	四乙基焦磷酸酯	特普	107-49-3	剧毒
2 093	四乙基铅	发动机燃料抗爆混合物	78-00-2	剧毒
2 094	四乙基氢氧化铵		77-98-5	
2 095	四乙基锡	四乙锡	597-64-8	
2 096	四唑并-1-乙酸	四唑乙酸;四氮杂茂-1-乙酸	21732-17-2	
2 097	松焦油		8011-48-1	
2 098	松节油		8006-64-2	
2 099	松节油混合萜	松脂萜;芸香烯	1335-76-8	
2 100	松油		8002-09-3	
2 101	松油精	松香油	8002-16-2	
2 102	酸式硫酸三乙基锡		57875-67-9	
2 103	铊	金属铊	7440-28-0	
2 104	钛酸四乙酯	钛酸乙酯;四乙氧基钛	3087-36-3	
2 105	钛酸四异丙酯	钛酸异丙酯	546-68-9	

续表

序号	品名	别名	CAS 号	备注
2 106	钛酸四正丙酯	钛酸正丙酯	3087-37-4	
2 107	碳化钙	电石	75-20-7	
2 108	碳化铝		1299-86-1	
2 109	碳酸二丙酯	碳酸丙酯	623-96-1	
2 110	碳酸二甲酯		616-38-6	
2 111	碳酸二乙酯	碳酸乙酯	105-58-8	
2 112	碳酸铍		13106-47-3	
2 113	碳酸亚铊	碳酸铊	6533-73-9	
2 114	碳酸乙丁酯		30714-78-4	
2 115	碳酰氯	光气	75-44-5	剧毒
2 116	羰基氟	碳酰氟；氟化碳酰	353-50-4	
2 117	羰基硫	硫化碳酰	463-58-1	
2 118	羰基镍	四羰基镍；四碳酰镍	13463-39-3	剧毒
2 119	2-特丁基-4，6-二硝基酚	2-（1，1-二甲基乙基）-4，6-二硝酚；特乐酚	1420-07-1	
2 120	2-特戊酰-2，3-二氢-1，3-茚二酮	鼠完	83-26-1	
2 121	锑粉		7440-36-0	
2 122	锑化氢	三氢化锑；锑化三氢；䏲	7803-52-3	
2 123	天然气（富含甲烷的）	沼气	8006-14-2	
2 124	萜品油烯	异松油烯	586-62-9	
2 125	萜烃		63394-00-3	
2 126	铁铈齐	铈铁合金	69523-06-4	
2 127	铜钙合金			
2 128	铜乙二胺溶液		13426-91-0	
2 129	土荆芥油	藜油；除蛔油	8006-99-3	
2 130	烷基、芳基或甲苯磺酸（含游离硫酸）			
2 131	烷基锂			
2 132	烷基铝氢化物			
2 133	乌头碱	附子精	302-27-2	剧毒
2 134	无水肼（含肼＞64%）	无水联胺	302-01-2	
2 135	五氟化铋		7787-62-4	
2 136	五氟化碘		7783-66-6	
2 137	五氟化磷		7647-19-0	
2 138	五氟化氯		13637-63-3	剧毒

续表

序号	品名	别名	CAS 号	备注
2 139	五氟化锑		7783-70-2	
2 140	五氟化溴		7789-30-2	
2 141	五甲基庚烷		30586-18-6	
2 142	五硫化二磷	五硫化磷	1314-80-3	
2 143	五氯苯		608-93-5	
2 144	五氯苯酚	五氯酚	87-86-5	剧毒
2 145	五氯苯酚苯基汞			
2 146	五氯苯酚汞			
2 147	2，3，4，7，8-五氯二苯并呋喃	2，3，4，7，8-PCDF	57117-31-4	剧毒
2 148	五氯酚钠		131-52-2	
2 149	五氯化磷		10026-13-8	
2 150	五氯化钼		10241-05-1	
2 151	五氯化铌		10026-12-7	
2 152	五氯化钽		7721-01-9	
2 153	五氯化锑	过氯化锑；氯化锑	7647-18-9	剧毒
2 154	五氯硝基苯	硝基五氯苯	82-68-8	
2 155	五氯乙烷		76-01-7	
2 156	五氰金酸四钾		68133-87-9	
2 157	五羰基铁	羰基铁	13463-40-6	剧毒
2 158	五溴二苯醚		32534-81-9	
2 159	五溴化磷		7789-69-7	
2 160	五氧化二碘	碘酐	12029-98-0	
2 161	五氧化二钒	钒酸酐	1314-62-1	
2 162	五氧化二磷	磷酸酐	1314-56-3	
2 163	五氧化二砷	砷酸酐；五氧化砷；氧化砷	1303-28-2	剧毒
2 164	五氧化二锑	锑酸酐	1314-60-9	
2 165	1-戊醇	正戊醇	71-41-0	
2 166	2-戊醇	仲戊醇	6032-29-7	
2 167	1，5-戊二胺	1，5-二氨基戊烷；五亚甲基二胺；尸毒素	462-94-2	
2 168	戊二腈	1，3-二氰基丙烷	544-13-8	
2 169	戊二醛	1，5-戊二醛	111-30-8	
2 170	2，4-戊二酮	乙酰丙酮	123-54-6	
2 171	1，3-戊二烯(稳定的)		504-60-9	

续表

序号	品名	别名	CAS 号	备注
2 172	1，4-戊二烯（稳定的）		591-93-5	
2 173	戊基三氯硅烷		107-72-2	
2 174	戊腈	丁基氰；氰化丁烷	110-59-8	
2 175	1-戊硫醇	正戊硫醇	110-66-7	
2 176	戊硫醇异构体混合物			
2 177	戊硼烷	五硼烷	19624-22-7	剧毒
2 178	1-戊醛	正戊醛	110-62-3	
2 179	1-戊炔	丙基乙炔	627-19-0	
2 180	2-戊酮	甲基丙基甲酮	107-87-9	
2 181	3-戊酮	二乙基酮	96-22-0	
2 182	1-戊烯		109-67-1	
2 183	2-戊烯		109-68-2	
2 184	1-戊烯-3-酮	乙烯乙基甲酮	1629-58-9	
2 185	戊酰氯		638-29-9	
2 186	烯丙基三氯硅烷（稳定的）		107-37-9	
2 187	烯丙基缩水甘油醚		106-92-3	
2 188	硒		7782-49-2	
2 189	硒化镉		1306-24-7	
2 190	硒化铅		12069-00-0	
2 191	硒化氢（无水）		7783-07-5	
2 192	硒化铁		1310-32-3	
2 193	硒化锌		1315-09-9	
2 194	硒脲		630-10-4	
2 195	硒酸		7783-08-6	
2 196	硒酸钡		7787-41-9	
2 197	硒酸钾		7790-59-2	
2 198	硒酸钠		13410-01-0	剧毒
2 199	硒酸铜	硒酸高铜	15123-69-0	
2 200	氙（压缩的或液化的）		7440-63-3	
2 201	硝铵炸药	铵梯炸药		
2 202	硝化甘油（按质量含有不低于 40%不挥发、不溶于水的减敏剂）	硝化丙三醇；甘油三硝酸酯	55-63-0	
2 203	硝化甘油乙醇溶液（含硝化甘油≤ 10%）	硝化丙三醇乙醇溶液；甘油三硝酸酯乙醇溶液		
2 204	硝化淀粉		9056-38-6	

续表

序号	品名	别名	CAS 号	备注
2 205	硝化二乙醇胺火药			
2 206	硝化沥青			
2 207	硝化酸混合物	硝化混合酸	51602-38-1	
2 208	硝化纤维素（干的或含水（或乙醇）＜ 25%）	硝化棉	9004-70-0	
	硝化纤维素（含氮≤ 12. 6%，含乙醇≥ 25%）			
	硝化纤维素（含氮≤ 12. 6%）			
	硝化纤维素（含水≥ 25%）			
	硝化纤维素（含乙醇≥ 25%）			
	硝化纤维素（未改型或增塑的，含增塑剂＜ 18%）	硝化棉	9004-70-0	
	硝化纤维素溶液（含氮量≤ 12. 6%，含硝化纤维素≤ 55%）	硝化棉溶液		
2 209	硝化纤维塑料（板、片、棒、管、卷等状，不包括碎屑）	赛璐珞	8050-88-2	
	硝化纤维塑料碎屑	赛璐珞碎屑		
2 210	3- 硝基 -1，2- 二甲苯	1，2- 二甲基 -3- 硝基苯；3- 硝基邻二甲苯	83-41-0	
2 211	4- 硝基 -1，2- 二甲苯	1，2- 二甲基 -4- 硝基苯；4- 硝基邻二甲苯；4，5- 二甲基硝基苯	99-51-4	
2 212	2- 硝基 -1，3- 二甲苯	1，3- 二甲基 -2- 硝基苯；2- 硝基间二甲苯	81-20-9	
2 213	4- 硝基 -1，3- 二甲苯	1，3- 二甲基 -4- 硝基苯；4- 硝基间二甲苯；2，4- 二甲基硝基苯；对硝基间二甲苯	89-87-2	
2 214	5- 硝基 -1，3- 二甲苯	1，3- 二甲基 -5- 硝基苯；5- 硝基间二甲苯；3，5- 二甲基硝基苯	99-12-7	
2 215	4- 硝基 -2- 氨基苯酚	2- 氨基 -4- 硝基苯酚；邻氨基对硝基苯酚；对硝基邻氨基苯酚	99-57-0	
2 216	5- 硝基 -2- 氨基苯酚	2- 氨基 -5- 硝基苯酚	121-88-0	
2 217	4- 硝基 -2- 甲苯胺	对硝基邻甲苯胺	99-52-5	
2 218	4- 硝基 -2- 甲氧基苯胺	5- 硝基 -2- 氨基苯甲醚；对硝基邻甲氧基苯胺	97-52-9	
2 219	2- 硝基 -4- 甲苯胺	邻硝基对甲苯胺	89-62-3	
2 220	3- 硝基 -4- 甲苯胺	间硝基对甲苯胺	119-32-4	
2 221	2- 硝基 -4- 甲苯酚	4- 甲基 -2- 硝基苯酚	119-33-5	
2 222	2- 硝基 -4- 甲氧基苯胺	枣红色基 GP	96-96-8	剧毒
2 223	3- 硝基 -4- 氯三氟甲苯	2- 氯 -5- 三氟甲基硝基苯	121-17-5	

续表

序号	品名	别名	CAS 号	备注
2 224	3-硝基-4-羟基苯胂酸	4-羟基-3-硝基苯胂酸	121-19-7	
2 225	3-硝基-*N*,*N*-二甲基苯胺	*N*,*N*-二甲基间硝基苯胺;间硝基二甲苯胺	619-31-8	
2 226	4-硝基-*N*,*N*-二甲基苯胺	*N*,*N*-二甲基对硝基苯胺;对硝基二甲苯胺	100-23-2	
2 227	4-硝基-*N*,*N*-二乙基苯胺	*N*,*N*-二乙基对硝基苯胺;对硝基二乙基苯胺	2216-15-1	
2 228	硝基苯		98-95-3	
2 229	2-硝基苯胺	邻硝基苯胺;1-氨基-2-硝基苯	88-74-4	
2 230	3-硝基苯胺	间硝基苯胺;1-氨基-3-硝基苯	99-09-2	
2 231	4-硝基苯胺	对硝基苯胺;1-氨基-4-硝基苯	100-01-6	
2 232	5-硝基苯并三唑	硝基连三氮杂茚	2338-12-7	
2 233	2-硝基苯酚	邻硝基苯酚	88-75-5	
2 234	3-硝基苯酚	间硝基苯酚	554-84-7	
2 235	4-硝基苯酚	对硝基苯酚	100-02-7	
2 236	2-硝基苯磺酰氯	邻硝基苯磺酰氯	1694-92-4	
2 237	3-硝基苯磺酰氯	间硝基苯磺酰氯	121-51-7	
2 238	4-硝基苯磺酰氯	对硝基苯磺酰氯	98-74-8	
2 239	2-硝基苯甲醚	邻硝基苯甲醚;邻硝基茴香醚;邻甲氧基硝基苯	91-23-6	
2 240	3-硝基苯甲醚	间硝基苯甲醚;间硝基茴香醚;间甲氧基硝基苯	555-03-3	
2 241	4-硝基苯甲醚	对硝基苯甲醚;对硝基茴香醚;对甲氧基硝基苯	100-17-4	
2 242	4-硝基苯甲酰胺	对硝基苯甲酰胺	619-80-7	
2 243	2-硝基苯甲酰氯	邻硝基苯甲酰氯	610-14-0	
2 244	3-硝基苯甲酰氯	间硝基苯甲酰氯	121-90-4	
2 245	4-硝基苯甲酰氯	对硝基苯甲酰氯	122-04-3	
2 246	2-硝基苯肼	邻硝基苯肼	3034-19-3	
2 247	4-硝基苯肼	对硝基苯肼	100-16-3	
2 248	2-硝基苯胂酸	邻硝基苯胂酸	5410-29-7	
2 249	3-硝基苯胂酸	间硝基苯胂酸	618-07-5	
2 250	4-硝基苯胂酸	对硝基苯胂酸	98-72-6	
2 251	4-硝基苯乙腈	对硝基苯乙腈;对硝基苄基氰;对硝基氰化苄	555-21-5	
2 252	2-硝基苯乙醚	邻硝基苯乙醚;邻乙氧基硝基苯	610-67-3	

续表

序号	品名	别名	CAS 号	备注
2 253	4-硝基苯乙醚	对硝基苯乙醚;对乙氧基硝基苯	100-29-8	
2 254	3-硝基吡啶		2530-26-9	
2 255	1-硝基丙烷		108-03-2	
2 256	2-硝基丙烷		79-46-9	
2 257	2-硝基碘苯	2-碘硝基苯;邻硝基碘苯;邻碘硝基苯	609-73-4	
2 258	3-硝基碘苯	3-碘硝基苯;间硝基碘苯;间碘硝基苯	645-00-1	
2 259	4-硝基碘苯	4-碘硝基苯;对硝基碘苯;对碘硝基苯	636-98-6	
2 260	1-硝基丁烷		627-05-4	
2 261	2-硝基丁烷		600-24-8	
2 262	硝基苊		602-87-9	
2 263	硝基胍	橄苦岩	556-88-7	
2 264	2-硝基甲苯	邻硝基甲苯	88-72-2	
2 265	3-硝基甲苯	间硝基甲苯	99-08-1	
2 266	4-硝基甲苯	对硝基甲苯	99-99-0	
2 267	硝基甲烷		75-52-5	
2 268	2-硝基联苯	邻硝基联苯	86-00-0	
2 269	4-硝基联苯	对硝基联苯	92-93-3	
2 270	2-硝基氯化苄	邻硝基苄基氯;邻硝基氯化苄;邻硝基苯氯甲烷	612-23-7	
2 271	3-硝基氯化苄	间硝基苯氯甲烷;间硝基苄基氯;间硝基氯化苄	619-23-8	
2 272	4-硝基氯化苄	对硝基氯化苄;对硝基苄基氯;对硝基苯氯甲烷	100-14-1	
2 273	硝基马钱子碱	卡可西灵	561-20-6	
2 274	2-硝基萘		581-89-5	
2 275	1-硝基萘		86-57-7	
2 276	硝基脲		556-89-8	
2 277	硝基三氟甲苯			
2 278	硝基三唑酮	NTO	932-64-9	
2 279	2-硝基溴苯	邻硝基溴苯;邻溴硝基苯	577-19-5	
2 280	3-硝基溴苯	间硝基溴苯;间溴硝基苯	585-79-5	
2 281	4-硝基溴苯	对硝基溴苯;对溴硝基苯	586-78-7	

续表

序号	品名	别名	CAS 号	备注
2 282	4-硝基溴化苄	对硝基溴化苄;对硝基苯溴甲烷;对硝基苄基溴	100-11-8	
2 283	硝基盐酸	王水	8007-56-5	
2 284	硝基乙烷		79-24-3	
2 285	硝酸		7697-37-2	
2 286	硝酸铵(含可燃物>0.2%,包括以碳计算的任何有机物,但不包括任何其他添加剂) 硝酸铵(含可燃物≤0.2%)		6484-52-2	
2 287	硝酸铵肥料[比硝酸铵(含可燃物>0.2%,包括以碳计算的任何有机物,但不包括任何其他添加剂)更易爆炸] 硝酸铵肥料(含可燃物≤0.4%)			
2 288	硝酸钡		10022-31-8	
2 289	硝酸苯胺		542-15-4	
2 290	硝酸苯汞		55-68-5	
2 291	硝酸铋		10361-44-1	
2 292	硝酸镝		10143-38-1	
2 293	硝酸铒		10168-80-6	
2 294	硝酸钙		10124-37-5	
2 295	硝酸锆		13746-89-9	
2 296	硝酸镉		10325-94-7	
2 297	硝酸铬		13548-38-4	
2 298	硝酸汞	硝酸高汞	10045-94-0	
2 299	硝酸钴	硝酸亚钴	10141-05-6	
2 300	硝酸胍	硝酸亚氨脲	506-93-4	
2 301	硝酸镓		13494-90-1	
2 302	硝酸甲胺		22113-87-7	
2 303	硝酸钾		7757-79-1	
2 304	硝酸镧		10099-59-9	
2 305	硝酸铑		10139-58-9	
2 306	硝酸锂		7790-69-4	
2 307	硝酸镥		10099-67-9	
2 308	硝酸铝		7784-27-2	
2 309	硝酸镁		10377-60-3	
2 310	硝酸锰	硝酸亚锰	20694-39-7	

续表

序号	品名	别名	CAS 号	备注
2 311	硝酸钠		7631-99-4	
2 312	硝酸脲		124-47-0	
2 313	硝酸镍	二硝酸镍	13138-45-9	
2 314	硝酸镍铵	四氨硝酸镍		
2 315	硝酸钕		16454-60-7	
2 316	硝酸钕镨	硝酸镨钕	134191-62-1	
2 317	硝酸铍		13597-99-4	
2 318	硝酸镨		10361-80-5	
2 319	硝酸铅		10099-74-8	
2 320	硝酸羟胺		13465-08-2	
2 321	硝酸铯		7789-18-6	
2 322	硝酸钐		13759-83-6	
2 323	硝酸铈	硝酸亚铈	10108-73-3	
2 324	硝酸铈铵		16774-21-3	
2 325	硝酸铈钾			
2 326	硝酸铈钠			
2 327	硝酸锶		10042-76-9	
2 328	硝酸铊	硝酸亚铊	10102-45-1	
2 329	硝酸铁	硝酸高铁	10421-48-4	
2 330	硝酸铜		10031-43-3	
2 331	硝酸锌		7779-88-6	
2 332	硝酸亚汞		7782-86-7	
2 333	硝酸氧锆	硝酸锆酰	13826-66-9	
2 334	硝酸乙酯醇溶液			
2 335	硝酸钇		13494-98-9	
2 336	硝酸异丙酯		1712-64-7	
2 337	硝酸异戊酯		543-87-3	
2 338	硝酸镱		35725-34-9; 13768-67-7	
2 339	硝酸铟		13770-61-1	
2 340	硝酸银		7761-88-8	
2 341	硝酸正丙酯		627-13-4	
2 342	硝酸正丁酯		928-45-0	
2 343	硝酸正戊酯		1002-16-0	

续表

序号	品名	别名	CAS 号	备注
2 344	硝酸重氮苯		619-97-6	
2 345	辛二腈	1，6-二氰基戊烷	629-40-3	
2 346	辛二烯		3710-30-3	
2 347	辛基苯酚		27193-28-8	
2 348	辛基三氯硅烷		5283-66-9	
2 349	1-辛炔		629-05-0	
2 350	2-辛炔		2809-67-8	
2 351	3-辛炔		15232-76-5	
2 352	4-辛炔		1942-45-6	
2 353	辛酸亚锡	含锡稳定剂	301-10-0	
2 354	3-辛酮	乙基戊基酮；乙戊酮	106-68-3	
2 355	1-辛烯		111-66-0	
2 356	2-辛烯		111-67-1	
2 357	辛酰氯		111-64-8	
2 358	锌尘		7440-66-6	
	锌粉			
	锌灰			
2 359	锌汞齐	锌汞合金		
2 360	D 型 2-重氮-1-萘酚磺酸酯混合物			
2 361	溴	溴素	7726-95-6	
	溴水（含溴≥3.5%）			
2 362	3-溴-1，2-二甲基苯	间溴邻二甲苯；2，3-二甲基溴化苯	576-23-8	
2 363	4-溴-1，2-二甲基苯	对溴邻二甲苯；3，4-二甲基溴	583-71-1	
2 364	3-溴-1，2-环氧丙烷	环氧溴丙烷；溴甲基环氧乙烷；表溴醇	3132-64-7	
2 365	3-溴-1-丙烯	3-溴丙烯；烯丙基溴	106-95-6	
2 366	1-溴-2，4-二硝基苯	3，4-二硝基溴化苯；1，3-二硝基-4-溴化苯；2，4-二硝基溴化苯	584-48-5	
2 367	2-溴-2-甲基丙酸乙酯	2-溴异丁酸乙酯	600-00-0	
2 368	1-溴-2-甲基丙烷	异丁基溴；溴代异丁烷	78-77-3	
2 369	2-溴-2-甲基丙烷	叔丁基溴；特丁基溴；溴代叔丁烷	507-19-7	
2 370	4-溴-2-氯氟苯		60811-21-4	
2 371	1-溴-3-甲基丁烷	异戊基溴；溴代异戊烷	107-82-4	
2 372	溴苯		108-86-1	
2 373	2-溴苯胺	邻溴苯胺；邻氨基溴化苯	615-36-1	

续表

序号	品名	别名	CAS 号	备注
2 374	3-溴苯胺	间溴苯胺;间氨基溴化苯	591-19-5	
2 375	4-溴苯胺	对溴苯胺;对氨基溴化苯	106-40-1	
2 376	2-溴苯酚	邻溴苯酚	95-56-7	
2 377	3-溴苯酚	间溴苯酚	591-20-8	
2 378	4-溴苯酚	对溴苯酚	106-41-2	
2 379	4-溴苯磺酰氯		98-58-8	
2 380	4-溴苯甲醚	对溴苯甲醚;对溴茴香醚	104-92-7	
2 381	2-溴苯甲酰氯	邻溴苯甲酰氯	7154-66-7	
2 382	4-溴苯甲酰氯	对溴苯甲酰氯;氯化对溴代苯甲酰	586-75-4	
2 383	溴苯乙腈	溴苄基腈	5798-79-8	
2 384	4-溴苯乙酰基溴	对溴苯乙酰基溴	99-73-0	
2 385	3-溴丙腈	β-溴丙腈;溴乙基氰	2417-90-5	
2 386	3-溴丙炔		106-96-7	
2 387	2-溴丙酸	α-溴丙酸	598-72-1	
2 388	3-溴丙酸	β-溴丙酸	590-92-1	
2 389	溴丙酮		598-31-2	
2 390	1-溴丙烷	正丙基溴;溴代正丙烷	106-94-5	
2 391	2-溴丙烷	异丙基溴;溴代异丙烷	75-26-3	
2 392	2-溴丙酰溴	溴化-2-溴丙酰	563-76-8	
2 393	3-溴丙酰溴	溴化-3-溴丙酰	7623-16-7	
2 394	溴代环戊烷	环戊基溴	137-43-9	
2 395	溴代正戊烷	正戊基溴	110-53-2	
2 396	1-溴丁烷	正丁基溴;溴代正丁烷	109-65-9	
2 397	2-溴丁烷	仲丁基溴;溴代仲丁烷	78-76-2	
2 398	溴化苄	α-溴甲苯;苄基溴	100-39-0	
2 399	溴化丙酰	丙酰溴	598-22-1	
2 400	溴化汞	二溴化汞;溴化高汞	7789-47-1	
2 401	溴化氢		10035-10-6	
2 402	溴化氢乙酸溶液	溴化氢醋酸溶液		
2 403	溴化硒		7789-52-8	
2 404	溴化亚汞	一溴化汞	10031-18-2	
2 405	溴化亚铊	一溴化铊	7789-40-4	
2 406	溴化乙酰	乙酰溴	506-96-7	
2 407	溴己烷	己基溴	111-25-1	

续表

序号	品名	别名	CAS号	备注
2 408	2-溴甲苯	邻溴甲苯;邻甲基溴苯;2-甲基溴苯	95-46-5	
2 409	3-溴甲苯	间溴甲苯;间甲基溴苯;3-甲基溴苯	591-17-3	
2 410	4-溴甲苯	对溴甲苯;对甲基溴苯;4-甲基溴苯	106-38-7	
2 411	溴甲烷	甲基溴	74-83-9	
2 412	溴甲烷和二溴乙烷液体混合物			
2 413	3-[3-(4′-溴联苯-4-基)-1,2,3,4-四氢-1-萘基]-4-羟基香豆素	溴鼠灵	56073-10-0	剧毒
2 414	3-[3-(4-溴联苯-4-基)-3-羟基-1-苯丙基]-4-羟基香豆素	溴敌隆	28772-56-7	剧毒
2 415	溴三氟甲烷	R13B1;三氟溴甲烷	75-63-8	
2 416	溴酸		7789-31-3	
2 417	溴酸钡		13967-90-3	
2 418	溴酸镉		14518-94-6	
2 419	溴酸钾		7758-01-2	
2 420	溴酸镁		7789-36-8	
2 421	溴酸钠		7789-38-0	
2 422	溴酸铅		34018-28-5	
2 423	溴酸锶		14519-18-7	
2 424	溴酸锌		14519-07-4	
2 425	溴酸银		7783-89-3	
2 426	2-溴戊烷	仲戊基溴;溴代仲戊烷	107-81-3	
2 427	2-溴乙醇		540-51-2	
2 428	2-溴乙基乙醚		592-55-2	
2 429	溴乙酸	溴醋酸	79-08-3	
2 430	溴乙酸甲酯	溴醋酸甲酯	96-32-2	
2 431	溴乙酸叔丁酯	溴醋酸叔丁酯	5292-43-3	
2 432	溴乙酸乙酯	溴醋酸乙酯	105-36-2	
2 433	溴乙酸异丙酯	溴醋酸异丙酯	29921-57-1	
2 434	溴乙酸正丙酯	溴醋酸正丙酯	35223-80-4	
2 435	溴乙烷	乙基溴;溴代乙烷	74-96-4	
2 436	溴乙烯(稳定的)	乙烯基溴	593-60-2	
2 437	溴乙酰苯	苯甲酰甲基溴	70-11-1	
2 438	溴乙酰溴	溴化溴乙酰	598-21-0	

续表

序号	品名	别名	CAS 号	备注
2 439	β，β′-亚氨基二丙腈	双（β-氰基乙基）胺	111-94-4	
2 440	亚氨基二亚苯	咔唑；9-氮杂芴	86-74-8	
2 441	亚胺乙汞	埃米	2597-93-5	
2 442	亚碲酸钠		10102-20-2	
2 443	4，4′-亚甲基双苯胺	亚甲基二苯胺；4，4′-二氨基二苯基甲烷；防老剂 MDA	101-77-9	
2 444	亚磷酸		13598-36-2	
2 445	亚磷酸二丁酯		1809-19-4	
2 446	亚磷酸二氢铅	二盐基亚磷酸铅	1344-40-7；12141-20-7	
2 447	亚磷酸三苯酯		101-02-0	
2 448	亚磷酸三甲酯	三甲氧基磷	121-45-9	
2 449	亚磷酸三乙酯		122-52-1	
2 450	亚硫酸		7782-99-2	
2 451	亚硫酸氢铵	酸式亚硫酸铵	10192-30-0	
2 452	亚硫酸氢钙	酸式亚硫酸钙	13780-03-5	
2 453	亚硫酸氢钾	酸式亚硫酸钾	7773-03-7	
2 454	亚硫酸氢镁	酸式亚硫酸镁	13774-25-9	
2 455	亚硫酸氢钠	酸式亚硫酸钠	7631-90-5	
2 456	亚硫酸氢锌	酸式亚硫酸锌	15457-98-4	
2 457	亚氯酸钙		14674-72-7	
2 458	亚氯酸钠		7758-19-2	
	亚氯酸钠溶液（含有效氯＞5%）			
2 459	亚砷酸钡		125687-68-5	
2 460	亚砷酸钙	亚砒酸钙	27152-57-4	剧毒
2 461	亚砷酸钾	偏亚砷酸钾	10124-50-2	
2 462	亚砷酸钠	偏亚砷酸钠	7784-46-5	
	亚砷酸钠水溶液			
2 463	亚砷酸铅		10031-13-7	
2 464	亚砷酸锶	原亚砷酸锶	91724-16-2	
2 465	亚砷酸锑			
2 466	亚砷酸铁		63989-69-5	
2 467	亚砷酸铜	亚砷酸氢铜	10290-12-7	
2 468	亚砷酸锌		10326-24-6	
2 469	亚砷酸银	原亚砷酸银	7784-08-9	

续表

序号	品名	别名	CAS 号	备注
2 470	亚硒酸		7783-00-8	
2 471	亚硒酸钡		13718-59-7	
2 472	亚硒酸钙		13780-18-2	
2 473	亚硒酸钾		10431-47-7	
2 474	亚硒酸铝		20960-77-4	
2 475	亚硒酸镁		15593-61-0	
2 476	亚硒酸钠	亚硒酸二钠	10102-18-8	
2 477	亚硒酸氢钠	重亚硒酸钠	7782-82-3	剧毒
2 478	亚硒酸铈		15586-47-7	
2 479	亚硒酸铜		15168-20-4	
2 480	亚硒酸银		28041-84-1	
2 481	4-亚硝基-*N*,*N*-二甲基苯胺	对亚硝基二甲基苯胺;*N*,*N*-二甲基-4-亚硝基苯胺	138-89-6	
2 482	4-亚硝基-*N*,*N*-二乙基苯胺	对亚硝基二乙基苯胺;*N*,*N*-二乙基-4-亚硝基苯胺	120-22-9	
2 483	4-亚硝基苯酚	对亚硝基苯酚	104-91-6	
2 484	*N*-亚硝基二苯胺	二苯亚硝胺	86-30-6	
2 485	*N*-亚硝基二甲胺	二甲基亚硝胺	62-75-9	
2 486	亚硝基硫酸	亚硝酰硫酸	7782-78-7	
2 487	亚硝酸铵		13446-48-5	
2 488	亚硝酸钡		13465-94-6	
2 489	亚硝酸钙		13780-06-8	
2 490	亚硝酸甲酯		624-91-9	
2 491	亚硝酸钾		7758-09-0	
2 492	亚硝酸钠		7632-00-0	
2 493	亚硝酸镍		17861-62-0	
2 494	亚硝酸锌铵		63885-01-8	
2 495	亚硝酸乙酯		109-95-5	
2 496	亚硝酸乙酯醇溶液			
2 497	亚硝酸异丙酯		541-42-4	
2 498	亚硝酸异丁酯		542-56-3	
2 499	亚硝酸异戊酯		110-46-3	
2 500	亚硝酸正丙酯		543-67-9	
2 501	亚硝酸正丁酯	亚硝酸丁酯	544-16-1	
2 502	亚硝酸正戊酯	亚硝酸戊酯	463-04-7	

续表

序号	品名	别名	CAS 号	备注
2 503	亚硝酰氯	氯化亚硝酰	2696-92-6	
2 504	1,2-亚乙基双二硫代氨基甲酸二钠	代森钠	142-59-6	
2 505	氩(压缩的或液化的)		7440-37-1	
2 506	烟碱氯化氢	烟碱盐酸盐	2820-51-1	
2 507	盐酸	氢氯酸	7647-01-0	
2 508	盐酸-1-萘胺	α-萘胺盐酸	552-46-5	
2 509	盐酸-1-萘乙二胺	α-萘乙二胺盐酸	1465-25-4	
2 510	盐酸-2-氨基酚	盐酸邻氨基酚	51-19-4	
2 511	盐酸-2-萘胺	β-萘胺盐酸	612-52-2	
2 512	盐酸-3,3′-二氨基联苯胺	3,3′-二氨基联苯胺盐酸;3,4,3′,4′-四氨基联苯盐酸;硒试剂	7411-49-6	
2 513	盐酸-3,3′-二甲基-4,4′-二氨基联苯	邻二氨基二甲基联苯盐酸;3,3′-二甲基联苯胺盐酸	612-82-8	
2 514	盐酸-3,3′-二甲氧基-4,4′-二氨基联苯	邻联二茴香胺盐酸;3,3′-二甲氧基联苯胺盐酸	20325-40-0	
2 515	盐酸-3,3′-二氯联苯胺	3,3′-二氯联苯胺盐酸	612-83-9	
2 516	盐酸-3-氯苯胺	盐酸间氯苯胺;橙色基 GC	141-85-5	
2 517	盐酸-4,4′-二氨基联苯	盐酸联苯胺;联苯胺盐酸	531-85-1	
2 518	盐酸-4-氨基-*N*,*N*-二乙基苯胺	*N*,*N*-二乙基对苯二胺盐酸;对氨基-*N*,*N*-二乙基苯胺盐酸	16713-15-8	
2 519	盐酸-4-氨基酚	盐酸对氨基酚	51-78-5	
2 520	盐酸-4-甲苯胺	对甲苯胺盐酸盐;盐酸-4-甲苯胺	540-23-8	
2 521	盐酸苯胺	苯胺盐酸盐	142-04-1	
2 522	盐酸苯肼	苯肼盐酸	27140-08-5	
2 523	盐酸邻苯二胺	邻苯二胺二盐酸盐;盐酸邻二氨基苯	615-28-1	
2 524	盐酸间苯二胺	间苯二胺二盐酸盐;盐酸间二氨基苯	541-69-5	
2 525	盐酸对苯二胺	对苯二胺二盐酸盐;盐酸对二氨基苯	624-18-0	
2 526	盐酸马钱子碱	二甲氧基士的宁盐酸盐	5786-96-9	
2 527	盐酸吐根碱	盐酸依米丁	316-42-7	剧毒
2 528	氧(压缩的或液化的)		7782-44-7	
2 529	氧化钡	一氧化钡	1304-28-5	
2 530	氧化苯乙烯	环氧乙基苯	96-09-3	
2 531	β,β'-氧化二丙腈	2,2′-二氰二乙基醚;3,3′-氧化二丙腈;双(2-氰乙基)醚	1656-48-0	

续表

序号	品名	别名	CAS 号	备注
2 532	氧化镉(非发火的)		1306-19-0	
2 533	氧化汞	一氧化汞;黄降汞;红降汞	21908-53-2	剧毒
2 534	氧化环己烯		286-20-4	
2 535	氧化钾		12136-45-7	
2 536	氧化钠		1313-59-3	
2 537	氧化铍		1304-56-9	
2 538	氧化铊	三氧化二铊	1314-32-5	
2 539	氧化亚汞	黑降汞	15829-53-5	
2 540	氧化亚铊	一氧化二铊	1314-12-1	
2 541	氧化银		20667-12-3	
2 542	氧氯化铬	氯化铬酰;二氯氧化铬;铬酰氯	14977-61-8	
2 543	氧氯化硫	硫酰氯;二氯硫酰;磺酰氯	7791-25-5	
2 544	氧氯化硒	氯化亚硒酰;二氯氧化硒	7791-23-3	
2 545	氧氰化汞(减敏的)	氰氧化汞	1335-31-5	
2 546	氧溴化磷	溴化磷酰;磷酰溴;三溴氧化磷	7789-59-5	
2 547	腰果壳油	脱羧腰果壳液	8007-24-7	
2 548	液化石油气	石油气(液化的)	68476-85-7	
2 549	一氟乙酸对溴苯胺		351-05-3	剧毒
2 550	一甲胺(无水)	氨基甲烷;甲胺	74-89-5	
	一甲胺溶液	氨基甲烷溶液;甲胺溶液		
2 551	一氯丙酮	氯丙酮;氯化丙酮	78-95-5	
2 552	一氯二氟甲烷	R22;二氟一氯甲烷;氯二氟甲烷	75-45-6	
2 553	一氯化碘		7790-99-0	
2 554	一氯化硫	氯化硫	10025-67-9	
2 555	一氯三氟甲烷	R13	75-72-9	
2 556	一氯五氟乙烷	R115	76-15-3	
2 557	一氯乙醛	氯乙醛;2-氯乙醛	107-20-0	
2 558	一溴化碘		7789-33-5	
2 559	一氧化氮		10102-43-9	
2 560	一氧化氮和四氧化二氮混合物			
2 561	一氧化二氮(压缩的或液化的)	氧化亚氮;笑气	10024-97-2	
2 562	一氧化铅	氧化铅;黄丹	1317-36-8	
2 563	一氧化碳		630-08-0	
2 564	一氧化碳和氢气混合物	水煤气		

续表

序号	品名	别名	CAS 号	备注
2 565	乙胺	氨基乙烷	75-04-7	
	乙胺水溶液(浓度 50%～70%)	氨基乙烷水溶液		
2 566	乙苯	乙基苯	100-41-4	
2 567	乙撑亚胺	吖丙啶;1-氮杂环丙烷;氮丙啶	151-56-4	剧毒
	乙撑亚胺(稳定的)			
2 568	乙醇(无水)	无水酒精	64-17-5	
2 569	乙醇钾		917-58-8	
2 570	乙醇钠	乙氧基钠	141-52-6	
2 571	乙醇钠乙醇溶液	乙醇钠合乙醇		
2 572	1,2-乙二胺	1,2-二氨基乙烷;乙撑二胺	107-15-3	
2 573	乙二醇单甲醚	2-甲氧基乙醇;甲基溶纤剂	109-86-4	
2 574	乙二醇二乙醚	1,2-二乙氧基乙烷;二乙基溶纤剂	629-14-1	
2 575	乙二醇乙醚	2-乙氧基乙醇;乙基溶纤剂	110-80-5	
2 576	乙二醇异丙醚	2-异丙氧基乙醇	109-59-1	
2 577	乙二酸二丁酯	草酸二丁酯;草酸丁酯	2050-60-4	
2 578	乙二酸二甲酯	草酸二甲酯;草酸甲酯	553-90-2	
2 579	乙二酸二乙酯	草酸二乙酯;草酸乙酯	95-92-1	
2 580	乙二酰氯	氯化乙二酰;草酰氯	79-37-8	
2 581	乙汞硫水杨酸钠盐	硫柳汞钠	54-64-8	
2 582	2-乙基-1-丁醇	2-乙基丁醇	97-95-0	
2 583	2-乙基-1-丁烯		760-21-4	
2 584	*N*-乙基-1-萘胺	*N*-乙基-*α*-萘胺	118-44-5	
2 585	*N*-(2-乙基-6-甲基苯基)-*N*-乙氧基甲基-氯乙酰胺	乙草胺	34256-82-1	
2 586	*N*-乙基-*N*-(2-羟乙基)全氟辛基磺酰胺		1691-99-2	
2 587	*O*-乙基-*O*-(3-甲基-4-甲硫基)苯基-*N*-异丙氨基磷酸酯	苯线磷	22224-92-6	
2 588	*O*-乙基-*O*-(4-硝基苯基)苯基硫代膦酸酯(含量>15%)	苯硫膦	2104-64-5	剧毒
2 589	*O*-乙基-*O*-[(2-异丙氧基酰基)苯基]-*N*-异丙基硫代磷酰胺	异柳磷	25311-71-1	
2 590	*O*-乙基-*O*-2,4,5-三氯苯基-乙基硫代磷酸酯	*O*-乙基-*O*-2,4,5-三氯苯基-乙基硫代磷酸酯;毒壤膦	327-98-0	
2 591	*O*-乙基-*S*,*S*-二苯基二硫代磷酸酯	敌瘟磷	17109-49-8	
2 592	*O*-乙基-*S*,*S*-二丙基二硫代磷酸酯	灭线磷	13194-48-4	
2 593	*O*-乙基-*S*-苯基乙基二硫代磷酸酯(含量>6%)	地虫硫膦	944-22-9	剧毒

续表

序号	品名	别名	CAS 号	备注
2 594	2-乙基苯胺	邻乙基苯胺;邻氨基乙苯	578-54-1	
2 595	*N*-乙基苯胺		103-69-5	
2 596	乙基苯基二氯硅烷		1125-27-5	
2 597	2-乙基吡啶		100-71-0	
2 598	3-乙基吡啶		536-78-7	
2 599	4-乙基吡啶		536-75-4	
2 600	乙基丙基醚	乙丙醚	628-32-0	
2 601	1-乙基丁醇	3-己醇	623-37-0	
2 602	2-乙基丁醛	二乙基乙醛	97-96-1	
2 603	*N*-乙基对甲苯胺	乙氨基对甲苯	622-57-1	
2 604	乙基二氯硅烷		1789-58-8	
2 605	乙基二氯胂	二氯化乙基胂	598-14-1	
2 606	乙基环己烷		1678-91-7	
2 607	乙基环戊烷		1640-89-7	
2 608	2-乙基己胺	3-(氨基甲基)庚烷	104-75-6	
2 609	乙基己醛		123-05-7	
2 610	3-乙基己烷		619-99-8	
2 611	*N*-乙基间甲苯胺	乙氨基间甲苯	102-27-2	
2 612	乙基硫酸	酸式硫酸乙酯	540-82-9	
2 613	*N*-乙基吗啉	*N*-乙基四氢-1,4-噁嗪	100-74-3	
2 614	*N*-乙基哌啶	*N*-乙基六氢吡啶;1-乙基哌啶	766-09-6	
2 615	*N*-乙基全氟辛基磺酰胺		4151-50-2	
2 616	乙基三氯硅烷	三氯乙基硅烷	115-21-9	
2 617	乙基三乙氧基硅烷	三乙氧基乙基硅烷	78-07-9	
2 618	3-乙基戊烷		617-78-7	
2 619	乙基烯丙基醚	烯丙基乙基醚	557-31-3	
2 620	*S*-乙基亚磺酰甲基-*O*,*O*-二异丙基二硫代磷酸酯	丰丙磷	5827-05-4	
2 621	乙基正丁基醚	乙氧基丁烷;乙丁醚	628-81-9	
2 622	乙腈	甲基氰	75-05-8	
2 623	乙硫醇	氢硫基乙烷;巯基乙烷	75-08-1	
2 624	2-乙硫基苄基 *N*-甲基氨基甲酸酯	乙硫苯威	29973-13-5	
2 625	乙醚	二乙基醚	60-29-7	
2 626	乙硼烷	二硼烷	19287-45-7	剧毒

续表

序号	品名	别名	CAS 号	备注
2 627	乙醛		75-07-0	
2 628	乙醛肟	亚乙基羟胺；亚乙基胲	107-29-9	
2 629	乙炔	电石气	74-86-2	
2 630	乙酸（含量＞80%）	醋酸	64-19-7	
	乙酸溶液（10%＜含量≤80%）	醋酸溶液		
2 631	乙酸钡	醋酸钡	543-80-6	
2 632	乙酸苯胺	醋酸苯胺	542-14-3	
2 633	乙酸苯汞		62-38-4	
2 634	乙酸酐	醋酸酐	108-24-7	
2 635	乙酸汞	乙酸高汞；醋酸汞	1600-27-7	剧毒
2 636	乙酸环己酯	醋酸环己酯	622-45-7	
2 637	乙酸甲氧基乙基汞	醋酸甲氧基乙基汞	151-38-2	剧毒
2 638	乙酸甲酯	醋酸甲酯	79-20-9	
2 639	乙酸间甲酚酯	醋酸间甲酚酯	122-46-3	
2 640	乙酸铍	醋酸铍	543-81-7	
2 641	乙酸铅	醋酸铅	301-04-2	
2 642	乙酸三甲基锡	醋酸三甲基锡	1118-14-5	剧毒
2 643	乙酸三乙基锡	三乙基乙酸锡	1907-13-7	剧毒
2 644	乙酸叔丁酯	醋酸叔丁酯	540-88-5	
2 645	乙酸烯丙酯	醋酸烯丙酯	591-87-7	
2 646	乙酸亚汞		631-60-7	
2 647	乙酸亚铊	乙酸铊；醋酸铊	563-68-8	
2 648	乙酸乙二醇乙醚	乙酸乙基溶纤剂；乙二醇乙醚乙酸酯；2-乙氧基乙酸乙酯	111-15-9	
2 649	乙酸乙基丁酯	醋酸乙基丁酯；乙基丁基乙酸酯	10031-87-5	
2 650	乙酸乙烯酯（稳定的）	乙烯基乙酸酯；醋酸乙烯酯	108-05-4	
2 651	乙酸乙酯	醋酸乙酯	141-78-6	
2 652	乙酸异丙烯酯	醋酸异丙烯酯	108-22-5	
2 653	乙酸异丙酯	醋酸异丙酯	108-21-4	
2 654	乙酸异丁酯	醋酸异丁酯	110-19-0	
2 655	乙酸异戊酯	醋酸异戊酯	123-92-2	
2 656	乙酸正丙酯	醋酸正丙酯	109-60-4	
2 657	乙酸正丁酯	醋酸正丁酯	123-86-4	
2 658	乙酸正己酯	醋酸正己酯	142-92-7	

续表

序号	品名	别名	CAS号	备注
2 659	乙酸正戊酯	醋酸正戊酯	628-63-7	
2 660	乙酸仲丁酯	醋酸仲丁酯	105-46-4	
2 661	乙烷		74-84-0	
2 662	乙烯		74-85-1	
2 663	乙烯(2-氯乙基)醚	(2-氯乙基)乙烯醚	110-75-8	
2 664	4-乙烯-1-环己烯	4-乙烯基环己烯	100-40-3	
2 665	乙烯砜	二乙烯砜	77-77-0	剧毒
2 666	2-乙烯基吡啶		100-69-6	
2 667	4-乙烯基吡啶		100-43-6	
2 668	乙烯基甲苯异构体混合物(稳定的)		25013-15-4	
2 669	4-乙烯基间二甲苯	2,4-二甲基苯乙烯	1195-32-0	
2 670	乙烯基三氯硅烷(稳定的)	三氯乙烯硅烷	75-94-5	
2 671	*N*-乙烯基乙撑亚胺	*N*-乙烯基氮丙环	5628-99-9	剧毒
2 672	乙烯基乙醚(稳定的)	乙基乙烯醚;乙氧基乙烯	109-92-2	
2 673	乙烯基乙酸异丁酯		24342-03-8	
2 674	乙烯三乙氧基硅烷	三乙氧基乙烯硅烷	78-08-0	
2 675	*N*-乙酰对苯二胺	对氨基苯乙酰胺;对乙酰氨基苯胺	122-80-5	
2 676	乙酰过氧化磺酰环己烷(含量≤32%,含B型稀释剂≥68%)	过氧化乙酰磺酰环己烷	3179-56-4	
	乙酰过氧化磺酰环己烷(含量≤82%,含水≥12%)			
2 677	乙酰基乙烯酮(稳定的)	双烯酮;二乙烯酮	674-82-8	
2 678	3-(α-乙酰甲基苄基)-4-羟基香豆素	杀鼠灵	81-81-2	
2 679	乙酰氯	氯化乙酰	75-36-5	
2 680	乙酰替硫脲	1-乙酰硫脲	591-08-2	
2 681	乙酰亚砷酸铜	巴黎绿;祖母绿;醋酸亚砷酸铜;翡翠绿;帝绿;苔绿;维也纳绿;草地绿;翠绿	12002-03-8	
2 682	2-乙氧基苯胺	邻氨基苯乙醚;邻乙氧基苯胺	94-70-2	
2 683	3-乙氧基苯胺	间乙氧基苯胺;间氨基苯乙醚	621-33-0	
2 684	4-乙氧基苯胺	对乙氧基苯胺;对氨基苯乙醚	156-43-4	
2 685	1-异丙基-3-甲基吡唑-5-基*N*,*N*-二甲基氨基甲酸酯(含量>20%)	异索威	119-38-0	剧毒
2 686	3-异丙基-5-甲基苯基*N*-甲基氨基甲酸酯	猛杀威	2631-37-0	
2 687	*N*-异丙基-*N*-苯基-氯乙酰胺	毒草胺	1918-16-7	
2 688	异丙基苯	枯烯;异丙苯	98-82-8	

续表

序号	品名	别名	CAS 号	备注
2 689	3-异丙基苯基-N-氨基甲酸甲酯	间异丙威	64-00-6	
2 690	异丙基异丙苯基氢过氧化物(含量≤72%，含A型稀释剂≥28%)	过氧化氢二异丙苯	26762-93-6	
2 691	异丙硫醇	硫代异丙醇；2-巯基丙烷	75-33-2	
2 692	异丙醚	二异丙基醚	108-20-3	
2 693	异丙烯基乙炔		78-80-8	
2 694	异丁胺	1-氨基-2-甲基丙烷	78-81-9	
2 695	异丁基苯	异丁苯	538-93-2	
2 696	异丁基环戊烷		3788-32-7	
2 697	异丁基乙烯基醚(稳定的)	乙烯基异丁醚；异丁氧基乙烯	109-53-5	
2 698	异丁腈	异丙基氰	78-82-0	
2 699	异丁醛	2-甲基丙醛	78-84-2	
2 700	异丁酸	2-甲基丙酸	79-31-2	
2 701	异丁酸酐	异丁酐	97-72-3	
2 702	异丁酸甲酯		547-63-7	
2 703	异丁酸乙酯		97-62-1	
2 704	异丁酸异丙酯		617-50-5	
2 705	异丁酸异丁酯		97-85-8	
2 706	异丁酸正丙酯		644-49-5	
2 707	异丁烷	2-甲基丙烷	75-28-5	
2 708	异丁烯	2-甲基丙烯	115-11-7	
2 709	异丁酰氯	氯化异丁酰	79-30-1	
2 710	异佛尔酮二异氰酸酯		4098-71-9	
2 711	异庚烯		68975-47-3	
2 712	异己烯		27236-46-0	
2 713	异硫氰酸-1-萘酯		551-06-4	
2 714	异硫氰酸苯酯	苯基芥子油	103-72-0	
2 715	异硫氰酸烯丙酯	人造芥子油；烯丙基异硫氰酸酯；烯丙基芥子油	57-06-7	
2 716	异氰基乙酸乙酯		2999-46-4	
2 717	异氰酸-3-氯-4-甲苯酯	3-氯-4-甲基苯基异氰酸酯	28479-22-3	
2 718	异氰酸苯酯	苯基异氰酸酯	103-71-9	剧毒
2 719	异氰酸对硝基苯酯	对硝基苯异氰酸酯；异氰酸-4硝基苯酯	100-28-7	
2 720	异氰酸对溴苯酯	4-溴异氰酸苯酯	2493-02-9	

续表

序号	品名	别名	CAS 号	备注
2 721	异氰酸二氯苯酯	3,4-二氯苯基异氰酸酯	102-36-3	
2 722	异氰酸环己酯	环己基异氰酸酯	3173-53-3	
2 723	异氰酸甲酯	甲基异氰酸酯	624-83-9	剧毒
2 724	异氰酸三氟甲苯酯	三氟甲苯异氰酸酯	329-01-1	
2 725	异氰酸十八酯	十八异氰酸酯	112-96-9	
2 726	异氰酸叔丁酯		1609-86-5	
2 727	异氰酸乙酯	乙基异氰酸酯	109-90-0	
2 728	异氰酸异丙酯		1795-48-8	
2 729	异氰酸异丁酯		1873-29-6	
2 730	异氰酸正丙酯		110-78-1	
2 731	异氰酸正丁酯		111-36-4	
2 732	异山梨醇二硝酸酯混合物(含乳糖、淀粉或磷酸≥60%)	混合异山梨醇二硝酸酯		
2 733	异戊胺	1-氨基-3-甲基丁烷	107-85-7	
2 734	异戊醇钠	异戊氧基钠	19533-24-5	
2 735	异戊腈	氰化异丁烷	625-28-5	
2 736	异戊酸甲酯		556-24-1	
2 737	异戊酸乙酯		108-64-5	
2 738	异戊酸异丙酯		32665-23-9	
2 739	异戊酰氯		108-12-3	
2 740	异辛烷		26635-64-3	
2741	异辛烯		5026-76-6	
2 742	萤蒽		206-44-0	
2 743	油酸汞		1191-80-6	
2 744	淤渣硫酸			
2 745	原丙酸三乙酯	原丙酸乙酯;1,1,1-三乙氧基丙烷	115-80-0	
2 746	原甲酸三甲酯	原甲酸甲酯;三甲氧基甲烷	149-73-5	
2 747	原甲酸三乙酯	三乙氧基甲烷;原甲酸乙酯	122-51-0	
2 748	原乙酸三甲酯	1,1,1-三甲氧基乙烷	1445-45-0	
2 749	月桂酸三丁基锡		3090-36-6	
2 750	杂戊醇	杂醇油	8013-75-0	
2 751	樟脑油	樟木油	8008-51-3	
2 752	锗烷	四氢化锗	7782-65-2	
2 753	赭曲毒素	棕曲霉毒素	37203-43-3	
2 754	赭曲毒素 A	棕曲霉毒素 A	303-47-9	

续表

序号	品名	别名	CAS 号	备注
2 755	正丙苯	丙苯;丙基苯	103-65-1	
2 756	正丙基环戊烷		2040-96-2	
2 757	正丙硫醇	1-巯基丙烷;硫代正丙醇	107-03-9	
2 758	正丙醚	二正丙醚	111-43-3	
2 759	正丁胺	1-氨基丁烷	109-73-9	
2 760	*N*-(1-正丁氨基甲酰基-2-苯并咪唑基)氨基甲酸甲酯	苯菌灵	17804-35-2	
2 761	正丁醇		71-36-3	
2 762	正丁基苯		104-51-8	
2 763	*N*-正丁基苯胺		1126-78-9	
2 764	正丁基环戊烷		2040-95-1	
2 765	*N*-正丁基咪唑	*N*-正丁基-1,3-二氮杂茂	4316-42-1	
2 766	正丁基乙烯基醚(稳定的)	正丁氧基乙烯;乙烯正丁醚	111-34-2	
2 767	正丁腈	丙基氰	109-74-0	
2 768	正丁硫醇	1-硫代丁醇	109-79-5	
2 769	正丁醚	氧化二丁烷;二丁醚	142-96-1	
2 770	正丁醛		123-72-8	
2 771	正丁酸	丁酸	107-92-6	
2 772	正丁酸甲酯		623-42-7	
2 773	正丁酸乙烯酯(稳定的)	乙烯基丁酸酯	123-20-6	
2 774	正丁酸乙酯		105-54-4	
2 775	正丁酸异丙酯		638-11-9	
2 776	正丁酸正丙酯		105-66-8	
2 777	正丁酸正丁酯	丁酸正丁酯	109-21-7	
2 778	正丁烷	丁烷	106-97-8	
2 779	正丁酰氯	氯化丁酰	141-75-3	
2 780	正庚胺	氨基庚烷	111-68-2	
2 781	正庚醛		111-71-7	
2 782	正庚烷	庚烷	142-82-5	
2 783	正硅酸甲酯	四甲氧基硅烷;硅酸四甲酯;原硅酸甲酯	681-84-5	
2 784	正癸烷		124-18-5	
2 785	正己胺	1-氨基己烷	111-26-2	
2 786	正己醛		66-25-1	
2 787	正己酸甲酯		106-70-7	

序号	品名	别名	CAS号	备注
2 788	正己酸乙酯		123-66-0	
2 789	正己烷	己烷	110-54-3	
2 790	正磷酸	磷酸	7664-38-2	
2 791	正戊胺	1-氨基戊烷	110-58-7	
2 792	正戊酸	戊酸	109-52-4	
2 793	正戊酸甲酯		624-24-8	
2 794	正戊酸乙酯		539-82-2	
2 795	正戊酸正丙酯		141-06-0	
2 796	正戊烷	戊烷	109-66-0	
2 797	正辛腈	庚基氰	124-12-9	
2 798	正辛硫醇	巯基辛烷	111-88-6	
2 799	正辛烷		111-65-9	
2 800	支链-4-壬基酚		84852-15-3	
2 801	仲丁胺	2-氨基丁烷	13952-84-6	
2 802	2-仲丁基-4,6-二硝基苯基-3-甲基丁-2-烯酸酯	乐杀螨	485-31-4	
2 803	2-仲丁基-4,6-二硝基酚	二硝基仲丁基苯酚;4,6-二硝基-2-仲丁基苯酚;地乐酚	88-85-7	
2 804	仲丁基苯	仲丁苯	135-98-8	
2 805	仲高碘酸钾	仲过碘酸钾;一缩原高碘酸钾	14691-87-3	
2 806	仲高碘酸钠	仲过碘酸钠;一缩原高碘酸钠	13940-38-0	
2 807	仲戊胺	1-甲基丁胺	625-30-9	
2 808	2-重氮-1-萘酚-4-磺酸钠		64173-96-2	
2 809	2-重氮-1-萘酚-5-磺酸钠		2657-00-3	
2 810	2-重氮-1-萘酚-4-磺酰氯		36451-09-9	
2 811	2-重氮-1-萘酚-5-磺酰氯		3770-97-6	
2 812	重氮氨基苯	三氮二苯;苯氨基重氮苯	136-35-6	
2 813	重氮甲烷		334-88-3	
2 814	重氮乙酸乙酯	重氮醋酸乙酯	623-73-4	
2 815	重铬酸铵	红矾铵	7789-09-5	
2 816	重铬酸钡		13477-01-5	
2 817	重铬酸钾	红矾钾	7778-50-9	
2 818	重铬酸锂		13843-81-7	
2 819	重铬酸铝			
2 820	重铬酸钠	红矾钠	10588-01-9	
2 821	重铬酸铯		13530-67-1	
2 822	重铬酸铜		13675-47-3	

续表

序号	品名	别名	CAS 号	备注
2 823	重铬酸锌		14018-95-2	
2 824	重铬酸银		7784-02-3	
2 825	重质苯			
2 826	D-苎烯		5989-27-5	
2 827	左旋溶肉瘤素	左旋苯丙氨酸氮芥;米尔法兰	148-82-3	
2 828	含易燃溶剂的合成树脂、油漆、辅助材料、涂料等制品(闭杯闪点≤ 60 ℃)			

注:

(1)A 型稀释剂是指与有机过氧化物相容、沸点不低于 150 ℃的有机液体。A 型稀释剂可用来对所有有机过氧化物进行退敏

(2)B 型稀释剂是指与有机过氧化物相容、沸点低于 150 ℃但不低于 60 ℃、闪点不低于 5 ℃的有机液体。B 型稀释剂可用来对所有有机过氧化物进行退敏,但沸点必须至少比 50 千克包件的自加速分解温度高 60 ℃

(3)条目 2 828,闪点高于 35 ℃,但不超过 60 ℃的液体如果在持续燃烧性试验中得到否定结果,则可将其视为非易燃液体,不作为易燃液体管理

第六节 易制爆危险化学品名录(2017 年版)

序号	品名	别名	CAS 号	主要的燃爆危险性分类
1 酸类				
1. 1	硝酸		7697-37-2	氧化性液体,类别 3
1. 2	发烟硝酸		52583-42-3	氧化性液体,类别 1
1. 3	高氯酸(浓度> 72%)	过氯酸	7601-90-3	氧化性液体,类别 1
	高氯酸(浓度 50%~ 72%)			氧化性液体,类别 1
	高氯酸(浓度≤ 50%)			氧化性液体,类别 2
2 硝酸盐类				
2. 1	硝酸钠		7631-99-4	氧化性固体,类别 3
2. 2	硝酸钾		7757-79-1	氧化性固体,类别 3
2. 3	硝酸铯		7789-18-6	氧化性固体,类别 3
2. 4	硝酸镁		10377-60-3	氧化性固体,类别 3
2. 5	硝酸钙		10124-37-5	氧化性固体,类别 3
2. 6	硝酸锶		10042-76-9	氧化性固体,类别 3
2. 7	硝酸钡		10022-31-8	氧化性固体,类别 2
2. 8	硝酸镍	二硝酸镍	13138-45-9	氧化性固体,类别 2
2. 9	硝酸银		7761-88-8	氧化性固体,类别 2
2. 10	硝酸锌		7779-88-6	氧化性固体,类别 2

续表

序号	品名	别名	CAS 号	主要的燃爆危险性分类
2. 11	硝酸铅		10099-74-8	氧化性固体，类别 2
3 氯酸盐类				
3. 1	氯酸钠		7775-09-9	氧化性固体，类别 1
	氯酸钠溶液			氧化性液体，类别 3*
3. 2	氯酸钾		3811-04-9	氧化性固体，类别 1
	氯酸钾溶液			氧化性液体，类别 3*
3. 3	氯酸铵		10192-29-7	爆炸物，不稳定爆炸物
4 高氯酸盐类				
4. 1	高氯酸锂	过氯酸锂	7791-03-9	氧化性固体，类别 2
4. 2	高氯酸钠	过氯酸钠	7601-89-0	氧化性固体，类别 1
4. 3	高氯酸钾	过氯酸钾	7778-74-7	氧化性固体，类别 1
4. 4	高氯酸铵	过氯酸铵	7790-98-9	爆炸物，1. 1 项 氧化性固体，类别 1
5 重铬酸盐类				
5. 1	重铬酸锂		13843-81-7	氧化性固体，类别 2
5. 2	重铬酸钠	红矾钠	10588-01-9	氧化性固体，类别 2
5. 3	重铬酸钾	红矾钾	7778-50-9	氧化性固体，类别 2
5. 4	重铬酸铵	红矾铵	7789-09-5	氧化性固体，类别 2*
6 过氧化物和超氧化物类				
6. 1	过氧化氢溶液（含量 >8%）	双氧水	7722-84-1	(1) 含量≥ 60%氧化性液体，类别 1 (2) 20%≤含量< 60%氧化性液体，类别 2 (3) 8%<含量< 20%氧化性液体，类别 3
6. 2	过氧化锂	二氧化锂	12031-80-0	氧化性固体，类别 2
6. 3	过氧化钠	双氧化钠；二氧化钠	1313-60-6	氧化性固体，类别 1
6. 4	过氧化钾	二氧化钾	17014-71-0	氧化性固体，类别 1
6. 5	过氧化镁	二氧化镁	1335-26-8	氧化性液体，类别 2
6. 6	过氧化钙	二氧化钙	1305-79-9	氧化性固体，类别 2
6. 7	过氧化锶	二氧化锶	1314-18-7	氧化性固体，类别 2
6. 8	过氧化钡	二氧化钡	1304-29-6	氧化性固体，类别 2
6. 9	过氧化锌	二氧化锌	1314-22-3	氧化性固体，类别 2
6. 10	过氧化脲	过氧化氢尿素；过氧化氢脲	124-43-6	氧化性固体，类别 3

续表

序号	品名	别名	CAS 号	主要的燃爆危险性分类
6.11	过乙酸(含量≤16%,含水≥39%,含乙酸≥15%,含过氧化氢≤24%,含有稳定剂)	过醋酸;过氧乙酸;乙酰过氧化氢	79-21-0	有机过氧化物F型
	过乙酸(含量≤43%,含水≥5%,含乙酸≥35%,含过氧化氢≤6%,含有稳定剂)			易燃液体,类别3 有机过氧化物,D型
6.12	过氧化二异丙苯(52%<含量≤100%)	二枯基过氧化物;硫化剂DCP	80-43-3	有机过氧化物,F型
6.13	过氧化氢苯甲酰	过苯甲酸	93-59-4	有机过氧化物,C型
6.14	超氧化钠		12034-12-7	氧化性固体,类别1
6.15	超氧化钾		12030-88-5	氧化性固体,类别1
7 易燃物还原剂类				
7.1	锂	金属锂	7439-93-2	遇水放出易燃气体的物质和混合物,类别1
7.2	钠	金属钠	7440-23-5	遇水放出易燃气体的物质和混合物,类别1
7.3	钾	金属钾	7440-09-7	遇水放出易燃气体的物质和混合物,类别1
7.4	镁		7439-95-4	(1)粉末:自热物质和混合物,类别1 遇水放出易燃气体的物质和混合物,类别2 (2)丸状、旋屑或带状: 易燃固体,类别2
7.5	镁铝粉	镁铝合金粉		遇水放出易燃气体的物质和混合物,类别2 自热物质和混合物,类别1
7.6	铝粉		7429-90-5	(1)有涂层:易燃固体,类别1 (2)无涂层:遇水放出易燃气体的物质和混合物,类别2
7.7	硅铝		57485-31-1	遇水放出易燃气体的物质和混合物,类别3
	硅铝粉			
7.8	硫黄	硫	7704-34-9	易燃固体,类别2
7.9	锌尘		7440-66-6	自热物质和混合物,类别1;遇水放出易燃气体的物质和混合物,类别1
	锌粉			自热物质和混合物,类别1;遇水放出易燃气体的物质和混合物,类别1
	锌灰			遇水放出易燃气体的物质和混合物,类别3

续表

序号	品名	别名	CAS 号	主要的燃爆危险性分类
7.10	金属锆		7440-67-7	易燃固体，类别 2
	金属锆粉	锆粉		自燃固体，类别 1，遇水放出易燃气体的物质和混合物，类别 1
7.11	六亚甲基四胺	六甲撑四胺；乌洛托品	100-97-0	易燃固体，类别 2
7.12	1，2-乙二胺	1，2-二氨基乙烷；乙撑二胺	107-15-3	易燃液体，类别 3
7.13	一甲胺（无水）	氨基甲烷；甲胺	74-89-5	易燃气体，类别 1
	一甲胺溶液	氨基甲烷溶液；甲胺溶液		易燃液体，类别 1
7.14	硼氢化锂	氢硼化锂	16949-15-8	遇水放出易燃气体的物质和混合物，类别 1
7.15	硼氢化钠	氢硼化钠	16940-66-2	遇水放出易燃气体的物质和混合物，类别 1
7.16	硼氢化钾	氢硼化钾	13762-51-1	遇水放出易燃气体的物质和混合物，类别 1
8 硝基化合物类				
8.1	硝基甲烷		75-52-5	易燃液体，类别 3
8.2	硝基乙烷		79-24-3	易燃液体，类别 3
8.3	2，4-二硝基甲苯		121-14-2	
8.4	2，6-二硝基甲苯		606-20-2	
8.5	1，5-二硝基萘		605-71-0	易燃固体，类别 1
8.6	1，8-二硝基萘		602-38-0	易燃固体，类别 1
8.7	二硝基苯酚（干的或含水＜15%）		25550-58-7	爆炸物，1.1 项
	二硝基苯酚溶液			
8.8	2，4-二硝基苯酚（含水≥15%）	1-羟基-2，4-二硝基苯	51-28-5	易燃固体，类别 1
8.9	2，5-二硝基苯酚（含水≥15%）		329-71-5	易燃固体，类别 1
8.10	2，6-二硝基苯酚（含水≥15%）		573-56-8	易燃固体，类别 1
8.11	2，4-二硝基苯酚钠		1011-73-0	爆炸物，1.3 项
9 其他				

续表

序号	品名	别名	CAS 号	主要的燃爆危险性分类
9.1	硝化纤维素［干的或含水(或乙醇)＜25%］	硝化棉	9004-70-0	爆炸物，1.1 项
	硝化纤维素(含氮≤12.6%，含乙醇≥25%)			易燃固体，类别 1
	硝化纤维素(含氮≤12.6%)			易燃固体，类别 1
9.1	硝化纤维素(含水≥25%)	硝化棉	9004-70-0	易燃固体，类别 1
	硝化纤维素(含乙醇≥25%)			爆炸物，1.3 项
	硝化纤维素(未改型的，或增塑的，含增塑剂＜18%)			爆炸物，1.1 项
	硝化纤维素溶液(含氮量≤12.6%，含硝化纤维素≤55%)	硝化棉溶液		易燃液体，类别 2
9.2	4，6-二硝基-2-氨基苯酚钠	苦氨酸钠	831-52-7	爆炸物，1.3 项
9.3	高锰酸钾	过锰酸钾；灰锰氧	7722-64-7	氧化性固体，类别 2
9.4	高锰酸钠	过锰酸钠	10101-50-5	氧化性固体，类别 2
9.5	硝酸胍	硝酸亚氨脲	506-93-4	氧化性固体，类别 3
9.6	水合肼	水合联氨	10217-52-4	
9.7	2，2-双(羟甲基)1，3-丙二醇	季戊四醇、四羟甲基甲烷	115-77-5	

注：

(1)各栏目的含义

“序号”：《易制爆危险化学品名录》(2017 年版)中化学品的顺序号

“品名”：根据《化学命名原则》(1980)确定的名称

“别名”：除“品名”以外的其他名称，包括通用名、俗名等

“CAS 号”：Chemical Abstract Service 的缩写，是美国化学文摘社对化学品的唯一登记号，是检索化学物质有关信息资料最常用的编号

“主要的燃爆危险性分类”：根据《化学品分类和标签规范》系列标准(GB 30000.2—2013 ～ GB 30000.29—2013)等国家标准，对某种化学品燃烧爆炸危险性进行的分类

(2)除列明的条目外，无机盐类同时包括无水和含有结晶水的化合物

(3)混合物之外无含量说明的条目，是指该条目的工业产品或者纯度高于工业产品的化学品

(4)标记“*”的类别，是指在有充分依据的条件下，该化学品可以采用更严格的类别

实验室安全承诺书

我已经认真学习了《高校化学实验室安全教育手册》，并熟悉实验室各项管理制度和要求。本人承诺今后将严格遵守实验室各项安全制度和操作规程，不断加强安全知识的学习、了解所处实验室周边的应急设施及其正确使用方法、了解所处实验室和所涉实验项目中潜在的危险源、学习相应的防护和应急救援知识，并做好警示和告知工作。如因自己违反规定发生安全事故，造成人身伤害和财产损失，我愿意承担相应责任。

本人签名：____________________

________年_____月_____日

班级（教研室）：______________________________

学号（工号）：______________________________

注：本承诺书一式两联，本联自行保管

（第一联）

实验室安全承诺书

我已经认真学习了《高校化学实验室安全教育手册》，并熟悉实验室各项管理制度和要求。本人承诺今后将严格遵守实验室各项安全制度和操作规程，不断加强安全知识的学习、了解所处实验室周边的应急设施及其正确使用方法、了解所处实验室和所涉实验项目中潜在的危险源、学习相应的防护和应急救援知识，并做好警示和告知工作。如因自己违反规定发生安全事故，造成人身伤害和财产损失，我愿意承担相应责任。

本人签名：________________________

________年______月______日

班级（教研室）：____

学号（工号）：____

注：本承诺书一式两联，本联自行保管 （第二联）